MLP 機械学習
プロフェッショナル
シリーズ

ガウス過程と
機械学習

Gaussian Process and
Machine Learning

持橋大地
大羽成征

講談社

■ 編者

杉山　将　博士（工学）

理化学研究所 革新知能統合研究センター センター長

東京大学大学院新領域創成科学研究科 教授

■ シリーズの刊行にあたって

　インターネットや多種多様なセンサーから，大量のデータを容易に入手できる「ビッグデータ」の時代がやって来ました．現在，ビッグデータから新たな価値を創造するための取り組みが世界的に行われており，日本でも産学官が連携した研究開発体制が構築されつつあります．

　ビッグデータの解析には，データの背後に潜む規則や知識を見つけ出す「機械学習」とよばれる知的データ処理技術が重要な働きをします．機械学習の技術は，近年のコンピュータの飛躍的な性能向上と相まって，目覚ましい速さで発展しています．そして，最先端の機械学習技術は，音声，画像，自然言語，ロボットなどの工学分野で大きな成功を収めるとともに，生物学，脳科学，医学，天文学などの基礎科学分野でも不可欠になりつつあります．

　しかし，機械学習の最先端のアルゴリズムは，統計学，確率論，最適化理論，アルゴリズム論などの高度な数学を駆使して設計されているため，初学者が習得するのは極めて困難です．また，機械学習技術の応用分野は非常に多様なため，これらを俯瞰的な視点から学ぶことも難しいのが現状です．

　本シリーズでは，これからデータサイエンス分野で研究を行おうとしている大学生・大学院生，および，機械学習技術を基礎科学や産業に応用しようとしている大学院生・研究者・技術者を主な対象として，ビッグデータ時代を牽引している若手・中堅の現役研究者が，発展著しい機械学習技術の数学的な基礎理論，実用的なアルゴリズム，さらには，それらの活用法を，入門的な内容から最先端の研究成果までわかりやすく解説します．

　本シリーズが，読者の皆さんのデータサイエンスに対するより一層の興味を掻き立てるとともに，ビッグデータ時代を渡り歩いていくための技術獲得の一助となることを願います．

2014 年 11 月

「機械学習プロフェッショナルシリーズ」編者
杉山 将

■ まえがき

　本書のテーマである"ガウス過程"は，名前はいかついですが，「身長から体重を予測する」「薬の投与後の時間から血圧を予測する」のように，"何かから何かを予測する"(これを回帰といいます) ことに使える，非常に柔軟な統計モデルです．統計学の基礎で習う単回帰や重回帰のような線形なモデルでは，基本的に直線的な関係しか表すことができませんが，ガウス過程を使えば，データに合わせてどんな非線形な関数関係もモデル化することができます．しかもガウス過程はベイズ的な方法なので，データが存在する場所ではより正確に，ない場所では分散 (あやふやさ) をもった予測を確率分布として求めることができます．ガウス過程は線形回帰も中に含んでおり，欠測値があってもまったく問題なく動くうえ，実は教師なし学習に使うことでデータの隠れた構造をとらえることもできます．

　…このように，ガウス過程はいいことずくめなのですが，数学的には「関数の確率分布」として表されるため，抽象度が高く，ほとんどの教科書では書かれていないか，一部で簡単に触れられるにとどまっていました．しかし，上に書いたように，ガウス過程は広くデータサイエンス全般に有用な，きわめて強力かつ美しいモデルです．ガウス過程は，ニューラルネットワークの素子数無限の極限としても知られ，ニューラルネットワークの重要な理論的モデルともなっています．

　そこで本書では，ガウス過程を可能な限りわかりやすく，しかもその適用が見えるように紹介することを試みました．著者はそれぞれ，持橋 (自然言語処理)，大羽 (バイオインフォマティクス) を専門としていますので，数学的に厳密な定義より，実際のイメージを伝えることに主眼を置いて本書は編まれています．

本書の構成　本書は，大きく三部からなります．まず短い最初の 0 章で，目標であるガウス過程がどんなものか，何がうれしいかについてイメージをもってもらうようにしています．続く 1 章から 3 章が，ガウス過程の解説に至る本体です．1 章でまずはもっとも基本の単回帰，重回帰，線形回帰について

一から説明し，2 章でガウス過程で用いる多変量ガウス分布の解説を経て，3章でそれらの拡張としてガウス過程を導入し，その学習アルゴリズムを示します．続く 4 章〜7 章は，応用の章です．4 章でまず確率モデルの基本概念について復習したあと，5 章ではデータ量が大きい場合のガウス過程の効率的な計算法とその根拠について紹介します．6 章ではガウス過程の適用の 1つとして空間統計学およびベイズ最適化におけるガウス過程の役割について紹介します．最後の 7 章では，教師あり学習 (回帰) ではなく，教師なし学習にガウス過程がいかに使えるかについて紹介します．この中で 7 章だけは，ベイズ統計の基本的な方法をすでに知っている人向けで「上級者向け」の内容ですが，そうでない方でも，教師なし学習にガウス過程を適用することの雰囲気は理解していただけるのではないかと思います．全体を通して，初読の際はスキップしてもよいやや高度な話題には，* をつけて示しました．

　執筆分担は，基本的に以下のようになっています．**0 章**：大羽，**1 章〜3章**：持橋，**4 章〜6 章**：大羽，**7 章**：持橋．

計算パッケージについて・文献ガイド　ガウス過程回帰は，scikit-learn やTensorFlow といった機械学習の汎用フレームワークに最近では含まれるようになったほか，GPML や GPy といった専用の計算プログラムもあります．これらについて巻末にまとめましたので，必要に応じて参照してください．

　ただし，本書はそうした計算パッケージをただ使うのではなく，ガウス過程の原理を理解し，自分でプログラムを組むことで，目的に合わせてガウス過程を使いこなすことを目標にしています．3 章で紹介するように，ガウス過程の基本的な原理やその計算は，けっして難しくありません．基本的にプログラムは自分で書き，一部の専門的な話題 (ガウス過程識別モデルにおける EP 法や，5 章の KISS-GP など) についてはひとまずパッケージを頼る，という風に使い分けることを著者陣はお薦めします．

　また，理解を深めたい方のために，巻末にさらに，オンラインの情報源も含めた文献ガイドをまとめました．本書の図版で用いた Python スクリプトや計算パッケージの場所，ガウス過程に関するオンライン資料などは本書のサポートページ

　　　http://www.ism.ac.jp/~daichi/gpbook/

に置いてありますので, ぜひご覧ください. 補足情報についても, 上記のページにて公開予定です.

　本書の表紙は, 著者の二人が奈良先端科学技術大学院大学の (研究室は違いますが) 同期であることから, 奈良生活を思い出す鹿を, イラストレーターの星野勝之さんに描いていただきました. どうもありがとうございました.

　それでは, ガウス過程の世界をお楽しみください.

2019 年 3 月

持橋大地, 大羽成征

本書の記法

x　英小文字：変数

N　英大文字：定数

$\mathbf{x}$　英小文字 (太字)：ベクトル

$\mathbf{X}$　英大文字 (太字)：行列

$\mathbb{E}$　期待値

$\mathbb{V}$　分散

$\langle\cdots\rangle_p$　確率分布 p による期待値

$\mathcal{N}$　ガウス分布 (正規分布)

$\mathbb{R}$　実数

$\mathbb{I}$　指示関数 ($\mathbb{I}()$ の中が真なら 1, 偽なら 0 を返す関数)

$\mathbf{I}$　単位行列

$\mathbf{0}$　ゼロベクトル (要素がすべて 0 のベクトル)

^{T}　ベクトルおよび行列の転置

$\mathrm{tr}(\mathbf{X})$　行列 $\mathbf{X}$ のトレース (対角成分の和)

$\exp(x)$　e^x の別記法

確率分布の略記 (ガウス分布以外)

Po　　　ポアソン分布

Be　　　ベータ分布

Ga　　　ガンマ分布

Unif　　一様分布

Mult　　多項分布

Cauchy　コーシー分布

■ 目　次

Chapter 4

Chapter 5

第 6 章　ガウス過程の適用 · 177

第 7 章　ガウス過程による教師なし学習 · · · · · · · · · · · · · · · · · 189

付録 A　付　　録 · 215

C h a p t e r 0

たった5分でガウス過程法が分かってしまう

ガウス過程法は，ガウス過程の理論を用いてパターン認識を行う手法であり，機械学習の森のなかでもだいぶ奥まったところに位置するトピックです．通常の機械学習の教科書がガウス過程法に触れるとしたら，そのタイミングは基礎的な話題にだいたい触れ終わった中盤以降になります（たとえば『パターン認識と機械学習』では下巻の最初あたり）．しかし筆者らは，「ガウス過程法を最初に学んでしまって，そこから機械学習を見下ろせばよいのではないか」と考えました．

本章では，機械学習どころか線形代数も確率論もあやふやであるような初学者が，ガウス過程法にたどり着く最短経路を提示してみます．ガウス過程とは何か？　ガウス過程法で何ができるのか？　これらを勉強することで，何につながるのか？　ということを，たった5ステップ11ページでまとめています．ぜひ，立ち読みしてみてください．興味を抱いたらぜひ本書をレジに持って行って，1章からゆっくりと周りの景色を見ながら進んでいただければと思います．何事も基礎をガチガチに積み上げながら頂上に至るよりも，最短経路で頂上に至って全体の地図を作ってから，改めて基礎を確認しながら何度も登り降りしてみるほうが，効率がよいものです．

0.1 第 1 ステップ：機械学習って何？

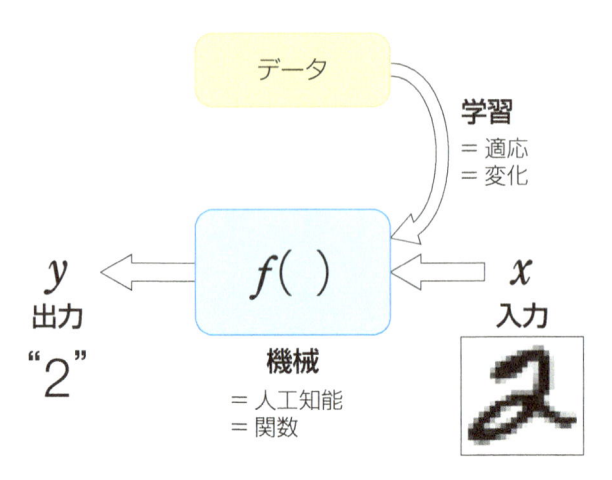

図 0.1 機械学習とは，機械の学習です．機械とは，入力に対して決まった出力を返してくれる人工的システムのこと，すなわち人工的に作り出された関数関係 $f(.)$ のことです．学習とは，この関数 $f(.)$ をデータにもとづいて適切に変更することです．データとは具体的には何か？ 適切に変更とは具体的にどういうことか？ などは時と場合に応じていろいろですが，これだけでも「環境に適応する人工知能」の本質が機械学習なのだということがわかりますね．

機械学習とは何でしょうか？

「機械学習」の「機械」とは，入力 x に対して決まった出力 y を返してくれる人工的システムのことをさします．つまり，関数関係 $y = f(x)$ のことです．典型例の 1 つとして，ビットマップ画像で表された手書き数字 x から，それが意味する数字 y を出力する図 0.1 のような文字パターンの識別器を思い出しましょう．

「機械学習」でいうところの「学習」とは，経験データにもとづいて $f(x)$ を適切に構築したり変更することをさします．画像 x とそれが表す数字 y の組 (x, y)（これを教師信号といいます）を次々と提示することで，「機械 $f(x)$」に「学習」させる学習法を**教師あり学習** (supervised learning) と呼びます．学習によって「機械」が画像中の数字をますます精度よく認識できるようになります．y を明示的に与えることなく役に立つ機械 $f(x)$ を作る学習

法もあり，こちらを**教師なし学習** (unsupervised learning) と呼びます．

　人間や動物に特有と思われてきたさまざまな知的な機能が計算機で実現され，「人工知能」と呼ばれています．その本質は「機械」の「学習」なのです．

0.2　第2ステップ：回帰と最小二乗法

　教師あり学習のもっとも簡単な例として，次のような問題を考えてみましょう．

　スカラー値の入力 x に対して，スカラー値の出力 y を返す関数 $f(x)$ があるとします．少々の誤差 ϵ を織り込んで，入出力の間に以下のような関係があるものとしましょう．

$$y = f(x) + \epsilon \tag{0.1}$$

この関係に従って，**図 0.2**(a) のように 10 点の入出力ペアがデータとして

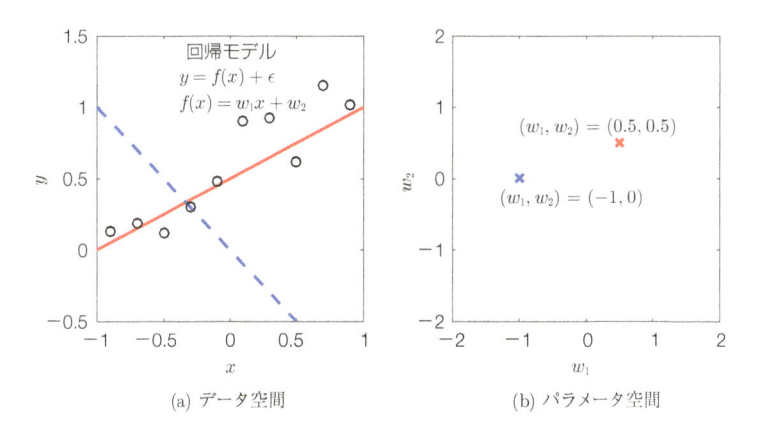

(a) データ空間　　　　　　　　　(b) パラメータ空間

図 0.2　線形回帰問題を，(a) のデータ空間 (x, y) と (b) のパラメータ空間 (w_1, w_2) の両方から眺めてみましょう．回帰モデルのパラメータ (w_1, w_2) を (b) の 2 次元のパラメータ空間の 1 点で表してみます．赤 × 印は「データに合うモデルのパラメータ」，青 × 印は「データに合わないモデルのパラメータ」の値です．(a) で，2 次元のデータ空間上の点（10 個の○印）は入力 x と出力 y のデータ点を表します．入力と出力の関係を赤直線で近似したものが 1 次の線形回帰モデルであり，(b) の赤×印で表した，よいパラメータに対応するモデルです．

手元に得られており，関数 $f(x)$ が未知であるとして推定する問題を考えます．このようにデータから誤差を織り込んだ入出力関係を推定する問題を，回帰 (regression) 問題といいます．

　回帰問題を解くには，関数 $f(x)$ の具体的な形として推定者が想定するモデルが必要です．もっとも簡単なモデルとして，$f(x) = w_1 x + w_2$ を想定してみましょう．このモデルは，パラメータ $\mathbf{w} = (w_1, w_2)$ で定まる直線ですので，データにぴったり合うような関数 $f(x)$ を推定する問題とは，適切な $\mathbf{w}$ を求める問題だと言い換えることができます．

　図 0.2(a) はデータ空間，(b) はパラメータ空間です．パラメータ空間上の 1 点が，データ空間上の 1 本の直線に対応します．

　回帰問題の解法としてもっとも標準的に使われている最小二乗法と呼ばれる方法では，関数モデル $f(x_i)$ と観測 y_i との間の二乗誤差の総和

$$\text{二乗誤差の総和}: \sum_{n=1}^{N} (y_n - f(x_n))^2 \tag{0.2}$$

が最小になるようにパラメータ $\mathbf{w} = (w_1, w_2)$ を求めます．ここで N は入出力ペアの個数です．こうして，最適なパラメータを求めることで，最適な関数 $f(x)$ を決めることができます．

0.3　第 3 ステップ：確率モデリングとベイズ推定

　確率的モデリングでは，0.2 節で見た回帰の誤差を，条件付き確率分布 $p(\mathbf{y}|\mathbf{w})$ を用いて表現します．これはパラメータ $\mathbf{w}$ の値を仮に 1 点に定めた条件のもとで，観測値 $\mathbf{y}$ が得られる確率を意味します．たとえば，第 2 ステップで与えた回帰モデル $y = f(x) + \epsilon$ において誤差 ϵ の確率分布 $p(\epsilon)$ を仮定すれば，条件付き確率分布 $p(\mathbf{y}|\mathbf{w})$ を仮定したことと同じです．なぜなら，パラメータ $\mathbf{w} = (w_1, w_2)$ を定めれば $f(x)$ が定まるため，あとは ϵ の確率的なばらつき方がわかれば観測値 $\mathbf{y}$ のばらつき方もわかるからです．

　次に，パラメータ $\mathbf{w}$ が確率分布 $p(\mathbf{w})$ をもつ確率変数であるかのように考えます．確率分布をもつパラメータ $\mathbf{w}$ は，1 つの決まった値をもちません．図 0.3(b) を見ながら，まるで空の雲から雨粒が生まれるように，確率変数 $\mathbf{w}$ の値が雲の濃さ $p(\mathbf{w})$ に比例した確率で，1 粒生み出される過程を想像

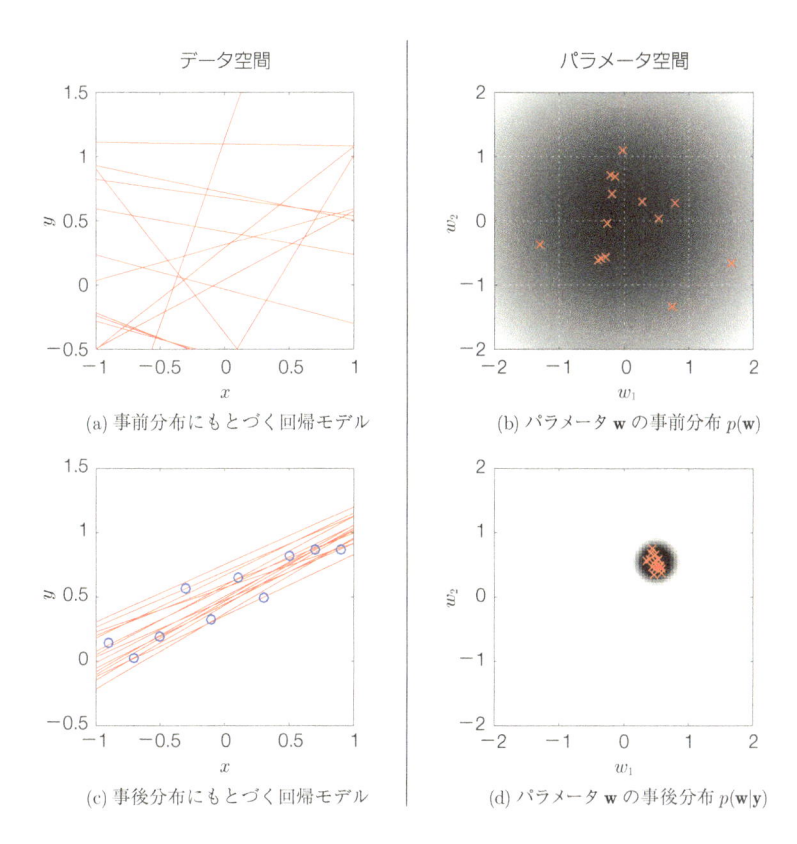

データ空間

(a) 事前分布にもとづく回帰モデル

パラメータ空間

(b) パラメータ $\mathbf{w}$ の事前分布 $p(\mathbf{w})$

(c) 事後分布にもとづく回帰モデル

(d) パラメータ $\mathbf{w}$ の事後分布 $p(\mathbf{w}|\mathbf{y})$

図 0.3 ベイズ推定でパラメータの事後分布（つまり，パラメータ空間上の雲）を求めます．(a)(c) はデータ空間，(b)(d) はパラメータ空間です．データを見る前には，人工知能はパラメータに関する知識をもちません．知識がないということを，(b) のようにパラメータ空間上の雲の分布（事前確率分布）が大きく広がっていることで表すことができます．この雲のなかから適当なパラメータ値（赤×印）を 15 点選び，対応する回帰モデルを赤直線で描きました (a)．データにもとづいてベイズ推定すると，雲はパラメータ空間上で真値 $(0.5, 0.5)$ の周りにキュッと固まりました．この分布を事後分布と呼びます (d)．この雲のなかから適当なパラメータ値（赤×印）を 15 点選び，対応する回帰モデルを赤直線で描くと真値に近い回帰モデルの集まりになりました (c)．

してみてください．この過程を「標本化」もしくは「サンプリング」と呼びます．またこの過程で得られた1つ1つの $\mathbf{w}$ の値を「標本」もしくは「サン

プル」と呼びます．これはくじ引きやサイコロと同じ確率的な過程です．

　ベイズ推定の方法（4 章できちんと学びます）では，未知のパラメータを確率変数で表し，その確率分布の雲を求めます．図 0.3(b) が**事前分布** (prior distribution) と呼ばれる推定前の雲 $p(\mathbf{w})$，(d) が**事後分布** (posterior distribution) と呼ばれる推定後の雲 $p(\mathbf{w}|\mathbf{y})$ です．雲は，パラメータ $\mathbf{w}$ に関して人工知能がもつ知識を表します．(b) において事前分布の雲はパラメータ $\mathbf{w}$ の 2 次元空間に薄く広がっています．これは人工知能がパラメータ $\mathbf{w}$ の値について何も知らないことを意味します．人工知能が一定量の観測データを得ることでパラメータ値を決めるための手掛かりが増すと，(d) のように事後分布の雲は 1 点の周辺で濃くなっていきます．これをデータ空間で見たものが，図 0.3(a)(c) です．データを得る前には，(a) のようにどんな直線を引けばよいものか，われわれにはわかりません．しかし一定のデータを得た後には，(c) のようにデータに沿った直線を引くことができるのです．

　図 0.3(c) のベイズ推定による予測を，第 2 ステップで見た図 0.2(b) の 1 本の直線をビシッと引く回帰と比べてみましょう．データの分量が少ないため，まったくわからないというわけでもないが，自信をもって主張できるほどではないという状況です．どちらがよい推定だと思いますか？

- 有限のデータで予測するのだから，予測結果はズレたって仕方ない．開き直ってビシッと線を引くべきだ．
- 予測結果のズレが存在することは前提として，予測には自信の程度を反映するべきだ．

ベイズ推定では直線を 1 本ビシッと引いてしまうよりも，予測のあやふやさを織り込んで「このぐらい！」と提示します．

　確率モデリングとベイズ推定の理論を使うことで，ノイズや情報不足のためにハッキリ言い難い対象を，広がりを持った雲として表しつつも，これを厳密な論理のもとで厳密に計算することができます．これを実現するための計算原理は足し算と掛け算であり，難しくありません．

0.4　第 4 ステップ：ガウス分布と共分散

　第 3 ステップの確率的モデリングの道具として，もっとも基本的なものが

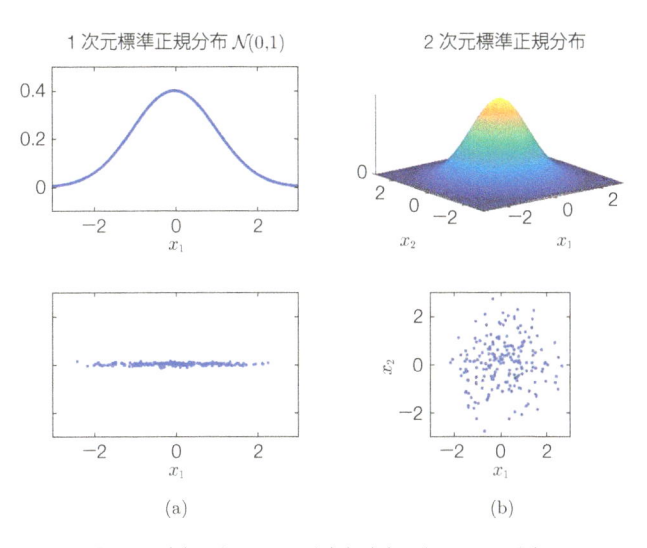

図 0.4 (a) 1 次元ガウス分布と (b) 2 次元ガウス分布.

ガウス分布です.

　図 0.4(a) のつりがね型曲線をご覧になったことがあると思います. これがガウス分布と呼ばれる実数値の確率分布で, 中心 (平均) とばらつきの大きさ (分散) で定義されます. 平均が 0 で, 分散が 1 であるガウス分布を特に標準正規分布と呼びます.

　2 つ以上の変数がそれぞれガウス分布に従うとき, これらをまとめたベクトルの分布を多変量ガウス分布と呼びます. 多変量ガウス分布は中心位置と共分散行列で定義されます. 2 つの確率変数 x_1, x_2 が互いに独立であるとき, 図 0.4(b) のようになります.

　2 つ以上の変数に関する多変量ガウス分布において変数が互いに独立でない場合, すなわち, 変数の間の共分散がゼロでない場合が重要になります. これは特にガウス過程回帰を考えるうえで重要です.

0.5　第5ステップ：ガウス過程とガウス過程回帰

　最終ステップにたどり着きました.

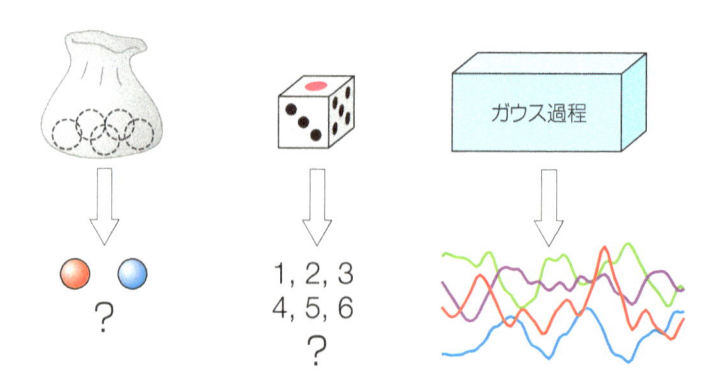

図 0.5 ガウス過程は関数形をランダムに出力する箱のようなものであり，こういう箱を確率過程と呼びます．袋から赤／青の玉をランダムにサンプリングする過程が袋の中の母集団に依存し，サイコロが 1,2,3,4,5,6 の自然数を生成する過程がサイコロのゆがみに依存するのと同様に，ガウス過程もパラメータ次第で関数の出現の様子が変化します．

　ガウス過程とはひとことで言えば，関数 $f(x)$ を確率変数と見たてた確率分布です．ガウス過程回帰とは，データから関数 $f(x)$ の確率分布をガウス過程の形で求める方法です．ここまでに踏んできたステップを復習すると，ガウス過程回帰がわかります．

　第 1 ステップで紹介したように，機械学習とは関数 $f(x)$ を学習で求めることでした．

　第 2 ステップで見たように，データに合うように $f(x)$ を求めることが回帰問題の目的です．回帰では $f(x)$ の範囲，つまり関数モデルを適切に決めることが重要です．1 次関数で表せる範囲内でデータ解析をしますか？ それとも三角関数の重ね合わせで表現できる範囲内でやりますか？ さまざまなモデルがありますが，ガウス過程回帰では $f(x)$ の選択範囲をとても柔軟にして，「ある程度の滑らかさをもつ関数だったら何でもアリ」という条件のもとで探索できるようにしてくれます．

　第 3 ステップで見たことと同様に，ガウス過程回帰で求めたいものは関数 $f(x)$ の「事後分布の雲」です．これをベイズ推定で求めます．

　この雲が，実は第 4 ステップで見た，ガウス分布と同じものなのです．つまり，こういうことです．関数 $f(x)$ が定まるとき，関数に対するさまざまな入力 $x_1, x_2, \ldots$ において，関数出力 $f(x_1), f(x_2), \ldots$ が定まります．関数 $f(x)$

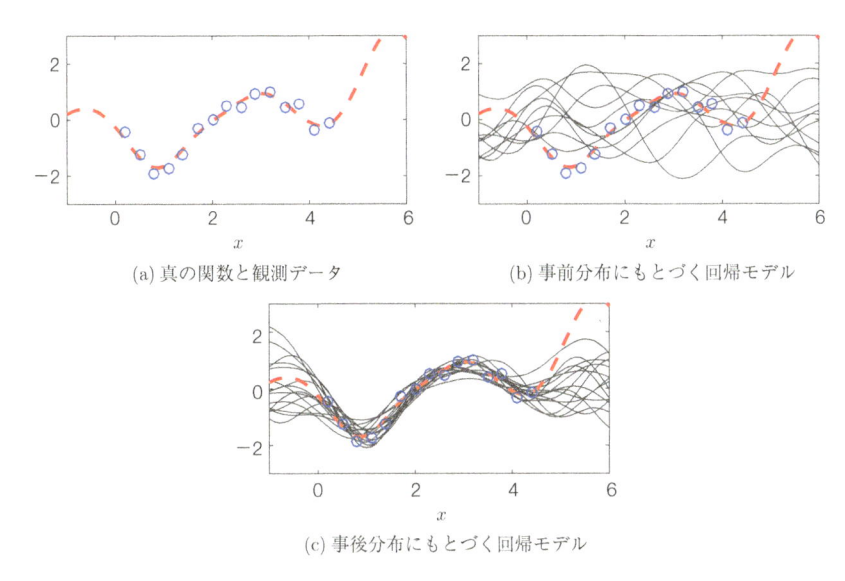

(a) 真の関数と観測データ　　　　　(b) 事前分布にもとづく回帰モデル

(c) 事後分布にもとづく回帰モデル

図 0.6　ガウス過程回帰の例．入力 x と出力 y の間の真の関数関係（赤点線）と，その一部に関する観測データ（青○印）が得られているとき，この関数関係をガウス過程回帰法を使って推定してみましょう．

が定まらず，関数 $f(x)$ の「確率分布の雲」として表現されるとは，それは出力 $f(x_1), f(x_2), \ldots$ の確率分布がわかるということなのです．ガウス過程では，関数 $f(x)$ の任意個数の入力点 $x_1, \ldots, x_N$ に対してその出力 $f(x_1), \ldots, f(x_N)$ の分布が N 次元の多変量ガウス分布になります．これがガウス過程の定義です．N は無限大でもかまいません．すなわちガウス過程とは**無限次元のガウス分布**なのです．

　図 0.5 に，ガウス過程が関数をランダムに出力する様子を示しました．ガウス過程は「振ると関数 $f()$ がポンと出てくるような箱」のようなものです．これはちょうどサイコロが「振ると $1,2,\ldots,6$ の自然数がポンと出てくるような箱」といえるのと同様です．こういう箱を確率的生成モデルと呼びます．ガウス過程回帰ではガウス過程という箱を使います．

　図 0.6 に，ガウス過程回帰の例を示しました．第 2, 3 ステップと異なって，(a) の赤点線のように，$f(x)$ は滑らかな不定形関数です．ノイズを含んだ入出力関係 $y = f(x) + \epsilon$ を想定して，(a) の青○印のようにデータ点を得

ます．ガウス過程モデルにもとづく事前分布の雲は，(b) の黒線のように滑らかさのよく似た関数を無数に生成します．これに対して，データにもとづいた推定結果として，(c) の黒線のような事後分布の雲が得られるのです．

　ガウス過程回帰で最終的に得られるのは，図 0.6(c) のような「関数 $f(x)$ の事後分布の雲」です．データから，これにちょうどよく合うような **関数の雲** を獲得することができました．

　これは素晴らしい！嬉しい！と思うひとは，ぜひここから先，私たちにお付き合いください．ガウス過程による **関数の雲** の作り方，使い方を，精一杯やさしく詳しく説明していきます．

関数の雲とガウス過程

　関数の雲が得られることが嬉しいのはなぜでしょうか？　ここで3つの理由を挙げてみます.

　第一に，関数の雲が得られると，**わからなさの程度がわかる**のです.　関数 $f(x)$ の値の雲がブワっと広がっているのは，$f(x)$ の値の推定分散が大きく，その値に自信がもてないことを意味します.

　たとえばあなたの医療検査情報 x の診断システムが答え $f(x)$ を出すとき，珍しい症例であったり検査情報が不足している場合には，判断に自信がないことをシステムが正直に告げてくれれば，ユーザーはセカンドオピニオンを他に求めるなど，有効な次の一手を打てます.　関数の雲があれば，判断の自信のほどを教えてくれる「正直な人工知能」を作れます.

　第二に，関数の雲が得られると，**自信のある領域とない領域の違いがわかる**のです.　図 0.6(c) で $x=2$ の周辺と $x=6$ の周辺では雲の広がり具合が違います.　$x=6$ の周辺で教師データが少ないために，推定分散が大きくなり，$f(x)$ の値の雲が広がっているんですね.　自信のない領域の周辺でコストを払ってデータを追加すれば効率的に知識を探索することができます.　この考え方は，6章のベイズ最適化で役に立ちます.

　第三に，関数の雲が得られると，**モデル選択や特徴選択ができる**のです.　滑らかな関数ばかりを集めた雲と，ギザギザした関数ばかりを集めた雲を比べたとき，データをフィッティングするうえでどちらが適切でしょうか（モデル選択）？　多数の特徴からなるパターン認識において，どの特徴が大事でしょうか（特徴選択）？　モデル選択や特徴選択の問題は，関数の雲を並べて比較する問題になっています.　6章の ARD の節で説明します.

　ここまでで述べたガウス過程回帰のエッセンスについてピンと来たひとは，ぜひ次ページから始まる1章から数学的背景を丁寧に追っていってみましょう.

　ピンと来てから読む教科書は読みやすいですよ.

線形回帰モデル

ガウス過程法を理解するための最初の一歩として，一番単純な線形回帰モデルから始めてみましょう．というのは，3 章で説明するように，ガウス過程は線形回帰モデルの無限次元への拡張としてとらえることができるからです．線形回帰はそれ自体でも有用で，統計的な分析のもっとも基本的なものです．入力をその特徴ベクトルで表現することで，線形回帰モデルでも複雑な関係を表すことができます．

　0 章で述べたように，ある入力 x が与えられたとき，対応する出力 y の値を予測することを**回帰** (regression) といいます．本書のテーマであるガウス過程は，基本的には回帰のための道具です．たとえば人間は身長が大きければ，体重もほぼ比例して大きくなりますから，身長 x と体重 y の関係をさまざまな人についてプロットすると，**図 1.1** のようになるでしょう．このとき，ある身長 x，たとえば 160cm のときに体重 y がどれくらいになるかを予測するのが回帰です．回帰では出力 y は連続値だと仮定しますので，y が「男」「女」のように離散的な場合 (身長 230cm のバスケットボール選手は，おそらく男でしょう) は**識別**あるいは**分類** (classification) といい，別の問題として扱います．

　回帰問題は，あらゆる場所に見ることができます．たとえば，x として西暦をとったとき，**図 1.2** に示した男子 100m の世界記録 y (秒) の減少はどうモデル化できるでしょうか．50 年後にはタイムはいくつになっているでしょうか？ x は身長や時間のように 1 次元である必要はなく，2 次元以上で

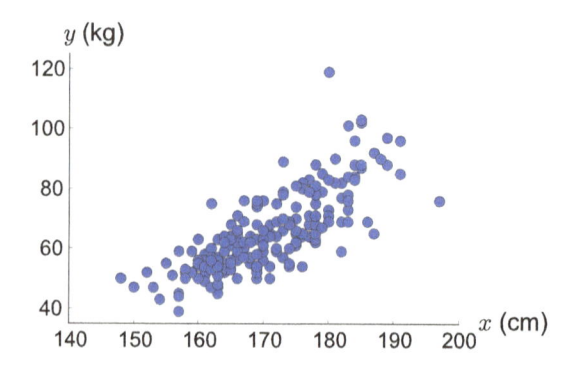

図 1.1 身長 x(cm) と体重 y (kg) の関係. R 言語のパッケージ 'car' に含まれる Davis データによります.

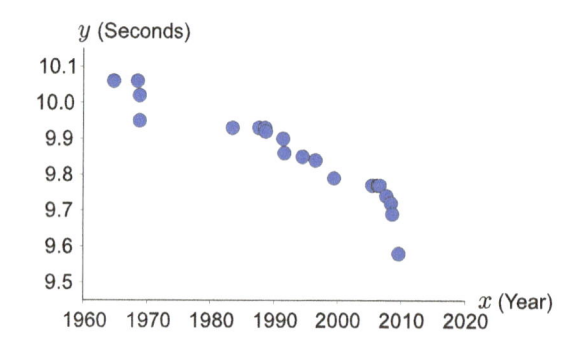

図 1.2 陸上男子 100m の世界記録の推移. Wikipedia のデータ [*1] によります. 右端の点がウサイン・ボルトによる本書執筆時点での世界記録 (9.58 秒) です.

もかまいません. たとえば $x = (x_1, x_2)$ を東京圏の緯度と経度にとったとき, 図 1.3 に示した東京圏の地価 y の観測値は, どのようにモデル化したらよいでしょうか. 観測データにない場所 x での地価 y は, どうやって求めればよいのでしょうか?

[*1] https://en.wikipedia.org/wiki/Men's_100_metres_world_record_progression

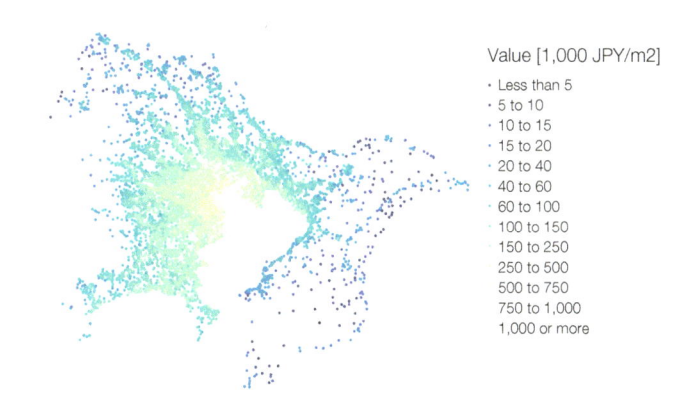

図 1.3 東京圏の地価の観測データ *2. このデータから，任意の緯度と経度での地価を求めるには
どうすればいいでしょうか?

1.1 単回帰

いま，もっとも簡単な例として，図 1.4 のように 1 次元の実数 x から実数
y への回帰を考えてみましょう．データ $\mathcal{D}$ として，N 個の (x, y) の観測値
のペア

$$\mathcal{D} = \{(x_1, y_1), (x_2, y_2), \ldots, (x_N, y_N)\} \tag{1.1}$$

があったとします．たとえば，図 1.4 では $N = 7$ で，

$$\mathcal{D} = \{(4, 2), (3, 3), (1.5, 3.2), (1, 2), \ldots, (-3, 1)\}$$

です．

このとき x から y を予測する回帰モデルとしてもっとも単純なのは，図
のように直線を引く，つまり 1 次式

$$\widehat{y} = a + bx \qquad (a, b \in \mathbb{R}) \tag{1.2}$$

を考えることでしょう．これを**単回帰** (simple regression) といいます．式
(1.2) は x から予測された y の値なので，＾ (ハット) をつけて $\widehat{y}$ と書きまし
た．それでは，式 (1.2) の係数 a, b はどうやって決めればよいでしょうか．

n 番目の x の値 x_n が与えられたとき，式 (1.2) から予測される y を同様
に，$\widehat{y}_n = a + bx_n$ と書くことにします．これと実際の y の値 y_n との誤差は

---

*2　図は，村上大輔氏 (統数研) のご協力によります．

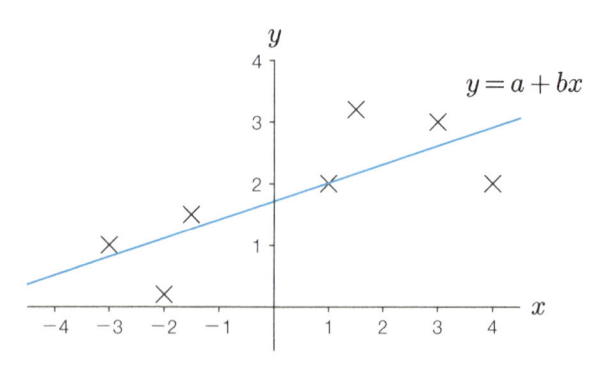

図 1.4　単回帰の例.

$$y_n - \widehat{y}_n = y_n - (a + bx_n) \tag{1.3}$$

です. この誤差の全データでの総和が最小になるのが, 最もよい a, b だと考えられるでしょう. ただ, 誤差は負になることもありますから, 和をとる際に二乗して正にした

$$E = \sum_{n=1}^{N}(y_n - \widehat{y}_n)^2 = \sum_{n=1}^{N}(y_n - (a + bx_n))^2 \tag{1.4}$$

が最小になる a, b を求めてみましょう. これを 0 章でも紹介したように, **最小二乗法** (least squares) といいます. 2.1.2 節で見るように, これは誤差の分布として知られるガウス分布を確率モデルとして考えた場合と等価になっています[*3].

式 (1.4) が最小になるのは a, b についての微分が 0 になるときですから, 微分を計算して 0 とおいてみましょう.

$$E = \sum_{n=1}^{N}(y_n - a - bx_n)^2 \tag{1.5}$$

$$= \sum_{n=1}^{N}(y_n^2 + a^2 + b^2 x_n^2 - 2ay_n + 2abx_n - 2bx_n y_n) \tag{1.6}$$

[*3]　値を正にするだけなら絶対値 $|y_n - \widehat{y}_n|$ やその平方根 $\sqrt{|y_n - \widehat{y}_n|}$ を考えてもかまいませんが, ガウス分布による意味づけがないうえに, 計算がずっと難しくなります.

ですから，

$$
\begin{cases}
\dfrac{\partial E}{\partial a} = \sum_{n=1}^{N}(2a - 2y_n + 2bx_n) = 2\sum_{n=1}^{N}(a - y_n + bx_n) = 0 \\[3mm]
\dfrac{\partial E}{\partial b} = \sum_{n=1}^{N}(2bx_n^2 + 2ax_n - 2x_ny_n) = 2\sum_{n=1}^{N}(bx_n^2 + ax_n - x_ny_n) = 0
\end{cases}
$$

が条件です．これを整理すると，以下 $\sum_n = \sum_{n=1}^{N}$ と略記して

$$
\begin{cases}
aN \quad\quad + b\sum_n x_n = \sum_n y_n \\[2mm]
a\sum_n x_n + b\sum_n x_n^2 = \sum_n x_ny_n
\end{cases}
\tag{1.7}
$$

が得られます．

式 (1.7) は a と b についての連立一次方程式なので，簡単に解くことができます．最初の式から

$$
a = \frac{1}{N}\left(\sum_n y_n - b\sum_n x_n\right)
\tag{1.8}
$$

を下の式に代入すれば，

$$
\frac{1}{N}\sum_n x_n\left(\sum_n y_n - b\sum_n x_n\right) + b\sum_n x_n^2 = \sum_n x_ny_n
$$

となります．よって b について解けば，

$$
b = \frac{N\sum_n x_ny_n - \sum_n x_n \sum_n y_n}{N\sum_n x_n^2 - (\sum_n x_n)^2}
\tag{1.9}
$$

となり，これを式 (1.8) に戻すと

$$
a = \frac{\sum_n x_n^2 \sum_n y_n - \sum_n x_n \sum_n x_ny_n}{N\sum_n x_n^2 - (\sum_n x_n)^2}
\tag{1.10}
$$

となることがわかります．

　ただしここで，今後の見通しを考えて，(1.7) の方程式を行列形式で書いてみることにしましょう．すると式 (1.7) は，次の形

公式 1.1 (単回帰の正規方程式)

$$\begin{pmatrix} N & \sum_n x_n \\ \sum_n x_n & \sum_n x_n^2 \end{pmatrix} \begin{pmatrix} a \\ b \end{pmatrix} = \begin{pmatrix} \sum_n y_n \\ \sum_n x_n y_n \end{pmatrix} \tag{1.11}$$

となります．行列 $\begin{pmatrix} A & B \\ C & D \end{pmatrix}$ の逆行列は $\begin{pmatrix} A & B \\ C & D \end{pmatrix}^{-1} = \dfrac{1}{AD-BC} \begin{pmatrix} D & -B \\ -C & A \end{pmatrix}$

でしたから，式 (1.11) で，左辺の行列の逆行列を両辺に左からかければ，

$$\begin{aligned} \begin{pmatrix} a \\ b \end{pmatrix} &= \frac{1}{N \sum_n x_n^2 - (\sum_n x_n)^2} \begin{pmatrix} \sum_n x_n^2 & -\sum_n x_n \\ -\sum_n x_n & N \end{pmatrix} \begin{pmatrix} \sum_n y_n \\ \sum_n x_n y_n \end{pmatrix} \\ &= \frac{1}{N \sum_n x_n^2 - (\sum_n x_n)^2} \begin{pmatrix} \sum_n x_n^2 \sum_n y_n - \sum_n x_n \sum_n x_n y_n \\ N \sum_n x_n y_n - \sum_n x_n \sum_n y_n \end{pmatrix} \end{aligned}$$
$$\tag{1.12}$$

が解として得られます．これは (1.9)，(1.10) 式と同じです．　□

例 1　たとえば，もっとも簡単な場合として，図 1.5 のようにデータ (x, y) が 3 点

$$\mathcal{D} = \{(3, 2), (2, 4), (-1, 1)\}$$

だったとしましょう．このとき，

$$\sum_{n=1}^{3} x_n = 3 + 2 - 1 = 4 \tag{1.13}$$

$$\sum_{n=1}^{3} y_n = 2 + 4 + 1 = 7 \tag{1.14}$$

$$\sum_{n=1}^{3} x_n^2 = 9 + 4 + 1 = 14 \tag{1.15}$$

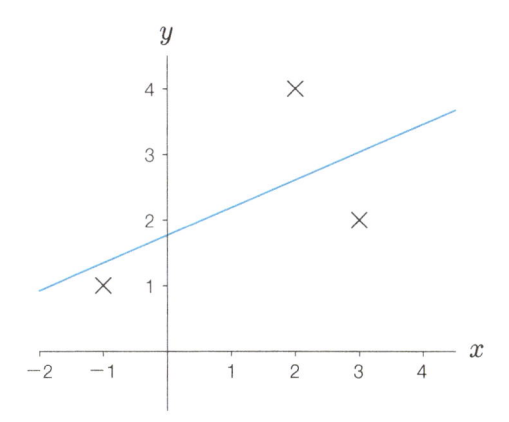

図 1.5 例 1 のデータに対する単回帰. 回帰モデルは $y = 1.77 + 0.42x$ となります.

$$\sum_{n=1}^{3} x_n y_n = 3 \cdot 2 + 2 \cdot 4 + (-1) \cdot 1 = 13 \tag{1.16}$$

となるので, 式 (1.11) に代入すると, $N = 3$ ですから

$$\begin{pmatrix} 3 & 4 \\ 4 & 14 \end{pmatrix} \begin{pmatrix} a \\ b \end{pmatrix} = \begin{pmatrix} 7 \\ 13 \end{pmatrix}$$

すなわち

$$\begin{pmatrix} a \\ b \end{pmatrix} = \begin{pmatrix} 3 & 4 \\ 4 & 14 \end{pmatrix}^{-1} \begin{pmatrix} 7 \\ 13 \end{pmatrix} = \begin{pmatrix} 1.77 \\ 0.42 \end{pmatrix} \tag{1.17}$$

が解になることがわかります. この直線を図 1.5 に示しました. □

1.2 重回帰とベクトル表現

それでは, 入力 x が 1 次元ではなく, D 次元のベクトル

$$\mathbf{x}^T = (x_1, x_2, \ldots, x_D) \tag{1.18}$$

の場合はどうでしょうか. 本書では入力や出力などの変数ベクトルはすべて縦ベクトルだとしますので, 上のように転置 ^{T} をつけて書きました. 一般の次元の場合を扱うために, 式 (1.2) の切片 a にあたるバイアス項を w_0, 各

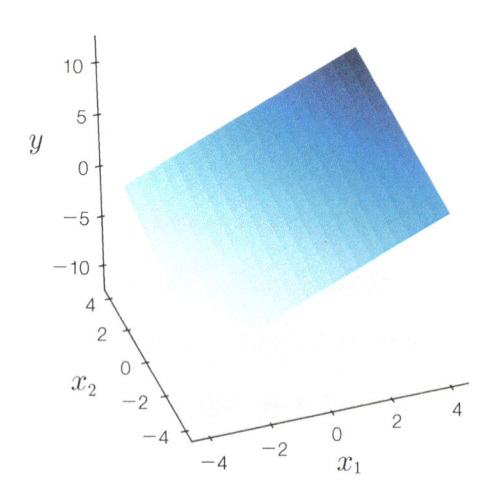

図 1.6 重回帰モデル. この平面は回帰式 $y = 1 + 1.2x_1 + 0.6x_2$ を表しています.

次元 x_i に対する重み係数を $w_1, w_2, \ldots, w_D$ と書けば,

$$\widehat{y} = w_0 + w_1 x_1 + w_2 x_2 + \cdots + w_D x_D \tag{1.19}$$

を求めることになります. これを**重回帰** (multiple regression) といいます. これは, 2次元 ($D=2$) の場合には図 1.6 のように, (x_1, x_2) から $\widehat{y}$ を予測する平面 (一般には, 超平面) になります.

式 (1.19) を使って同様に二乗誤差を求めると,

$$(y_n - \widehat{y}_n)^2 = (y_n - (w_0 + w_1 x_1 + \cdots + w_D x_D))^2 \tag{1.20}$$

になります. ただ, これをそのまま展開して微分するのは見通しがよくありませんので, 係数ベクトル

$$\mathbf{w}^T = (w_0, w_1, \ldots, w_D) \tag{1.21}$$

を使って書いてみることにしましょう. 入力の最初の次元が必ず1をもつように, 新しく

$$\mathbf{x}^T = (1, x_1, x_2, \ldots, x_D) \tag{1.22}$$

と定義すれば, 式 (1.19) は

$$\widehat{y} = w_0 + w_1 x_1 + w_2 x_2 + \cdots + w_D x_D \tag{1.23}$$

$$= (w_0 \ w_1 \ \cdots \ w_D) \begin{pmatrix} 1 \\ x_1 \\ x_2 \\ \vdots \\ x_D \end{pmatrix} = \mathbf{w}^T \mathbf{x} \tag{1.24}$$

と，ベクトル $\mathbf{w}$ と $\mathbf{x}$ の内積を使って簡潔に書くことができます．

式 (1.24) を式 (1.1) のように N 個のデータについて並べると，

$$\begin{pmatrix} \widehat{y}_1 \\ \widehat{y}_2 \\ \vdots \\ \widehat{y}_N \end{pmatrix} = \begin{pmatrix} \mathbf{w}^T \mathbf{x}_1 \\ \mathbf{w}^T \mathbf{x}_2 \\ \vdots \\ \mathbf{w}^T \mathbf{x}_N \end{pmatrix} = \begin{pmatrix} \mathbf{x}_1^T \\ \mathbf{x}_2^T \\ \vdots \\ \mathbf{x}_N^T \end{pmatrix} \mathbf{w} \tag{1.25}$$

となります．ここで，ベクトル $\mathbf{w}$ と $\mathbf{x}$ について $\mathbf{w}^T \mathbf{x} = \mathbf{x}^T \mathbf{w}$ であること[*4] を用いました．すなわち，$\mathbf{x}_n$ の各要素を $(x_{n1}, x_{n2}, \ldots, x_{nD})^T$ とすれば，

$$\begin{pmatrix} \widehat{y}_1 \\ \widehat{y}_2 \\ \vdots \\ \widehat{y}_N \end{pmatrix} = \begin{pmatrix} 1 & x_{11} & x_{12} & \cdots & x_{1D} \\ 1 & x_{21} & x_{22} & \cdots & x_{2D} \\ \vdots & & & & \vdots \\ 1 & x_{N1} & x_{N2} & \cdots & x_{ND} \end{pmatrix} \begin{pmatrix} w_0 \\ w_1 \\ w_2 \\ \vdots \\ w_D \end{pmatrix} \tag{1.26}$$

$$\underbrace{}_{\widehat{\mathbf{y}}} \quad \underbrace{}_{\mathbf{X}} \quad \underbrace{}_{\mathbf{w}}$$

と書けることがわかります．

これから，$\widehat{\mathbf{y}}^T = (\widehat{y}_1, \widehat{y}_2, \ldots, \widehat{y}_N)$，$\mathbf{x}_n^T$ を縦に並べた行列を $\mathbf{X}$ とおけば，

$$\widehat{\mathbf{y}} = \mathbf{X}\mathbf{w} \tag{1.27}$$

と書くことができます．この $\mathbf{X}$ を，**計画行列** (design matrix) といいます．

一般にベクトル $\mathbf{x} = (x_1, x_2, \ldots, x_n)^T$ の要素の二乗和は

[*4] $\left(\ \mathbf{w}^T \ \right) \begin{pmatrix} \mathbf{x} \end{pmatrix} = \left(\ \mathbf{x}^T \ \right) \begin{pmatrix} \mathbf{w} \end{pmatrix}$ から明らかですね．

$$x_1^2 + x_2^2 + \cdots + x_n^2 = (x_1\ x_2\ \cdots\ x_n) \begin{pmatrix} x_1 \\ x_2 \\ \vdots \\ x_n \end{pmatrix} = \mathbf{x}^T \mathbf{x} \tag{1.28}$$

と書けることを使えば,データ全体での誤差は式 (1.4) と同様に,

$$E = \sum_{n=1}^{N} (y_n - \widehat{y}_n)^2 = \sum_{n=1}^{N} (y_n - \mathbf{w}^T \mathbf{x}_n)^2 \tag{1.29}$$

$$= (\mathbf{y} - \mathbf{Xw})^T (\mathbf{y} - \mathbf{Xw}) \tag{1.30}$$

$$= \mathbf{y}^T \mathbf{y} - \mathbf{y}^T \mathbf{Xw} - (\mathbf{Xw})^T \mathbf{y} + (\mathbf{Xw})^T \mathbf{Xw} \tag{1.31}$$

$$= \mathbf{y}^T \mathbf{y} - \mathbf{w}^T (\mathbf{X}^T \mathbf{y}) - (\mathbf{w}^T \mathbf{X}^T) \mathbf{y} + \mathbf{w}^T \mathbf{X}^T \mathbf{Xw} \tag{1.32}$$

$$= \mathbf{y}^T \mathbf{y} - 2\mathbf{w}^T (\mathbf{X}^T \mathbf{y}) + \mathbf{w}^T \mathbf{X}^T \mathbf{Xw} \tag{1.33}$$

と表すことができます.ここで,式 (1.32) では前ページの脚注および,行列の転置について $(\mathbf{AB})^T = \mathbf{B}^T \mathbf{A}^T$ であることを用いました.

ベクトルの微分　誤差 E を最小にするパラメータ $\mathbf{w}$ を求めるには,単回帰で行ったのと同様に,求めたい $w_0, w_1, \ldots$ で個別に微分して 0 とおくか,より一般に式 (1.33) をベクトル $\mathbf{w}$ で微分して 0 とおくことになります.ベクトルで微分といっても,恐れる必要はありません.ベクトルの各要素で微分して並べるだけです.

　一般に $\mathbf{w} = (w_1, \ldots, w_D)^T$, $\mathbf{x} = (x_1, \ldots, x_D)^T$ のとき [*5], $\mathbf{w}^T \mathbf{x}$ は

$$\mathbf{w}^T \mathbf{x} = w_1 x_1 + w_2 x_2 + \cdots + w_D x_D \tag{1.34}$$

です.式 (1.34) を w_1 で微分すれば x_1, w_2 で微分すれば x_2, ... になりますから,これらを縦に並べれば,ベクトル $\mathbf{w}$ による微分は

---

*5　ここでは一般の場合を考えていますので,しばらく添字は 1 からとしています.

公式 1.2（ベクトルの 1 次式の微分）

$$\frac{\partial}{\partial \mathbf{w}} \mathbf{w}^T \mathbf{x} = (x_1, x_2, \ldots, x_D)^T = \mathbf{x} \qquad (1.35)$$

になります．簡単ですね．

もう 1 つ，式 (1.33) に含まれている次のような $\mathbf{w}$ の二次形式

$$\mathbf{w}^T A \mathbf{w}$$

の $\mathbf{w}$ についての微分も求めておきましょう．ここで $A = \{A_{ij}\}_{i,j=1,\ldots,D}$ は $D \times D$ 次元の行列です．この二次形式は

$$\mathbf{w}^T A \mathbf{w} = \mathbf{w}^T \Big(\sum_{j=1}^{D} A_{1j} w_j, \ldots, \sum_{j=1}^{D} A_{Dj} w_j \Big)^T = \sum_{i=1}^{D} \sum_{j=1}^{D} A_{ij} w_i w_j \quad (1.36)$$

を表していますので，これを w_i で微分すると，w_i は式 (1.36) の w_i または w_j のどちらの位置にも出現するので，

$$\frac{\partial}{\partial w_i} \mathbf{w}^T A \mathbf{w} = \sum_{j=1}^{D} A_{ij} w_j + \sum_{j=1}^{D} A_{ji} w_j \qquad (1.37)$$

$$= A(i,:)\mathbf{w} + A^T(i,:)\mathbf{w} \qquad (1.38)$$

となります．ここで $A(i,:)$ は，行列 A の i 番目の行ベクトルを意味します．行列 A とベクトル $\mathbf{w}$ の積とは，A の各行と $\mathbf{w}$ との内積を縦に並べたものですから，式 (1.38) を縦に並べれば

> **公式 1.3（ベクトルの二次形式の微分）**
>
> $$\frac{\partial}{\partial \mathbf{w}} \mathbf{w}^T A \mathbf{w} = \begin{pmatrix} A(1,:)\mathbf{w} + A^T(1,:)\mathbf{w} \\ A(2,:)\mathbf{w} + A^T(2,:)\mathbf{w} \\ \vdots \\ A(D,:)\mathbf{w} + A^T(D,:)\mathbf{w} \end{pmatrix} \tag{1.39}$$
>
> $$= A\mathbf{w} + A^T\mathbf{w}$$
>
> $$= (A + A^T)\mathbf{w} \tag{1.40}$$

が得られます.

例 2　たとえば，$\mathbf{w} = (w_1\ w_2)^T$，$A = \begin{pmatrix} 1 & 2 \\ 3 & 4 \end{pmatrix}$ のとき，

$$\mathbf{w}^T A \mathbf{w} = (w_1\ w_2) \begin{pmatrix} 1 & 2 \\ 3 & 4 \end{pmatrix} \begin{pmatrix} w_1 \\ w_2 \end{pmatrix} \tag{1.41}$$

$$= 1w_1^2 + 2\underline{w_1 w_2} + 3\underline{w_1 w_2} + 4w_2^2 \tag{1.42}$$

です．これを w_1 および w_2 で微分すると，〜〜の部分で項がそれぞれ 1 回ずつ出現するので，

$$\begin{cases} \dfrac{\partial}{\partial w_1} \mathbf{w}^T A \mathbf{w} & = 2w_1 + 2w_2 + 3w_2 = (w_1 + 2w_2) + (w_1 + 3w_2) \\[2mm] \dfrac{\partial}{\partial w_2} \mathbf{w}^T A \mathbf{w} & = 8w_2 + 2w_1 + 3w_1 = (4w_2 + 3w_1) + (4w_2 + 2w_1) \end{cases} \tag{1.43}$$

となります．すなわち，

$$\frac{\partial}{\partial \mathbf{w}} \mathbf{w}^T A \mathbf{w} = \begin{pmatrix} 1 & 2 \\ 3 & 4 \end{pmatrix} \begin{pmatrix} w_1 \\ w_2 \end{pmatrix} + \begin{pmatrix} 1 & 3 \\ 2 & 4 \end{pmatrix} \begin{pmatrix} w_1 \\ w_2 \end{pmatrix} \tag{1.44}$$

$$= A\mathbf{w} + A^T\mathbf{w} = (A + A^T)\mathbf{w} \tag{1.45}$$

となり，式 (1.40) が得られることがわかります． □

ここまでに得られた公式 1.2 と公式 1.3 を使って，式 (1.33) の E を $\mathbf{w}$ で微分してみましょう．$(\mathbf{X}^T\mathbf{X})^T = \mathbf{X}^T\mathbf{X}$ より $\mathbf{X}^T\mathbf{X}$ は対称行列なので，$\mathbf{X}^T\mathbf{X} + (\mathbf{X}^T\mathbf{X})^T = 2\mathbf{X}^T\mathbf{X}$ であることを用いると，

$$\frac{\partial E}{\partial \mathbf{w}} = -2\mathbf{X}^T\mathbf{y} + (\mathbf{X}^T\mathbf{X} + (\mathbf{X}^T\mathbf{X})^T)\mathbf{w} \tag{1.46}$$

$$= -2\mathbf{X}^T\mathbf{y} + 2\mathbf{X}^T\mathbf{X}\mathbf{w} = 0 \tag{1.47}$$

が得られます．ゆえに，

$$\mathbf{X}^T\mathbf{X}\mathbf{w} = \mathbf{X}^T\mathbf{y} \tag{1.48}$$

となりますから，$\mathbf{X}^T\mathbf{X}$ が逆行列 $(\mathbf{X}^T\mathbf{X})^{-1}$ をもつとき，

> **公式 1.4（重回帰モデルの解）**
>
> $$\mathbf{w} = (\mathbf{X}^T\mathbf{X})^{-1}\mathbf{X}^T\mathbf{y} \tag{1.49}$$

が重回帰モデルの係数の解となります．式 (1.48) を，重回帰モデルの**正規方程式** (normal equation) といいます．

例 3 データ $\mathbf{x}, y$ のペアが

$$\mathcal{D} = \{((1,2),4),((-1,1),2),((3,0),1),((-2,-2),-1)\} \tag{1.50}$$

と与えられている場合を考えてみましょう．表で書くと，下の表のようになります．これを 3 次元空間にプロットすると，**図 1.7**(a) のようになっています．

このとき，重回帰モデルを式 (1.26) の形で表すと，

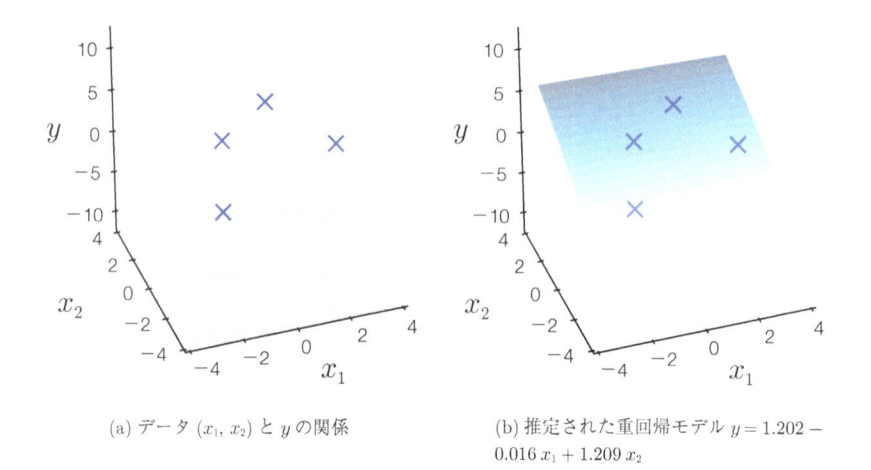

(a) データ (x_1, x_2) と y の関係

(b) 推定された重回帰モデル $y = 1.202 - 0.016\,x_1 + 1.209\,x_2$

図 1.7　重回帰モデル.

$$\mathbf{y} = \begin{pmatrix} 4 \\ 2 \\ 1 \\ -1 \end{pmatrix}, \quad \underbrace{\begin{pmatrix} \widehat{y}_1 \\ \widehat{y}_2 \\ \widehat{y}_3 \\ \widehat{y}_4 \end{pmatrix}}_{\widehat{\mathbf{y}}} = \underbrace{\begin{pmatrix} 1 & 1 & 2 \\ 1 & -1 & 1 \\ 1 & 3 & 0 \\ 1 & -2 & -2 \end{pmatrix}}_{\mathbf{X}} \underbrace{\begin{pmatrix} w_0 \\ w_1 \\ w_2 \end{pmatrix}}_{\mathbf{w}}$$

x_1	x_2	y
1	2	4
-1	1	2
3	0	1
-2	-2	-1

$$(1.51)$$

になりますから，$\mathbf{w}$ の解は

$$\mathbf{w} = (\mathbf{X}^T \mathbf{X})^{-1} \mathbf{X}^T \mathbf{y} = (1.202 \ \ -0.016 \ 1.209)^T$$

となります．これを図 1.7(b) に示しました．　□

例 4　例 1 の単回帰の場合を考えてみましょう．これは，重回帰で $D=1$ の特別な場合です．

$$\mathcal{D} = \{(3, 2),\ (2, 4),\ (-1, 1)\}$$

でしたから，これは

$$
\mathbf{y} = \begin{pmatrix} 2 \\ 4 \\ 1 \end{pmatrix}, \quad \underbrace{\begin{pmatrix} \widehat{y}_1 \\ \widehat{y}_2 \\ \widehat{y}_3 \end{pmatrix}}_{\widehat{\mathbf{y}}} = \underbrace{\begin{pmatrix} 1 & 3 \\ 1 & 2 \\ 1 & -1 \end{pmatrix}}_{\mathbf{X}} \underbrace{\begin{pmatrix} a \\ b \end{pmatrix}}_{\mathbf{w}} \tag{1.52}
$$

と書くことができます．このとき，$\mathbf{X}^T\mathbf{X}$ は $\begin{pmatrix} 3 & 4 \\ 4 & 14 \end{pmatrix}$ となるので，式 (1.48) の正規方程式は

$$
\begin{pmatrix} 3 & 4 \\ 4 & 14 \end{pmatrix} \begin{pmatrix} a \\ b \end{pmatrix} = \begin{pmatrix} 1 & 3 \\ 1 & 2 \\ 1 & -1 \end{pmatrix}^T \begin{pmatrix} 2 \\ 4 \\ 1 \end{pmatrix} \tag{1.53}
$$

になります．これを解くと (あるいは式 (1.49) から直接)，

$$
\begin{pmatrix} a \\ b \end{pmatrix} = \begin{pmatrix} 3 & 4 \\ 4 & 14 \end{pmatrix}^{-1} \begin{pmatrix} 1 & 1 & 1 \\ 3 & 2 & -1 \end{pmatrix} \begin{pmatrix} 2 \\ 4 \\ 1 \end{pmatrix} = \begin{pmatrix} 1.77 \\ 0.42 \end{pmatrix} \tag{1.54}
$$

が解となります．これは 式 (1.17) と一致します．　□

例 5　一般に単回帰の場合は，

$$
\mathbf{y} = \begin{pmatrix} y_1 \\ y_2 \\ \vdots \\ y_N \end{pmatrix}, \quad \underbrace{\begin{pmatrix} \widehat{y}_1 \\ \widehat{y}_2 \\ \vdots \\ \widehat{y}_N \end{pmatrix}}_{\widehat{\mathbf{y}}} = \underbrace{\begin{pmatrix} 1 & x_1 \\ 1 & x_2 \\ \vdots & \vdots \\ 1 & x_N \end{pmatrix}}_{\mathbf{X}} \underbrace{\begin{pmatrix} w_0 \\ w_1 \end{pmatrix}}_{\mathbf{w}} \tag{1.55}
$$

と書けますから，

$$\mathbf{X}^T\mathbf{X} = \begin{pmatrix} 1 & 1 & \cdots & 1 \\ x_1 & x_2 & \cdots & x_N \end{pmatrix} \begin{pmatrix} 1 & x_1 \\ 1 & x_2 \\ \vdots & \vdots \\ 1 & x_N \end{pmatrix} = \begin{pmatrix} N & \sum_n x_n \\ \sum_n x_n & \sum_n x_n^2 \end{pmatrix}$$

です．よって，正規方程式は

$$\begin{pmatrix} N & \sum_n x_n \\ \sum_n x_n & \sum_n x_n^2 \end{pmatrix} \begin{pmatrix} w_0 \\ w_1 \end{pmatrix} = \begin{pmatrix} \sum_n y_n \\ \sum_n x_n y_n \end{pmatrix} \tag{1.56}$$

となります．これは，前に計算した式 (1.11) そのものです． □

1.3 線形回帰モデル

さて，今までは y の予測には

$$\widehat{y} = w_0 + w_1 x$$

のような x の 1 次式を考えてきました．しかし，これでは図 1.8 のような，直線で表せない入出力の関係は正しく表すことができません．簡単のため，以下では入力 $\mathbf{x} = x$ は 1 次元であるとします．

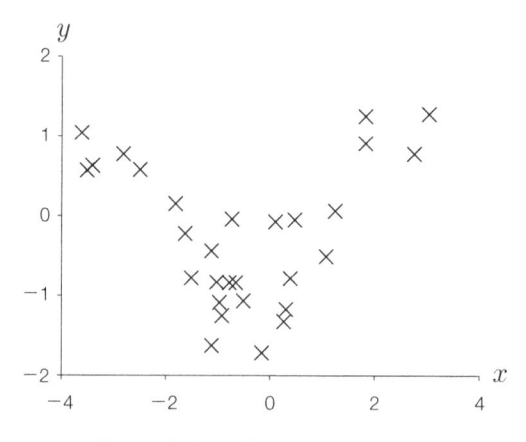

図 1.8 直線で表すことのできない関係．

もっと複雑な関係を表すには，たとえば

$$\widehat{y} = w_0 + w_1 x + w_2 x^2 \tag{1.57}$$

のような2次式や，さらに三角関数を加えた

$$\widehat{y} = w_0 + w_1 x + w_2 x^2 + w_3 \sin x \tag{1.58}$$

のような関数が考えられるでしょう．すなわち一般に，x の関数 $\phi_1(x), \phi_2(x),$ $\dots, \phi_H(x)$ を H 個用意して，

$$\widehat{y} = w_0 + w_1 \phi_1(x) + w_2 \phi_2(x) + \cdots + w_H \phi_H(x) \tag{1.59}$$

とすることで，入出力関係の表現力を大幅に上げることができます．たとえば式 (1.57) では $H=2$ で，$\phi_1(x) = x$, $\phi_2(x) = x^2$ です．

式 (1.59) をよく見ると，これは重み $w_0, w_1, \dots, w_H$ について線形モデルになっています．したがって，式 (1.26) と同じように，行列形式で

$$\underbrace{\begin{pmatrix} \widehat{y}_1 \\ \widehat{y}_2 \\ \vdots \\ \widehat{y}_N \end{pmatrix}}_{\widehat{\mathbf{y}}} = \underbrace{\begin{pmatrix} 1 & \phi_1(x_1) & \cdots & \phi_H(x_1) \\ 1 & \phi_1(x_2) & \cdots & \phi_H(x_2) \\ \vdots & & & \vdots \\ 1 & \phi_1(x_N) & \cdots & \phi_H(x_N) \end{pmatrix}}_{\mathbf{\Phi}} \underbrace{\begin{pmatrix} w_0 \\ w_1 \\ \vdots \\ \vdots \\ w_H \end{pmatrix}}_{\mathbf{w}} \tag{1.60}$$

すなわち，$\widehat{\mathbf{y}} = \mathbf{\Phi}\mathbf{w}$ と書けることがわかります．このとき，$(1, \phi_1(x), \dots, \phi_H(x))$ を縦に並べた行列 $\mathbf{\Phi}$ が新しい計画行列になります．たとえば式 (1.58) の場合は，

$$\begin{pmatrix} \widehat{y}_1 \\ \widehat{y}_2 \\ \vdots \\ \widehat{y}_N \end{pmatrix} = \begin{pmatrix} 1 & x_1 & x_1^2 & \sin(x_1) \\ 1 & x_2 & x_2^2 & \sin(x_2) \\ \vdots & & & \vdots \\ 1 & x_N & x_N^2 & \sin(x_N) \end{pmatrix} \begin{pmatrix} w_0 \\ w_1 \\ w_2 \\ w_3 \end{pmatrix} \tag{1.61}$$

のようになるでしょう．

x がベクトルになった場合も同様で，一般に

$$
\underbrace{\begin{pmatrix} \widehat{y}_1 \\ \widehat{y}_2 \\ \vdots \\ \widehat{y}_N \end{pmatrix}}_{\widehat{\mathbf{y}}} = \underbrace{\begin{pmatrix} \phi_0(\mathbf{x}_1) & \phi_1(\mathbf{x}_1) & \cdots & \phi_H(\mathbf{x}_1) \\ \phi_0(\mathbf{x}_2) & \phi_1(\mathbf{x}_2) & \cdots & \phi_H(\mathbf{x}_2) \\ \vdots & & & \vdots \\ \phi_0(\mathbf{x}_N) & \phi_1(\mathbf{x}_N) & \cdots & \phi_H(\mathbf{x}_N) \end{pmatrix}}_{\boldsymbol{\Phi}} \underbrace{\begin{pmatrix} w_0 \\ w_1 \\ \vdots \\ \vdots \\ w_H \end{pmatrix}}_{\mathbf{w}} \tag{1.62}
$$

とすることができます．ただし，$\phi_0(\mathbf{x}) \equiv 1$ と定義しました．この場合，$\phi_h(\mathbf{x})$ は $\mathbf{x}$ の 1 つの要素ではなく，$\mathbf{x}$ 全体の関数であることに注意してください．

基底関数と特徴ベクトル　式 (1.60)〜(1.62) はつまり，観測値 $\mathbf{x}$ を関数

$$
\boldsymbol{\phi}(\mathbf{x}) = (1,\ x,\ x^2,\ \sin x) \tag{1.63}
$$

によって変換して (この結果，$\boldsymbol{\phi}(\mathbf{x})$ が $\mathbf{x}$ より高次元になることもあります)，線形モデル

$$
\widehat{y} = \mathbf{w}^T \boldsymbol{\phi}(\mathbf{x}) \tag{1.64}
$$

を適用していることになります．$\boldsymbol{\phi}(\mathbf{x})$ は一般に $\mathbf{x}$ の非線形変換になることもありますが，パラメータ $\mathbf{w}$ に関してはつねに 1 次式，つまり線形です．このことから，パラメータ $\mathbf{w}$ に関する線形性に着目して，このモデルを**線形回帰モデル** (linear regression model) と呼びます．なお，重回帰モデルは線形回帰モデルで $\phi(\mathbf{x}) = \mathbf{x}$ の特別な場合と見なすことができます．

　見方を変えると，式 (1.64) の線形モデル

$$
\widehat{y} = \mathbf{w}^T \boldsymbol{\phi}(\mathbf{x}) = w_0 \phi_0(\mathbf{x}) + w_1 \phi_1(\mathbf{x}) + \cdots + w_H \phi_H(\mathbf{x}) \tag{1.65}
$$

は，$\mathbf{x}$ から $\widehat{y}$ への関数を，可能な関数全体の中で「軸」となる関数 $\widehat{y} = \phi_0(\mathbf{x})$，$\widehat{y} = \phi_1(\mathbf{x})$，$\widehat{y} = \phi_2(\mathbf{x})$，$\cdots$ の重みつき和として考えていることになります．たとえば式 (1.57) の 2 次式の場合は，**図 1.9** のように，y を

$$
\widehat{y} = \phi_0(x) = 1,\ \ \widehat{y} = \phi_1(x) = x,\ \ \widehat{y} = \phi_2(x) = x^2 \tag{1.66}
$$

の各関数の重みつき和として表していることになるわけです[*6]．こうした意

[*6]　逆に，この関数空間の中ではジャンプがあったり，周期的に変化する関数は表現することができません．

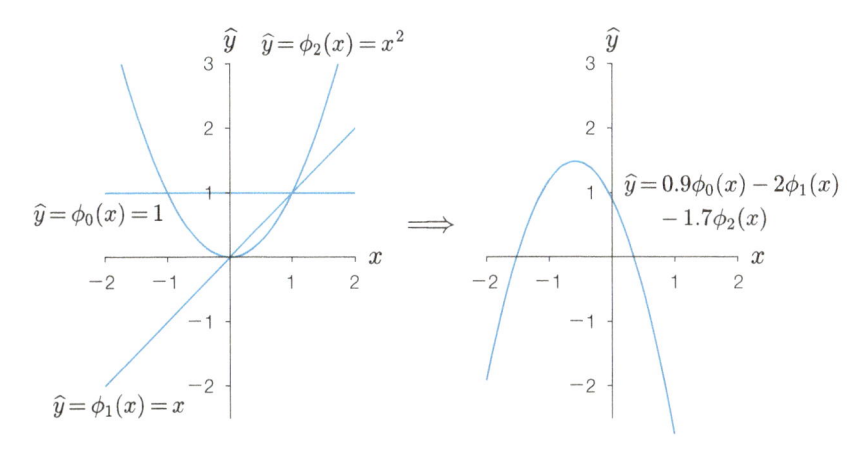

図 1.9 基底関数 $\phi_0(x)=1$, $\phi_1(x)=x$, $\phi_2(x)=x^2$ とその組み合わせによる関数の例.

味で，可能な関数の空間で基底となる各関数 $\phi_0(\mathbf{x}),\phi_1(\mathbf{x}),\ldots,\phi_H(\mathbf{x})$ を**基底関数** (basis function) と呼び，これらの基底関数によって $\mathbf{x}$ を写像して並べたベクトル $\boldsymbol{\phi}(\mathbf{x}) = (\phi_0(\mathbf{x}),\phi_1(\mathbf{x}),\ldots,\phi_H(\mathbf{x}))^T$ を，$\mathbf{x}$ の**特徴ベクトル** (feature vector) と呼びます[*7]。

式 (1.60) は式 (1.26) の重回帰と $\mathbf{X}$ が $\boldsymbol{\Phi}$ に変わっただけで同じ形なので，$\mathbf{w}$ の最小二乗解は同様に

公式 1.5 （線形回帰モデルの解）

$$\mathbf{w} = (\boldsymbol{\Phi}^T\boldsymbol{\Phi})^{-1}\boldsymbol{\Phi}^T\mathbf{y} \qquad (1.67)$$

で求めることができます。

[*7] ここでは基底関数として解析的な関数を例に出していますが，たとえば $\mathbf{x}$ が "Tokyo" のような文字列 (＝文字コードを表す整数のベクトル) だったとき，基底関数 $\boldsymbol{\phi}(\mathbf{x})$ として「$\mathbf{x}$ の文字列長」「$\mathbf{x}$ が大文字で始まるか (始まれば 1, そうでなければ 0)」「$\mathbf{x}$ が動詞か」のような関数を考えることができます。この場合は，$\boldsymbol{\phi}(\mathbf{x}) = (5,1,0)^T$ のようになるでしょう。こうして $\boldsymbol{\phi}(\mathbf{x})$ は一般に $\mathbf{x}$ の「特徴」をとらえるものであることから，それらを並べた $\boldsymbol{\phi}(\mathbf{x})$ を $\mathbf{x}$ の「特徴ベクトル」と呼んでいます。

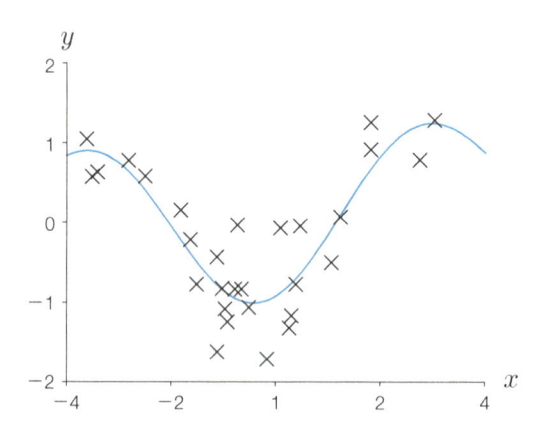

図 1.10　特徴ベクトルによる線形回帰モデルを図 1.8 のデータに適用した結果．特徴ベクトル $\phi(x)^T = (1, x, x^2, \sin x, \cos x)$ を用いると，線形回帰モデルは $y = -0.065 + 0.068x + 0.022x^2 + 0.333\sin x - 0.863\cos x$ となります．線形回帰モデルでは関数を一通りに決めるため，データの分散は表現できないことに注意してください．

例 6　図 1.8 のデータに対して特徴ベクトル $\phi(x) = (1, x, x^2, \sin x, \cos x)^T$ を用いて線形回帰モデルを当てはめた結果を，図 1.10 に示しました．式 (1.67) による $\mathbf{w}$ はこの場合 $\mathbf{w} = (-0.065, \ 0.068, \ 0.022, \ 0.333, \ -0.863)^T$，すなわち回帰関数は

$$y = \mathbf{w}^T\phi(x) = -0.065 + 0.068x + 0.022x^2 + 0.333\sin x - 0.863\cos x$$

となります．　□

1.4* リッジ回帰

　線形回帰モデルの係数パラメータ $\mathbf{w}$ は，一般に式 (1.67) で求められることがわかりました．ただし，実際にはこの計算がうまくできないことがあります．これは，式 (1.67) の逆行列 $(\mathbf{\Phi}^T\mathbf{\Phi})^{-1}$ が存在しない，あるいは計算が不安定になる場合です．

　もっとも典型的なのは，$\phi(\mathbf{x})$ のある i 番目の要素が，データ点すべてで他の j 番目の要素と同じ，またはその定数倍になっている場合でしょう．この

とき $\mathbf{\Phi}$ の各列は線形独立でなく，ランク落ちが起こるので逆行列 $(\mathbf{\Phi}^T\mathbf{\Phi})^{-1}$ が存在せず，式 (1.67) で $\mathbf{w}$ を求めることができません．

たとえば，2 変数の重回帰モデル

$$y = \mathbf{w}^T\mathbf{x} = w_0 + w_1 x_1 + w_2 x_2$$

を考えてみましょう．いま，3 個の入力点が

$$\mathbf{x}_1^T = (2, 4), \quad \mathbf{x}_2^T = (3, 6), \quad \mathbf{x}_3^T = (4, 8)$$

だったとすると，行列で書けば

$$\begin{pmatrix} \widehat{y_1} \\ \widehat{y_2} \\ \widehat{y_3} \end{pmatrix} = \begin{pmatrix} 1 & 2 & 4 \\ 1 & 3 & 6 \\ 1 & 4 & 8 \end{pmatrix} \begin{pmatrix} w_0 \\ w_1 \\ w_2 \end{pmatrix} \tag{1.68}$$

となります．よって計画行列 $\mathbf{X}$ は

$$\mathbf{X} = \begin{pmatrix} 1 & 2 & 4 \\ 1 & 3 & 6 \\ 1 & 4 & 8 \end{pmatrix} \tag{1.69}$$

です．この $\mathbf{X}$ の 3 列目は 2 列目を 2 倍したものであり，$\mathrm{rank}(\mathbf{X}) = 2$ であるため，

$$\mathbf{X}^T\mathbf{X} = \begin{pmatrix} 3 & 9 & 18 \\ 9 & 29 & 58 \\ 18 & 58 & 116 \end{pmatrix} \tag{1.70}$$

の逆行列は存在しません．実際，w_2 を決めようにも，x_2 の値はつねに x_1 の 2 倍なので，

$$\begin{aligned} y &= w_0 + w_1 x_1 + w_2 x_2 \\ &= w_0 + (w_1 + 2w_2)x_1 \end{aligned}$$

となり，w_1 と w_2 を分離することができません[*8]．変数が多数ある場合，ど

[*8]　この場合，パラメータ空間で w_1 と w_2 の関数で表される二乗誤差が $w_1 + 2w_2 = $ 一定 となる畝 (ridge，リッジ) 状の箇所で同じ値をとるために，解が唯一に定まりません．この問題に対処するための方法であることが，「リッジ回帰」という名前の語源となっています．（参照：http://stats.stackexchange.com/questions/151304/）

れか 1 つの変数のとる値が他の変数の値と同じ，あるいは定数倍になってしまうことは十分起こりえます．また，完全に定数倍でなくても，ほとんど同じ値，たとえば

$$\mathbf{X} = \begin{pmatrix} 1 & 2 & 4 \\ 1 & 3 & 6.1 \\ 1 & 4 & 7.9 \end{pmatrix} \tag{1.71}$$

だったとすると，逆行列は

$$(\mathbf{X}^T\mathbf{X})^{-1} = \begin{pmatrix} 6.33 & 18.00 & -10.00 \\ 18.00 & 254.00 & -130.00 \\ -10.00 & -130.00 & 66.67 \end{pmatrix} \tag{1.72}$$

となり，式 (1.67) から得られる $\mathbf{w}$ の絶対値が大きくなって，予測値が $\mathbf{x}$ のわずかな違いに過敏に反応するようになってしまいます．

　係数 w_i の絶対値が極端に大きいことが望ましくないとき，これを避けるために，**正則化** (regularization) という工夫を行います．この場合は，係数ベクトルの最適化を行うときに，係数が極端な値をとらないための制約を与えます．たとえば，係数ベクトルの大きさ

$$|\mathbf{w}|^2 = \mathbf{w}^T\mathbf{w} \tag{1.73}$$

に係数 $\alpha \geq 0$ をかけて式 (1.30) の二乗誤差に加えたもの

$$E = (\mathbf{y} - \mathbf{X}\mathbf{w})^2 + \alpha\mathbf{w}^T\mathbf{w} \tag{1.74}$$

を最小化してみましょう．このとき，式 (1.74) の第 1 項を小さくするために $\mathbf{w}$ の各成分の絶対値が極端に大きくなることを許すと，第 2 項の値が大きくなり，E が合計として大きくなってしまいます．よって，式 (1.74) の E を最小にするように係数 $\mathbf{w}$ を求めれば，各成分の絶対値があまり大きくならない範囲で誤差を最小化することができます．ここで α は，係数 $\mathbf{w}$ の各成分の大きさを抑えたいという要請と，二乗誤差を小さく抑えたいという要請の重要度のバランスをコントロールしており，α の値によって求まる係数 $\mathbf{w}$ を変えることができます．$\alpha = 0$ のとき，通常の最小二乗法と同じ結果となります．

　式 (1.47) と同様に $\mathbf{w}$ で微分して 0 とおけば，前半の項は同じですから

$$\frac{\partial E}{\partial \mathbf{w}} = -2\mathbf{X}^T\mathbf{y} + 2\mathbf{X}^T\mathbf{X}\mathbf{w} + 2\alpha\mathbf{w} = 0 \tag{1.75}$$

になります．よって，

$$(\mathbf{X}^T\mathbf{X} + \alpha\,\mathbf{I})\mathbf{w} = \mathbf{X}^T\mathbf{y} \tag{1.76}$$

を $\mathbf{w}$ について解くと，

公式 1.6（リッジ回帰の解）

$$\mathbf{w} = (\mathbf{X}^T\mathbf{X} + \alpha\mathbf{I})^{-1}\mathbf{X}^T\mathbf{y} \tag{1.77}$$

が解として得られます．線形回帰モデルにおける，このような係数の求め方をリッジ回帰 (ridge regression) といいます．

　リッジ回帰は係数 $\mathbf{w}$ の絶対値を小さくすることから導かれたものですが，結果的には行列 $\mathbf{X}^T\mathbf{X}$ の対角成分に小さな値 α を足すことで，逆行列の計算を安定化する，という仕組みになっています．たとえば $\alpha = 0.1$ のとき，式 (1.71) の $\mathbf{X}$ では

$$(\mathbf{X}^T\mathbf{X} + 0.1\,\mathbf{I})^{-1} = \begin{pmatrix} 3.34 & 0.16 & -0.60 \\ 0.16 & 7.70 & -3.88 \\ -0.60 & -3.88 & 2.04 \end{pmatrix}$$

となり，式 (1.72) の結果と比べてずっと穏当な値となっていることがわかります．リッジ回帰を使えば，変数の数 D がデータ点数 N より多いために，$\mathbf{X}$ がランク落ちしている場合（$D \times D$ 行列 $\mathbf{X}^T\mathbf{X}$ のランクが D 未満となり，逆行列 $(\mathbf{X}^T\mathbf{X})^{-1}$ が存在しない場合）でも解を求めることができます．

例 7　式 (1.69) の $\mathbf{X}$ について，$\mathbf{y} = (1\ 2\ 3)^T$ だったとすれば，リッジ回帰による $\mathbf{w}$ は公式 1.6 から，$\alpha = 0.1$ のとき

$$\mathbf{w} = (\mathbf{X}^T\mathbf{X} + \alpha\mathbf{I})^{-1}\mathbf{X}^T\mathbf{y} \tag{1.78}$$

$$= \left(\begin{pmatrix} 3 & 9 & 18 \\ 9 & 29 & 58 \\ 18 & 58 & 116 \end{pmatrix} + 0.1 \times \begin{pmatrix} 1 & 0 & 0 \\ 0 & 1 & 0 \\ 0 & 0 & 1 \end{pmatrix}\right)^{-1} \begin{pmatrix} 1 & 1 & 1 \\ 2 & 3 & 4 \\ 4 & 6 & 8 \end{pmatrix} \begin{pmatrix} 1 \\ 2 \\ 3 \end{pmatrix}$$

$$= \begin{pmatrix} -0.656 \\ 0.179 \\ 0.357 \end{pmatrix} \tag{1.79}$$

として求められます．すなわち，回帰モデルは

$$y = -0.656 + 0.179x_1 + 0.357x_2$$

になります．　□

 相関係数と回帰モデル

　回帰モデルと相関係数には，密接な関係があります．1.1 節の単回帰モデルの直線 $y = a + bx$ の傾き b の最小二乗解 (1.9) は，$\bar{x} = 1/N \sum_n x_n$，$\bar{y} = 1/N \sum_n y_n$ とおけば

$$b = \frac{N \sum_n x_n y_n - \sum_n x_n \sum_n y_n}{N \sum_n x_n^2 - (\sum_n x_n)^2} = \frac{\sum_n x_n y_n - N\bar{x}\bar{y}}{\sum_n x_n^2 - N\bar{x}^2} \tag{1.80}$$

と書くことができます．いっぽう

$$\sum_n (x_n - \bar{x})(y_n - \bar{y}) = \sum_n (x_n y_n - x_n \bar{y} - \bar{x} y_n + \bar{x}\bar{y})$$
$$= \sum_n x_n y_n - N\bar{x}\bar{y},$$
$$\sum_n (x_n - \bar{x})^2 = \sum_n (x_n^2 - 2\bar{x} x_n + \bar{x}^2)$$
$$= \sum_n x_n^2 - N\bar{x}^2$$

なので，b は

$$b = \frac{\sum_n (x_n - \bar{x})(y_n - \bar{y})}{\sum_n (x_n - \bar{x})^2}$$
$$= \underbrace{\frac{\sum_n (x_n - \bar{x})(y_n - \bar{y})}{\sqrt{\sum_n (x_n - \bar{x})^2}\sqrt{\sum_n (y_n - \bar{y})^2}}}_{r_{xy}} \cdot \frac{\sqrt{\sum_n (y_n - \bar{y})^2}}{\sqrt{\sum_n (x_n - \bar{x})^2}}$$
$$= r_{xy} \cdot \frac{\sigma_y}{\sigma_x} \tag{1.81}$$

とも書けることがわかります．ここで r_{xy} は通常のピアソンの積率相関係数，σ_x と σ_y は x と y それぞれの標準偏差です．σ_y/σ_x は x と y のスケールの比を表す定数で，x と y の標準偏差が等しくなるように事前にデータを正規化しておけば，この値は 1 になりますから，傾き b は実質的に積率相関係数 r_{xy} を表しています．

　式 (1.81) の関係は，$\mathbf{X}$ が $\mathbf{\Phi}$ で置き換わった 1.3 節の線形回帰モデルでも成り立つことに注意しましょう．たとえば図 1.11(a) のデータを直線で

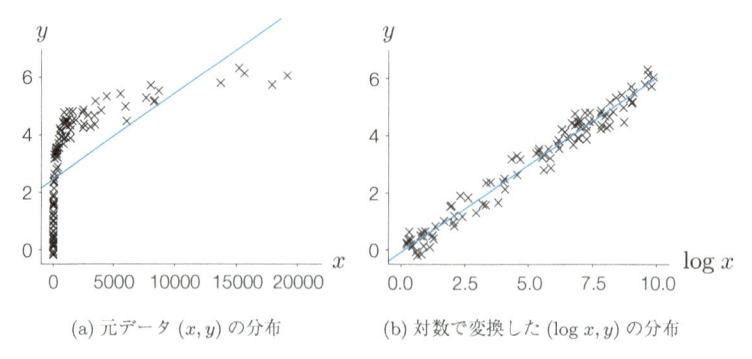

(a) 元データ (x, y) の分布　　　　(b) 対数で変換した $(\log x, y)$ の分布

図 1.11 データの変換と線形回帰モデル.

回帰するのは無理があり，この場合に相関係数は 0.632 になります．しかし，同じデータを $\phi(x) = \log x$ で変換した行列 $\boldsymbol{\Phi}$ について同様の回帰を行うと図 (b) のようになり，直線でほぼ完全に回帰できて，相関係数は 0.985 と非常に高くなることがわかります．このように相関係数の値には**データの変換による任意性がある**ため，適切な変換 $\phi(\mathbf{x})$ を選ぶことで，データに**隠れた相関**をより適切にとらえられる可能性があります．

　ガウス過程と深い関係があるカーネル法では，こうした背景からカーネル法を用いた **HSIC** (Hilbert-Schmidt Independence Criterion) [14] といった方法が近年提案され，通常の積率相関係数でとらえられない**非線形な相関**を高精度に測ることができることが示されています．カーネル法を使えば実数値やそのベクトルだけでなく，文字列やグラフ，木といった一般的なデータ構造に対してもカーネルが定義できるため，それらの間の相関をとらえることが可能になることも大きな利点です．これらのカーネルは，ガウス過程でも用いることができます．

ガウス分布

1章では回帰モデルの「当てはまりのよさ」を，二乗誤差を基準として天下りに定義していました．本章では，確率モデルであるガウス過程に向けて，線形回帰モデルを確率モデルとして考えてみることにしましょう．あわせて，今後利用する多変量ガウス分布の基本的な性質についても学習します．多変量ガウス分布について基礎的な知識のある読者は，本章をスキップして3章へ進んでもかまいません．

2.1 ガウス分布とは

確率モデルを考えるということは，データが生成される確率を与えるということです．$\mathbf{x}$ が与えられたとき y を予測するのが回帰モデルですから，y がとる値の確率を考えてみましょう．

これまでに見たとおり，実際のデータは直線や平面上にすべて乗るわけではなく，それから少しずれているのが普通です．もっとも簡単なモデルとして，このずれ ϵ が，誤差の分布としてもっとも標準的な平均 0, 分散 σ^2 の**ガウス分布** (Gaussian distribution)

$$p(\epsilon) = \mathcal{N}(0, \sigma^2) \tag{2.1}$$

に従っている場合を考えてみましょう．本書の中心テーマであるガウス分布は**正規分布** (normal distribution) とも呼ばれ，平均 μ, 分散 σ^2 のガウス分

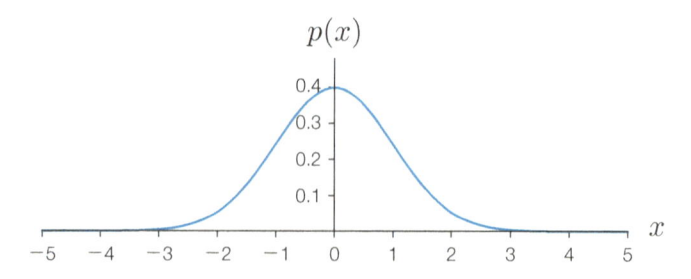

図 2.1　1 次元の標準正規分布 $\mathcal{N}(0,1)$ の確率密度関数. この分布の平均 μ は 0, 分散 σ^2 は 1 になっています.

布の確率密度関数は,

> **公式 2.1（ガウス分布の確率密度関数）**
>
> $$\mathcal{N}(x|\mu,\sigma^2) = \frac{1}{\sqrt{2\pi}\sigma} \exp\left(-\frac{(x-\mu)^2}{2\sigma^2}\right) \qquad (2.2)$$

で与えられ, **図 2.1** のようなつりがね型をした関数になっています. ここで $\exp(x)$ は, e^x の別の書き方です. 式 (2.2) の先頭の定数は x についての積分を 1 にして確率密度関数にするための正規化定数

$$\int_{-\infty}^{\infty} \exp\left(-\frac{(x-\mu)^2}{2\sigma^2}\right) dx = \sqrt{2\pi}\sigma \qquad (2.3)$$

に由来するもので[*1], 確率密度関数の本体は $\exp(\cdots)$ であることに注意してください. これから, 式 (2.2) は比例を表す記号 $\propto$ を用いれば, 定数を除いて

$$\mathcal{N}(x|\mu,\sigma^2) \propto \exp\left(-\frac{(x-\mu)^2}{2\sigma^2}\right) \qquad (2.4)$$

と表すこともできます. 平均 0, 分散 1 の正規分布を, 特に**標準正規分布** (standard normal distribution) ともいいます. この確率密度関数が図 2.1 です.

[*1]　この積分の導出については, 本シリーズ『機械学習のための確率と統計』[62] の 3.2 節を参照してください.

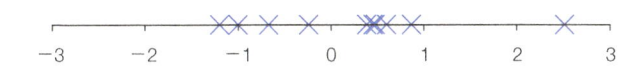

図 2.2 標準正規分布 $\mathcal{N}(0,1)$ から発生させた 10 個の点のサンプル.

　誤差の分布の形が不明である場合には，誤差分布のモデルとして正規分布が広く用いられます．というのは，必ずしも正規分布に従わない互いに独立な誤差でも，その総和は中心極限定理によって正規分布に近づくからです[*2]．また，誤差の分布形状が正規分布に従わないことがわかっていても，多くの場合，正規分布による近似はそう悪い近似にはなりません．平均と分散を定めたとき，正規分布は情報量最小 (＝エントロピー最大) であるため，標本サイズが小さい場合でも安定してよい近似が得られます．つまり正規分布は，特別な理由がない限り，標準として使うべきモデルだといえます．

2.1.1　ガウス分布からのサンプリング

　標準正規分布 $\mathcal{N}(0,1)$ からのサンプル x は，MATLAB や Octave では `randn`，R では `rnorm` のような関数を用いて簡単に発生させることができます．自分で発生するには，$(0,1]$ からの一様乱数を発生させる関数 `rand()` があれば，次のようにして生成することができます (Box-Muller 法).

$$\left\{ \begin{array}{ll} r_1 & = \texttt{rand()} \\ r_2 & = \texttt{rand()} \\ x & = \sqrt{-2\log r_1}\,\sin(2\pi r_2) \end{array} \right. \qquad (2.5)$$

　この方法の理由や，より精密な方法については短い原論文 [5] や，乱数発生の専門書 [10] を参照してください．この方法で，標準正規分布 $\mathcal{N}(0,1)$ から生成した x のサンプルを図 2.2 に示しました．平均 μ，分散 σ^2 のガウス分布 $\mathcal{N}(\mu,\sigma^2)$ は標準正規分布と比べて，x のスケールが σ (標準偏差) 倍で，値が μ だけシフトしていますから，式 (2.5) で得られた x を使って

$$x' = \mu + \sigma x \qquad (2.6)$$

とすれば，$\mathcal{N}(\mu,\sigma^2)$ に従うサンプル x' が得られます．

[*2]　正規分布が唯一の誤差分布モデルというわけではなく，たとえば誤差分布にコーシー分布を仮定して，外れ値に対して頑健な回帰モデルを得る工夫が知られています．3.6.1 節を参照してください.

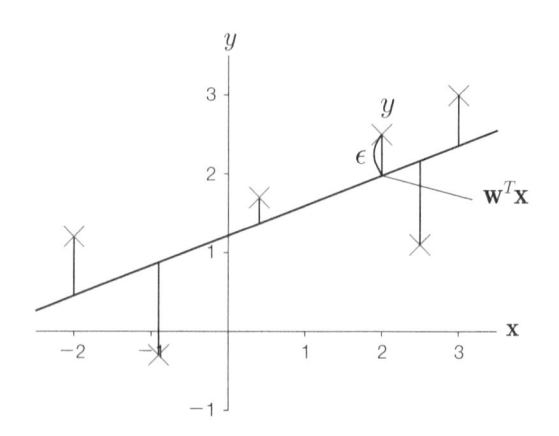

図 2.3　線形回帰モデルにおける y の平均値 $\mathbf{w}^T\mathbf{x}$ とガウス分布によるノイズ ϵ.

2.1.2　線形回帰の確率モデル

公式 2.1 のガウス分布を用いると，$\mathbf{x}$ が与えられたときの y の平均は線形回帰

$$\mathbf{w}^T\mathbf{x} \tag{2.7}$$

で，これに式 (2.1) に従ったノイズ ϵ が乗ったものが y となるというモデルが考えられるでしょう (図 2.3). すなわち，

$$\begin{cases} y & = \mathbf{w}^T\mathbf{x} + \epsilon \\ p(\epsilon) = \mathcal{N}(0, \sigma^2) \end{cases} \tag{2.8}$$

となります．これは y が平均 $\mathbf{w}^T\mathbf{x}$，分散 σ^2 のガウス分布に従っていることを意味するので，あわせて

$$p(y) = \mathcal{N}(\mathbf{w}^T\mathbf{x}, \sigma^2) \tag{2.9}$$

と表すことができます．すなわち，y の確率密度関数は式 (2.2) を使えば，

$$p(y|\mathbf{x}) = \frac{1}{\sqrt{2\pi}\sigma} \exp\left(-\frac{(y - \mathbf{w}^T\mathbf{x})^2}{2\sigma^2}\right) \tag{2.10}$$

となります．

いま，N 個のデータ点 $(\mathbf{x}, y)$ のペア

$$\mathcal{D} = \{ (\mathbf{x}_1, y_1),\ (\mathbf{x}_2, y_2),\ \ldots,\ (\mathbf{x}_N, y_N) \}$$

があったとき，

$$\mathbf{X} = \{\mathbf{x}_1, \ldots, \mathbf{x}_N\},\ \mathbf{y} = \{y_1, \ldots, y_N\}$$

と書くことにしましょう．$\mathcal{D}$ の N 個のペア $(\mathbf{x}_n, y_n)$ が互いに独立であるとすれば，$\mathbf{X}$ から $\mathbf{y}$ を予測する確率は，式 (2.10) から

$$p(\mathbf{y}|\mathbf{X}) = \prod_{n=1}^{N} p(y_n|\mathbf{x}_n) = \prod_{n=1}^{N} \frac{1}{\sqrt{2\pi}\sigma} \exp\left(-\frac{(y_n - \mathbf{w}^T\mathbf{x}_n)^2}{2\sigma^2}\right) \quad (2.11)$$

となります．$\log x$ は単調増加関数なので，$p(\mathbf{y}|\mathbf{X})$ の最大化と $\log p(\mathbf{y}|\mathbf{X})$ の最大化は等価ですから，式 (2.11) の対数をとれば

$$\log p(\mathbf{y}|\mathbf{X}) = -N\log(\sqrt{2\pi}\sigma) - \sum_{n=1}^{N} \frac{(y_n - \mathbf{w}^T\mathbf{x}_n)^2}{2\sigma^2} \quad (2.12)$$

が得られます．よって，$\log p(\mathbf{y}|\mathbf{X})$ を最大化することは，$\mathbf{w}$ に関して

$$-\log p(\mathbf{y}|\mathbf{X}) = \sum_{n=1}^{N} (y_n - \mathbf{w}^T\mathbf{x}_n)^2 + (\text{定数}) \quad (2.13)$$

を最小化することと等価で，式 (1.29) と同じ最小化の式が得られました．こうして，1 章の二乗誤差による線形回帰が，実は，正規分布を誤差に考えた確率モデルと等価になっていることがわかります．

2.2　重みの事前分布とリッジ回帰

回帰係数 $\mathbf{w}$ の成分として極端な値を避ける 1.4 節のリッジ回帰も，確率モデルから自然に導くことができます．$\mathbf{w}$ の各要素 w_i の絶対値が極端に大きくなるのを防ぐのですから，w_i がそれぞれ独立に平均 0，分散 λ^2 の正規分布に従う確率変数だと考えてもよいでしょう．すなわち，$D+1$ 次元の $\mathbf{w}$ の確率分布をたとえば

$$p(\mathbf{w}) = \prod_{i=0}^{D} \mathcal{N}(w_i|0, \lambda^2) \quad (2.14)$$

とおくことができます．このとき，

$$\log p(\mathbf{w}) = \sum_{i=0}^{D} \log \mathcal{N}(w_i | 0, \lambda^2) \tag{2.15}$$

$$= -(D+1)\log\left(\sqrt{2\pi}\lambda\right) - \frac{1}{2\lambda^2}\sum_{i=0}^{D} w_i^2 \tag{2.16}$$

になります．$\mathbf{y}$ と $\mathbf{w}$ の同時確率は，この場合 $p(\mathbf{y}, \mathbf{w}|\mathbf{X}) = p(\mathbf{y}|\mathbf{w}, \mathbf{X})p(\mathbf{w}|\mathbf{X})$ $= p(\mathbf{y}|\mathbf{w}, \mathbf{X})p(\mathbf{w})$ と書けるので，

$$\log p(\mathbf{y}, \mathbf{w}|\mathbf{X}) = \log p(\mathbf{y}|\mathbf{w}, \mathbf{X}) + \log p(\mathbf{w})$$

$$= -N\log\left(\sqrt{2\pi}\sigma\right) - \frac{1}{2\sigma^2}\sum_{n=1}^{N}(y_n - \mathbf{w}^T\mathbf{x}_n)^2$$

$$- (D+1)\log\left(\sqrt{2\pi}\lambda\right) - \frac{1}{2\lambda^2}\sum_{i=0}^{D} w_i^2$$

となります．定数項を除いて整理すると

$$\frac{1}{\sigma^2}\sum_{n=1}^{N}(y_n - \mathbf{w}^T\mathbf{x}_n)^2 + \frac{1}{\lambda^2}\sum_{i=0}^{D} w_i^2$$

$$\propto \ (\mathbf{y} - \mathbf{X}\mathbf{w})^2 + \alpha\mathbf{w}^T\mathbf{w} \qquad \left(\alpha = \frac{\sigma^2}{\lambda^2}\right) \tag{2.17}$$

が得られ，これはリッジ回帰の式 (1.74) と一致します．

　リッジ回帰と比べると，式 (1.74) で外から与えていた係数 α は，実は観測ノイズの分散 σ^2 の，係数 $\mathbf{w}$ の分散 λ^2 に対する比という意味をもっていたことがわかりました．係数 $\mathbf{w}$ の各成分（の分散）の大きさは，入力に対する出力の変動，すなわち回帰によって求める対象となる関数の上下動の大きさに対応します．1 章で見たような回帰を行おうとするとき，観測ノイズの分散に比べて真の関数の変動の方が通常は大きいため，α は小さくするべきです．しかし逆に，α が小さすぎて観測ノイズを無視すると，観測ノイズを含む学習データの変動にそのままフィットするように，係数 w_i の値を極端に大きく推定してしまいます．α の値は，学習データのフィッティングについて観測ノイズと係数のどちらを重視するか，のバランスを決める意味をもっているといえます．

2.3 多変量ガウス分布

　式 (2.2) は 1 次元の変数 x のガウス分布を表す式でした．次章以降に備えて，ここで多変量のガウス分布について，本書で必要な最低限の事項を学習しておきましょう．さらに詳しくは，[3] などの書籍を参照してください.

　D 次元のベクトル $\mathbf{x} = (x_1, \ldots, x_D)$ が平均 $\boldsymbol{\mu}$，共分散行列 $\boldsymbol{\Sigma}$ のガウス分布 $\mathcal{N}(\mathbf{x}|\boldsymbol{\mu}, \boldsymbol{\Sigma})$ に従っているとき，確率密度関数は

公式 2.2 （多変量ガウス分布の確率密度関数）

$$\mathcal{N}(\mathbf{x}|\boldsymbol{\mu}, \boldsymbol{\Sigma}) = \frac{1}{(\sqrt{2\pi})^D \sqrt{|\boldsymbol{\Sigma}|}} \exp\left(-\frac{1}{2}(\mathbf{x} - \boldsymbol{\mu})^T \boldsymbol{\Sigma}^{-1}(\mathbf{x} - \boldsymbol{\mu})\right)$$

$$(2.18)$$

で表わされ，図 2.4 のような関数になります．$\boldsymbol{\mu} = (\mu_1, \ldots, \mu_D)$ は $\mathbf{x}$ の期待値を表す平均ベクトル，$\boldsymbol{\Sigma}$ は $D \times D$ の**共分散行列** (covariance matrix) で，その (i, j) 要素が x_i と x_j の共分散を表しています．つまり，

$$\boldsymbol{\mu} = \mathbb{E}[\mathbf{x}] \tag{2.19}$$

$$\Sigma_{ij} = \mathbb{E}[(x_i - \mathbb{E}[x_i])(x_j - \mathbb{E}[x_j])] \tag{2.20}$$

$$= \mathbb{E}[x_i x_j] - \mathbb{E}[x_i]\mathbb{E}[x_j] \tag{2.21}$$

です．なお，$\boldsymbol{\Sigma}$ の要素であるすべての x_i と x_j の組み合わせは

$$\mathbf{x}\mathbf{x}^T = \begin{pmatrix} x_1 \\ x_2 \\ \vdots \\ x_D \end{pmatrix} (x_1\ x_2\ \cdots\ x_D) = \begin{pmatrix} x_1 x_1 & x_1 x_2 & \cdots & x_1 x_D \\ x_2 x_1 & x_2 x_2 & \cdots & x_2 x_D \\ \vdots & \vdots & & \vdots \\ x_D x_1 & x_D x_2 & \cdots & x_D x_D \end{pmatrix}$$

$$(2.22)$$

で表せますから，式 (2.21) より共分散行列 $\boldsymbol{\Sigma}$ はまとめて，

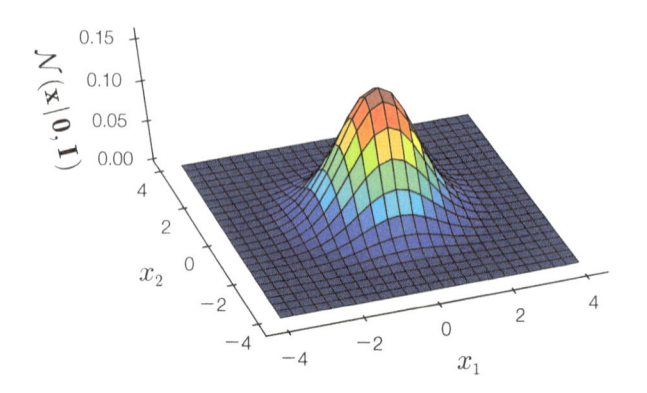

図 2.4　2 次元の多変量標準ガウス分布 $\mathcal{N}(\mathbf{0}, \mathbf{I})$ の確率密度関数.

$$\boldsymbol{\Sigma} = \mathbb{E}[\mathbf{x}\mathbf{x}^T] - \mathbb{E}[\mathbf{x}]\mathbb{E}[\mathbf{x}]^T \tag{2.23}$$

と行列計算で表すことができます. 式 (2.23) は次章でガウス過程の導出の際に使いますので, 覚えておきましょう.

　ガウス分布では共分散行列 $\boldsymbol{\Sigma}$ はつねに式 (2.18) のように $\boldsymbol{\Sigma}^{-1}$ の形で現れるため, $\boldsymbol{\Lambda} = \boldsymbol{\Sigma}^{-1}$ を**精度行列** (precision matrix) と呼び, $(\boldsymbol{\mu}, \boldsymbol{\Sigma})$ のペアの代わりに $(\boldsymbol{\mu}, \boldsymbol{\Lambda})$ のことをガウス分布のパラメータとすることがあります. $\boldsymbol{\Sigma}$ は $\mathbf{x}-\boldsymbol{\mu}$ の共分散を, 行列式 $|\boldsymbol{\Sigma}^{-1}|$ は $\boldsymbol{\Sigma}^{-1}$ の張る空間の「大きさ」を表していますから (1 次元なら σ^2), 式 (2.18) は 1 次元の場合の式 (2.2) の自然な拡張になっていることに注意してください. 式 (2.18) の先頭の正規化定数も, 1 次元の場合と同様に

$$\int_{-\infty}^{\infty} \cdots \int_{-\infty}^{\infty} \exp\left(-\frac{1}{2}(\mathbf{x} - \boldsymbol{\mu})^T \boldsymbol{\Sigma}^{-1}(\mathbf{x} - \boldsymbol{\mu})\right) dx_1 \cdots dx_D$$
$$= (\sqrt{2\pi})^D \sqrt{|\boldsymbol{\Sigma}|} \tag{2.24}$$

の積分から得られるものです.

　$\boldsymbol{\mu}$ はこの分布を平行移動しているだけですから, ガウス分布の形状は $\boldsymbol{\Sigma}$ で決まります. もっとも簡単な場合として, 平均 $\boldsymbol{\mu} = \mathbf{0} = (0, 0, \ldots, 0)$, 共分

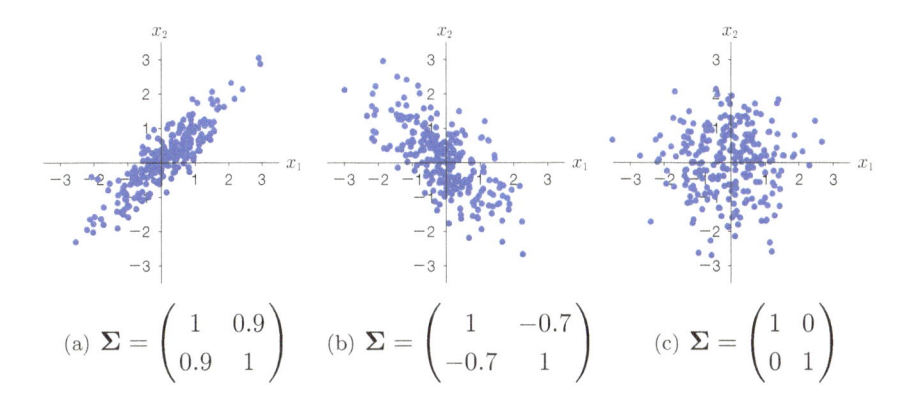

$$(a)\ \mathbf{\Sigma} = \begin{pmatrix} 1 & 0.9 \\ 0.9 & 1 \end{pmatrix} \qquad (b)\ \mathbf{\Sigma} = \begin{pmatrix} 1 & -0.7 \\ -0.7 & 1 \end{pmatrix} \qquad (c)\ \mathbf{\Sigma} = \begin{pmatrix} 1 & 0 \\ 0 & 1 \end{pmatrix}$$

図 2.5 2 次元のガウス分布からのサンプルと，対応する共分散行列 $\mathbf{\Sigma}$.

散行列 $\mathbf{\Sigma} = \mathbf{I} = \begin{pmatrix} 1 & & 0 \\ & \ddots & \\ 0 & & 1 \end{pmatrix}$ のとき，式 (2.18) は

$$p(\mathbf{x}|\mathbf{0}, \mathbf{I}) = \frac{1}{(\sqrt{2\pi})^D} \exp\left(-\frac{1}{2}\mathbf{x}^T\mathbf{x}\right) \tag{2.25}$$

$$= \prod_{i=1}^{D} \mathcal{N}(x_i|0, 1) \tag{2.26}$$

になります．この分布を**図 2.4** に示しました．このように多変量ガウス分布の共分散行列 $\mathbf{\Sigma}$ が対角行列である場合は，任意の 2 つの次元が互いに独立になっており，多変量ガウス分布の確率密度関数は 1 次元ガウス分布の積で表されます．

逆に $\mathbf{\Sigma}$ が対角行列でない場合は，$\mathbf{x}$ の分布はその成分の間で相関を持ちます．たとえば，2 次元で

$$\mathbf{\Sigma} = \begin{pmatrix} 1 & 0.9 \\ 0.9 & 1 \end{pmatrix} \tag{2.27}$$

だとしましょう．このとき，$\mathcal{N}(\mathbf{0}, \mathbf{\Sigma})$ から 100 個の点を発生させると図 2.5(a) のようになり，x_1 と x_2 に強い相関が現れていることがわかります．つまり，この場合は x_1 が決まれば，x_2 はそれに近い値になりやすい，とい

うことです．これと，図2.5(b)のように負の相関がある場合

$$\Sigma = \begin{pmatrix} 1 & -0.7 \\ -0.7 & 1 \end{pmatrix} \tag{2.28}$$

および，図2.5(c)に示した$\Sigma = \mathbf{I}$の場合に生成した点を比べてみましょう．

2.3.1　多変量ガウス分布と線形変換

平均$\mathbf{0}$のガウス分布に従うベクトル

$$\mathbf{x} \sim \mathcal{N}(\mathbf{0}, \Sigma) \propto \exp\left(-\frac{1}{2}\mathbf{x}^T\Sigma^{-1}\mathbf{x}\right) \tag{2.29}$$

を行列$\mathbf{A}$で線形変換して，

$$\mathbf{y} = \mathbf{A}\mathbf{x} \tag{2.30}$$

としても，$\mathbf{y}$はやはりガウス分布に従います．このことを確かめてみましょう．$\mathbf{A}$が正則ならば，式(2.30)から得られる$\mathbf{x} = \mathbf{A}^{-1}\mathbf{y}$を式(2.29)に代入すれば，この変換によるヤコビアン[*3]$|\partial\mathbf{x}/\partial\mathbf{y}|$は定数なので，

$$
\begin{aligned}
p(\mathbf{y}) &\propto \exp\left(-\frac{1}{2}(\mathbf{A}^{-1}\mathbf{y})^T\Sigma^{-1}(\mathbf{A}^{-1}\mathbf{y})\right)\left|\frac{\partial\mathbf{x}}{\partial\mathbf{y}}\right| \\
&\propto \exp\left(-\frac{1}{2}\mathbf{y}^T\underbrace{(\mathbf{A}^{-1})^T\Sigma^{-1}\mathbf{A}^{-1}}_{\Lambda}\mathbf{y}\right) = \exp\left(-\frac{1}{2}\mathbf{y}^T\Lambda\mathbf{y}\right)
\end{aligned}
$$

となり，$\mathbf{y}$は$\Lambda = (\mathbf{A}^{-1})^T\Sigma^{-1}\mathbf{A}^{-1}$を精度行列にもつガウス分布となります．

2.3.2　多変量ガウス分布からのサンプリング

平均$\mathbf{0}$，共分散行列Σの多変量ガウス分布からのサンプル

$$\mathbf{y} \sim \mathcal{N}(\mathbf{0}, \Sigma)$$

は，MATLABやOctaveでは`mvnrnd`, RではMASSパッケージの`mvrnorm`のような関数で生成することができます．自分で生成する場合は，まずΣを

$$\Sigma = \mathbf{L}\mathbf{L}^T \tag{2.31}$$

[*3]　ヤコビアンについては，本シリーズの [62, p.30 (memo 2.2)] を参照してください．

のようにコレスキー分解します．コレスキー分解とは，対称行列 $\mathbf{\Sigma}$ を下三角行列，すなわち対角成分以下にだけ値が埋まっている行列 $\mathbf{L}$ を用いて，式 (2.31) のように分解する方法です．直感的には，スカラー値の分散 σ^2 の平方根をとって標準偏差 σ を求めるのと同様に，多変量の共分散行列の「平方根」を計算する方法だといってよいでしょう[*4]．コレスキー分解は，MAT-LAB, Octave や R では chol で実行することができます．このとき，2.1.1 節の方法で生成した標準正規分布からの乱数を

$$x_i \sim \mathcal{N}(0,1) \qquad (i = 1, 2, \ldots, n) \tag{2.32}$$

とおくと，$\mathbf{x} = (x_1, x_2, \ldots, x_n)$ について $\mathbf{Lx} = \mathbf{y}$ の分布は 2.3.1 節の議論から，

$$p(\mathbf{y}) = p(\mathbf{Lx}) \propto \exp\left(-\frac{1}{2}\mathbf{y}^T(\mathbf{L}^{-1})^T\mathbf{L}^{-1}\mathbf{y}\right) \tag{2.33}$$

$$= \exp\left(-\frac{1}{2}\mathbf{y}^T\mathbf{\Sigma}^{-1}\mathbf{y}\right) \tag{2.34}$$

となります．よって，$\mathcal{N}(\mathbf{0}, \mathbf{\Sigma})$ に従うベクトル $\mathbf{y}$ を生成するには，まず $\mathbf{x} = (x_1, x_2, \ldots, x_n)$ をランダムに生成し，$\mathbf{y} = \mathbf{Lx}$ と変換すればよいことがわかります．

2.3.3 多変量ガウス分布の周辺化

ベクトル $\mathbf{x}$ が多変量ガウス分布に従っているとき，$\mathbf{x}$ の一部の次元を周辺化[*5] しても，残りの次元はやはり多変量ガウス分布に従います．たとえば，図 2.6 において楕円で模式的に示した 2 次元の多変量ガウス分布 $p(x_1, x_2)$ を x_2 に関して上からつぶした x_1 の分布 $p(x_1) = \int p(x_1, x_2)dx_2$ は，青線で示したガウス分布になります．

いま，D 次元のベクトル $\mathbf{x}$ が多変量ガウス分布

$$\mathbf{x} \sim \mathcal{N}(\boldsymbol{\mu}, \mathbf{\Sigma}) \tag{2.35}$$

[*4] フランスの数学者 André-Louis Cholesky (1875–1918) が亡くなって，本書執筆時でちょうど 100 年になります．https://mimno.infosci.cornell.edu/cholesky/ に解説と，興味深い Web 上のデモがあります．

[*5] 周辺化とは，確率変数 x と y の同時分布 $p(x, y)$ を y について積分して，$\int p(x, y)dy = p(x)$ と x だけの周辺分布 $p(x)$ にすることです．詳しくは，4.1.2 節を参照してください．

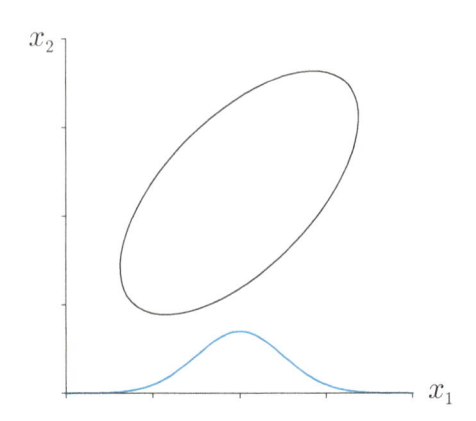

図 2.6 多変量ガウス分布の周辺化を表した図. 楕円で示した 2 次元のガウス分布 $p(x_1, x_2)$ において, x_2 を周辺化した x_1 だけの分布 $p(x_1) = \int p(x_1, x_2) dx_2$ は, やはりガウス分布となります (青線).

に従っているとき, $\mathbf{x}$ の最初の L 次元を $\mathbf{x}_1$, 残りの $D-L$ 次元を $\mathbf{x}_2$ とおけば, $\mathbf{x}$ は

$$\mathbf{x} = \begin{pmatrix} \mathbf{x}_1 \\ \text{- - -} \\ \mathbf{x}_2 \end{pmatrix} \left. \begin{matrix} \\ \\ \end{matrix} \right\} L \text{ 次元} \atop \left. \right\} D-L \text{ 次元} \tag{2.36}$$

と書くことができます. $\boldsymbol{\mu}$ と $\boldsymbol{\Sigma}$ も同様に L 次元で分割すれば, 式 (2.35) は

$$\mathbf{x} = \begin{pmatrix} \mathbf{x}_1 \\ \text{- - -} \\ \mathbf{x}_2 \end{pmatrix} \sim \mathcal{N} \left(\begin{pmatrix} \boldsymbol{\mu}_1 \\ \text{- - -} \\ \boldsymbol{\mu}_2 \end{pmatrix}, \begin{pmatrix} \boldsymbol{\Sigma}_{11} & \vdots & \boldsymbol{\Sigma}_{12} \\ \text{- - -} & + & \text{- - -} \\ \boldsymbol{\Sigma}_{21} & \vdots & \boldsymbol{\Sigma}_{22} \end{pmatrix} \right) \tag{2.37}$$

と表すことができます.

このとき, $p(\mathbf{x}) = p(\mathbf{x}_1, \mathbf{x}_2)$ を $\mathbf{x}_2$ に関して周辺化した $\mathbf{x}_1$ の分布は

公式 2.3（多変量ガウス分布の周辺化）

$$p(\mathbf{x}_1) = \int p(\mathbf{x}_1, \mathbf{x}_2) d\mathbf{x}_2 = \mathcal{N}(\boldsymbol{\mu}_1, \boldsymbol{\Sigma}_{11}) \tag{2.38}$$

になります．すなわち，$\mathbf{x}_2$ について周辺化することは，対応する平均 $\boldsymbol{\mu}_2$ や共分散行列の一部 $\boldsymbol{\Sigma}_{12}, \boldsymbol{\Sigma}_{21}, \boldsymbol{\Sigma}_{22}$ を「見なかった」ことと同じです．

証明 公式 2.3 を確かめてみましょう．式 (2.38) の積分は $\boldsymbol{\mu}_1$ の場所によりませんので [*6]，

$$\begin{pmatrix} \mathbf{x}_1 \\ \mathbf{x}_2 \end{pmatrix} \sim \mathcal{N}\left(\begin{pmatrix} \mathbf{0} \\ \mathbf{0} \end{pmatrix}, \begin{pmatrix} \boldsymbol{\Sigma}_{11} & \boldsymbol{\Sigma}_{12} \\ \boldsymbol{\Sigma}_{21} & \boldsymbol{\Sigma}_{22} \end{pmatrix} \right) \tag{2.39}$$

すなわち，

$$\boldsymbol{\Lambda} = \begin{pmatrix} \boldsymbol{\Lambda}_{11} & \boldsymbol{\Lambda}_{12} \\ \boldsymbol{\Lambda}_{21} & \boldsymbol{\Lambda}_{22} \end{pmatrix} = \begin{pmatrix} \boldsymbol{\Sigma}_{11} & \boldsymbol{\Sigma}_{12} \\ \boldsymbol{\Sigma}_{21} & \boldsymbol{\Sigma}_{22} \end{pmatrix}^{-1} \tag{2.40}$$

と定義すれば

$$p\begin{pmatrix} \mathbf{x}_1 \\ \mathbf{x}_2 \end{pmatrix} \propto \exp\left(-\frac{1}{2} \underbrace{\begin{pmatrix} \mathbf{x}_1 \\ \mathbf{x}_2 \end{pmatrix}^T \begin{pmatrix} \boldsymbol{\Lambda}_{11} & \boldsymbol{\Lambda}_{12} \\ \boldsymbol{\Lambda}_{21} & \boldsymbol{\Lambda}_{22} \end{pmatrix} \begin{pmatrix} \mathbf{x}_1 \\ \mathbf{x}_2 \end{pmatrix}}_{L} \right) \tag{2.41}$$

の場合について証明すれば十分です．このとき $\int p(\mathbf{x}_1, \mathbf{x}_2) d\mathbf{x}_2$ を計算すればよいのですが，基本的な戦略は，積分したいベクトル $\mathbf{x}_2$ について平方完成することです．式 (2.41) の右辺を $\exp(-\frac{1}{2}L)$ とおくと，$\boldsymbol{\Lambda}^T = \boldsymbol{\Lambda}$ なので

$$L = \mathbf{x}_1^T \boldsymbol{\Lambda}_{11} \mathbf{x}_1 + \mathbf{x}_1^T \boldsymbol{\Lambda}_{12} \mathbf{x}_2 + \mathbf{x}_2^T \boldsymbol{\Lambda}_{21} \mathbf{x}_1 + \mathbf{x}_2^T \boldsymbol{\Lambda}_{22} \mathbf{x}_2 \tag{2.42}$$

$$= \mathbf{x}_1^T \boldsymbol{\Lambda}_{11} \mathbf{x}_1 + 2\mathbf{x}_2^T \boldsymbol{\Lambda}_{21} \mathbf{x}_1 + \mathbf{x}_2^T \boldsymbol{\Lambda}_{22} \mathbf{x}_2 \tag{2.43}$$

と表すことができます．

　ここで一般に，対称行列 $\boldsymbol{\Lambda}$ について

[*6] 数学的には，$\mathcal{N}(\boldsymbol{\mu}, \boldsymbol{\Sigma}) = \boldsymbol{\mu} + \mathcal{N}(\mathbf{0}, \boldsymbol{\Sigma})$ なので，$\int \mathcal{N}(\mathbf{x}|\boldsymbol{\mu}, \boldsymbol{\Sigma})d\mathbf{x} = \boldsymbol{\mu} + \int \mathcal{N}(\mathbf{x}|\mathbf{0}, \boldsymbol{\Sigma})d\mathbf{x}$ となるためです．

$$(\mathbf{x} - \boldsymbol{\mu})^T \boldsymbol{\Lambda} (\mathbf{x} - \boldsymbol{\mu}) = \mathbf{x}^T \boldsymbol{\Lambda} \mathbf{x} - \mathbf{x}^T \boldsymbol{\Lambda} \boldsymbol{\mu} - \boldsymbol{\mu}^T \boldsymbol{\Lambda} \mathbf{x} + \boldsymbol{\mu}^T \boldsymbol{\Lambda} \boldsymbol{\mu} \tag{2.44}$$

$$= \mathbf{x}^T \boldsymbol{\Lambda} \mathbf{x} - 2\mathbf{x}^T \boldsymbol{\Lambda} \boldsymbol{\mu} + \boldsymbol{\mu}^T \boldsymbol{\Lambda} \boldsymbol{\mu} \tag{2.45}$$

が成り立つことに注意しましょう．式 (2.45) では，$(\boldsymbol{\mu}^T \boldsymbol{\Lambda})\mathbf{x} = \mathbf{x}^T (\boldsymbol{\mu}^T \boldsymbol{\Lambda})^T = \mathbf{x}^T \boldsymbol{\Lambda} \boldsymbol{\mu}$ であることを用いました．よって L は，次の形に平方完成することができます．

$$L = (\mathbf{x}_2 + \boldsymbol{\Lambda}_{22}^{-1} \boldsymbol{\Lambda}_{21} \mathbf{x}_1)^T \boldsymbol{\Lambda}_{22} (\mathbf{x}_2 + \cdots) - \mathbf{x}_1^T \boldsymbol{\Lambda}_{21}^T \boldsymbol{\Lambda}_{22}^{-1} \boldsymbol{\Lambda}_{21} \mathbf{x}_1 + \mathbf{x}_1^T \boldsymbol{\Lambda}_{11} \mathbf{x}_1 \tag{2.46}$$

式 (2.46) の第 1 項は，多変量ガウス分布の正規化定数を求める式 (2.24) と同じ形をしており，$\mathbf{x}_2$ について積分すると真ん中の $\boldsymbol{\Lambda}_{22}$ だけに依存する定数となることに注意しましょう．よって，

$$p(\mathbf{x}_1) = \int p(\mathbf{x}_1, \mathbf{x}_2) d\mathbf{x}_2 = \int \exp\left(-\frac{1}{2}L\right) d\mathbf{x}_2 \tag{2.47}$$

$$= (\text{定数}) \times \exp\left(-\frac{1}{2}\left\{-\mathbf{x}_1^T \boldsymbol{\Lambda}_{21}^T \boldsymbol{\Lambda}_{22}^{-1} \boldsymbol{\Lambda}_{21} \mathbf{x}_1 + \mathbf{x}_1^T \boldsymbol{\Lambda}_{11} \mathbf{x}_1\right\}\right) \tag{2.48}$$

$$\propto \exp\left(-\frac{1}{2}\mathbf{x}_1^T (\boldsymbol{\Lambda}_{11} - \boldsymbol{\Lambda}_{21}^T \boldsymbol{\Lambda}_{22}^{-1} \boldsymbol{\Lambda}_{21}) \mathbf{x}_1\right) \tag{2.49}$$

となります．これを公式 2.2 と見比べれば，$\mathbf{x}_1$ の分布は，$\boldsymbol{\Lambda}$ で表せば

$$p(\mathbf{x}_1) = \mathcal{N}(\mathbf{0}, (\boldsymbol{\Lambda}_{11} - \boldsymbol{\Lambda}_{21}^T \boldsymbol{\Lambda}_{22}^{-1} \boldsymbol{\Lambda}_{21})^{-1}) \tag{2.50}$$

となることがわかります．

最後に，式 (2.50) を $\boldsymbol{\Sigma}$ で表してみましょう．$\boldsymbol{\Lambda}$ の定義は式 (2.40) でしたから，付録 A.1 の式 (A.1) から，

$$(\boldsymbol{\Lambda}_{11} - \boldsymbol{\Lambda}_{21}^T \boldsymbol{\Lambda}_{22}^{-1} \boldsymbol{\Lambda}_{21})^{-1} = \boldsymbol{\Sigma}_{11} \tag{2.51}$$

が成り立っています．よって，式 (2.50) を $\boldsymbol{\Sigma}$ で表せば

$$p(\mathbf{x}_1) = \mathcal{N}(\mathbf{0}, \boldsymbol{\Sigma}_{11}) \tag{2.52}$$

となります．　□

2.3.4　多変量ガウス分布の条件付き分布

ベクトル $\mathbf{x}$ が多変量ガウス分布に従うとき，$\mathbf{x}$ の一部の次元を固定したと

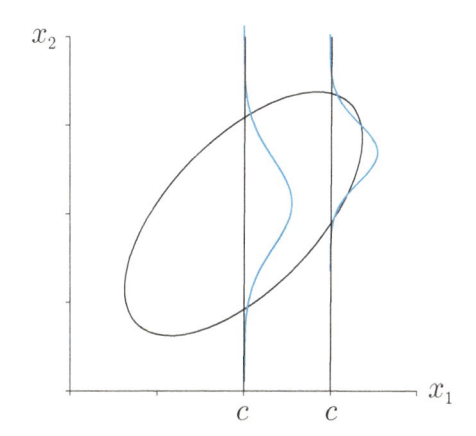

図 2.7 多変量ガウス分布の条件付き分布を表した図. 楕円で示した 2 次元のガウス分布 $p(x_1, x_2)$ において, $x_1 = c$ を固定したときの分布 $p(x_2|x_1)$ は, c によって異なる平均および分散 のガウス分布となり, 式 (2.54) で与えられます.

きの分布, すなわちある次元で「切った」ときの切り口の分布も, やはりガウス分布になります. たとえば図 2.7 のように, 2 次元のガウス分布 $p(x_1, x_2)$ において, $x_1 = c$ (定数) で切ったときの x_2 の分布 $p(x_2|x_1)$ は, 値 c によって形の異なるガウス分布になります.

このことを, 式で表してみましょう. D 次元のガウス分布に従うベクトル

$$\mathbf{x} \sim \mathcal{N}(\boldsymbol{\mu}, \boldsymbol{\Sigma}) \tag{2.53}$$

を, 前節の式 (2.37) と同様に $\mathbf{x}_1$, $\mathbf{x}_2$ と分けて表すことにします. このとき, $\mathbf{x}_1$ を固定したときの $\mathbf{x}_2$ の分布, すなわち同時分布 $p(\mathbf{x}_1, \mathbf{x}_2)$ を $\mathbf{x}_1$ で切ったときの $\mathbf{x}_2$ の条件付き分布は

公式 2.4 (多変量ガウス分布の条件付き分布)

$$p(\mathbf{x}_2|\mathbf{x}_1) = \mathcal{N}\left(\boldsymbol{\mu}_2 + \boldsymbol{\Sigma}_{21}\boldsymbol{\Sigma}_{11}^{-1}(\mathbf{x}_1 - \boldsymbol{\mu}_1), \ \boldsymbol{\Sigma}_{22} - \boldsymbol{\Sigma}_{21}\boldsymbol{\Sigma}_{11}^{-1}\boldsymbol{\Sigma}_{12}\right) \tag{2.54}$$

となります．若干計算が面倒ですが，この公式は前節と同様に条件部の $\mathbf{x}_1$ について平方完成することで，以下のような計算から得られます[*7]．

証明　条件付き確率 $p(\mathbf{x}_2|\mathbf{x}_1)$ は，$\mathbf{x}_2$ の関数としては同時確率 $p(\mathbf{x}_1, \mathbf{x}_2)$ に比例していますので，

$$p(\mathbf{x}_2|\mathbf{x}_1) \propto p(\mathbf{x}_1, \mathbf{x}_2) \tag{2.55}$$

$$\propto \exp\left(-\frac{1}{2}\left\{\begin{pmatrix}\mathbf{x}_1-\boldsymbol{\mu}_1\\\mathbf{x}_2-\boldsymbol{\mu}_2\end{pmatrix}^T\begin{pmatrix}\boldsymbol{\Lambda}_{11}&\boldsymbol{\Lambda}_{12}\\\boldsymbol{\Lambda}_{21}&\boldsymbol{\Lambda}_{22}\end{pmatrix}\begin{pmatrix}\mathbf{x}_1-\boldsymbol{\mu}_1\\\mathbf{x}_2-\boldsymbol{\mu}_2\end{pmatrix}\right\}\right) \tag{2.56}$$

$$= \exp\left(-\frac{1}{2}\left\{(\mathbf{x}_1-\boldsymbol{\mu}_1)^T\boldsymbol{\Lambda}_{11}(\mathbf{x}_1-\boldsymbol{\mu}_1) + (\mathbf{x}_1-\boldsymbol{\mu}_1)^T\boldsymbol{\Lambda}_{12}(\mathbf{x}_2-\boldsymbol{\mu}_2) + \right.\right.$$
$$\left.\left. (\mathbf{x}_2-\boldsymbol{\mu}_2)^T\boldsymbol{\Lambda}_{21}(\mathbf{x}_1-\boldsymbol{\mu}_1) + (\mathbf{x}_2-\boldsymbol{\mu}_2)^T\boldsymbol{\Lambda}_{22}(\mathbf{x}_2-\boldsymbol{\mu}_2)\right\}\right)$$

$$\propto \exp\left(-\frac{1}{2}\left\{(\mathbf{x}_2-\boldsymbol{\mu}_2)^T\boldsymbol{\Lambda}_{22}(\mathbf{x}_2-\boldsymbol{\mu}_2) + 2(\mathbf{x}_1-\boldsymbol{\mu}_1)^T\boldsymbol{\Lambda}_{21}(\mathbf{x}_2-\boldsymbol{\mu}_2)\right\}\right)$$

$$\propto \exp\left(-\frac{1}{2}\left\{\mathbf{x}_2^T\boldsymbol{\Lambda}_{22}\mathbf{x}_2 - \mathbf{x}_2^T\boldsymbol{\Lambda}_{22}\boldsymbol{\mu}_2 - \boldsymbol{\mu}_2^T\boldsymbol{\Lambda}_{22}\mathbf{x}_2 + 2(\mathbf{x}_1-\boldsymbol{\mu}_1)^T\boldsymbol{\Lambda}_{21}\mathbf{x}_2\right\}\right)$$

$$\propto \exp\left(-\frac{1}{2}\left\{\mathbf{x}_2^T\boldsymbol{\Lambda}_{22}\mathbf{x}_2 - 2\mathbf{x}_2^T(\boldsymbol{\Lambda}_{22}\boldsymbol{\mu}_2 - \boldsymbol{\Lambda}_{21}(\mathbf{x}_1-\boldsymbol{\mu}_1))\right\}\right)$$

$$\propto \exp\left(-\frac{1}{2}\left\{\left(\mathbf{x}_2-\boldsymbol{\Lambda}_{22}^{-1}(\boldsymbol{\Lambda}_{22}\boldsymbol{\mu}_2-\boldsymbol{\Lambda}_{21}(\mathbf{x}_1-\boldsymbol{\mu}_1))\right)^T\boldsymbol{\Lambda}_{22}\left(\mathbf{x}_2-\cdots\right)\right\}\right) \tag{2.57}$$

と平方完成することができます．よって $\mathbf{x}_2$ の分布は，$\boldsymbol{\Lambda}$ で表せば

$$p(\mathbf{x}_2|\mathbf{x}_1) \sim \mathcal{N}(\boldsymbol{\Lambda}_{22}^{-1}(\boldsymbol{\Lambda}_{22}\boldsymbol{\mu}_2 - \boldsymbol{\Lambda}_{21}(\mathbf{x}_1-\boldsymbol{\mu}_1)), \boldsymbol{\Lambda}_{22}^{-1}) \tag{2.58}$$

$$= \mathcal{N}(\boldsymbol{\mu}_2 - \boldsymbol{\Lambda}_{22}^{-1}\boldsymbol{\Lambda}_{21}(\mathbf{x}_1-\boldsymbol{\mu}_1), \boldsymbol{\Lambda}_{22}^{-1}) \tag{2.59}$$

となることがわかります．

　後は，上を $\boldsymbol{\Sigma}$ を使って表すだけです．$\boldsymbol{\Lambda} = \boldsymbol{\Sigma}^{-1}$ でしたから，付録 A.1 の式 (A.2) より，$\mathbf{M} = (\boldsymbol{\Sigma}_{22} - \boldsymbol{\Sigma}_{21}\boldsymbol{\Sigma}_{11}^{-1}\boldsymbol{\Sigma}_{21})^{-1}$ とおいて

[*7]　[59] の付録 A11.3 にも，別の興味深い導出が載っています．

$$\begin{pmatrix} \mathbf{\Lambda}_{11} & \mathbf{\Lambda}_{12} \\ \mathbf{\Lambda}_{21} & \mathbf{\Lambda}_{22} \end{pmatrix} = \begin{pmatrix} \mathbf{\Sigma}_{11} & \mathbf{\Sigma}_{12} \\ \mathbf{\Sigma}_{21} & \mathbf{\Sigma}_{22} \end{pmatrix}^{-1} \tag{2.60}$$

$$= \begin{pmatrix} \cdots & \cdots \\ -\mathbf{M}\mathbf{\Sigma}_{21}\mathbf{\Sigma}_{11}^{-1} & \mathbf{M} \end{pmatrix} \tag{2.61}$$

が成り立っています. よって,

$$\mathbf{\Lambda}_{22} = (\mathbf{\Sigma}_{22} - \mathbf{\Sigma}_{21}\mathbf{\Sigma}_{11}^{-1}\mathbf{\Sigma}_{21})^{-1} \tag{2.62}$$

$$\mathbf{\Lambda}_{22}^{-1}\mathbf{\Lambda}_{21} = -\mathbf{\Sigma}_{21}\mathbf{\Sigma}_{11}^{-1} \tag{2.63}$$

ですから, 式 (2.59) は $\mathbf{\Sigma}$ を使って表せば,

$$p(\mathbf{x}_2|\mathbf{x}_1) = \mathcal{N}(\boldsymbol{\mu}_2 + \mathbf{\Sigma}_{21}\mathbf{\Sigma}_{11}^{-1}(\mathbf{x}_1 - \boldsymbol{\mu}_1), \mathbf{\Sigma}_{22} - \mathbf{\Sigma}_{21}\mathbf{\Sigma}_{11}^{-1}\mathbf{\Sigma}_{21}) \tag{2.64}$$

となります.　□

公式の意味　公式 2.4 の直感的な意味は何でしょうか. 式 (2.54) の条件付き分布の平均

$$\boldsymbol{\mu}_2 + \mathbf{\Sigma}_{21}\mathbf{\Sigma}_{11}^{-1}(\mathbf{x}_1 - \boldsymbol{\mu}_1) \tag{2.65}$$

は, 観測値 $\mathbf{x}_1$ が与えられたとき, それと相関をもつ $\mathbf{x}_2$ の新しい平均です. 式 (2.65) は, 条件付き分布の平均は元の平均 $\boldsymbol{\mu}_2$ に, $\mathbf{x}_1$ の $\boldsymbol{\mu}_1$ からのずれ $\mathbf{x}_1 - \boldsymbol{\mu}_1$ を行列 $\mathbf{\Sigma}_{21}\mathbf{\Sigma}_{11}^{-1}$ で変換して加えたものになることを意味しています. ここで $\mathbf{x}_1$ の精度行列 $\mathbf{\Sigma}_{11}^{-1}$ は,

- $\mathbf{x}_1$ の分散が小さい, すなわち観測が正確な場合に大きく
- $\mathbf{x}_1$ の分散が大きい, すなわち観測があやふやな場合に小さく

なることに注意しましょう. よって分散 $\mathbf{\Sigma}_{11}$ が小さい, すなわち観測値 $\mathbf{x}_1$ の精度が高いほど, 「ずれ」 $\mathbf{x}_1 - \boldsymbol{\mu}_1$ は大きく拡大され, さらに $\mathbf{x}_1$ と $\mathbf{x}_2$ の共分散行列 $\mathbf{\Sigma}_{21}$ によって $\mathbf{x}_2$ の空間に射影されます. 逆に分散が大きいほど, つまり観測の精度が低いほど, $\mathbf{x}_1$ がわかっても情報は少なく, $\mathbf{x}_2$ が更新される量は減ることになります.

　条件付き分布の分散

$$\mathbf{\Sigma}_{22} - \mathbf{\Sigma}_{21}\mathbf{\Sigma}_{11}^{-1}\mathbf{\Sigma}_{12} \tag{2.66}$$

に関しては，観測値 $\mathbf{x}_1$ が得られたのですから，新しい分散は元の分散 Σ_{22} から $\Sigma_{21}\Sigma_{11}^{-1}\Sigma_{12}$ だけ減少することを意味しています．このとき同様に，$\mathbf{x}_1$ の精度行列 Σ_{11}^{-1} が高いときは大きな値が，精度が低いときは小さな値が引かれることになります．

ガウス過程

本章では，ここまでに学んだ線形回帰モデルと多変量ガウス分布を用いて，いよいよガウス過程を導入します．ガウス過程は線形回帰モデルの重みを積分消去したものと見ることができ，無限次元のガウス分布と考えられます．ただし，データはつねに有限ですから，ガウス過程は実際には，単なる有限次元の多変量ガウス分布です．ガウス過程は，ランダムな関数を生成する確率分布でもあります．本章では，ガウス過程を使って柔軟な回帰モデルをいかに実現するかについて説明します．

3.1 線形回帰モデルと次元の呪い

話をもとに戻して，回帰の問題を再び考えてみることにしましょう．1章で見てきたように，線形回帰モデルでは基底関数による特徴ベクトル $\phi(\mathbf{x})$ を用いることで，単なる直線や平面だけでなく，複雑な関数も同じ枠組みで表現することができるのでした．たとえば，1次元の入力 x について $\phi(x) = (1,\ x,\ x^2, x^3)^T$ という特徴ベクトルを考えれば，x の3次関数

$$y = w_0 + w_1 x + w_2 x^2 + w_3 x^3 \tag{3.1}$$

は，対応する重み $\mathbf{w} = (w_0,\ w_1,\ w_2,\ w_3)^T$ を使った線形回帰モデル

$$y = \mathbf{w}^T \phi(x) \tag{3.2}$$

として表すことができます．

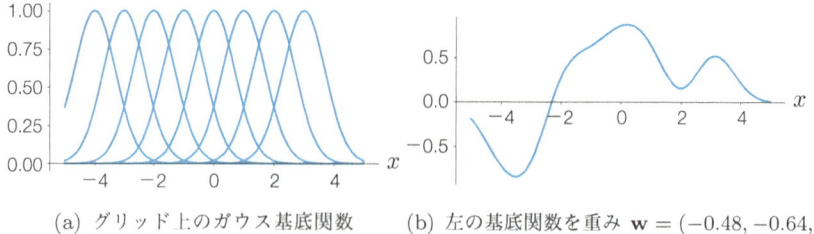

(a) グリッド上のガウス基底関数
$\phi_h(x) = \exp\left(-\frac{(x-\mu_h)^2}{\sigma^2}\right)$

(b) 左の基底関数を重み $\mathbf{w} = (-0.48, -0.64,$
$0.41, 0.28, 0.57, 0.50, -0.26, 0.60)$ で混合し
て得られた関数

図 3.1　基底関数とその重みづけによる関数の表現.

　式 (3.2) は，この回帰関数を $\phi_0(x)=1$, $\phi_1(x)=x$, $\phi_2(x)=x^2$, $\phi_3(x)=x^3$
の 4 つの基底関数の重みつき和として表している，と見ることができます．
それでは，これらの関数の代わりに，たとえば図 3.1(a) のようなガウス分布
の形をした基底関数

$$\phi_h(x) = \exp\left(-\frac{(x-\mu_h)^2}{\sigma^2}\right) \tag{3.3}$$

を中心 $\mu_h \in (-H, \ldots, -2, -1, 0, 1, 2, \ldots, H)$ 上にグリッド状に多数配置し
たものを，重み $w_h \in \mathbb{R}$ で適当に重みづけて

$$y = \sum_{h=-H}^{H} w_h \exp\left(-\frac{(x-\mu_h)^2}{\sigma^2}\right) \tag{3.4}$$

とすれば，図 3.1(b) のように，ほとんど任意の形の関数が表せるのではないで
しょうか．この方法は，**動径基底関数回帰** (radial basis function regression)
と呼ばれています[*1]．

　この方法は正しいのですが，実際にはいくつか問題があります．もっとも
重大なのは，この方法は**入力 $\mathbf{x}$ の次元数が小さい場合でしか使えない**，とい
うことです．いま，$-10\sim 10$ まで，間隔 1.0 で基底関数の中心 μ_h を並べた
としましょう．もし $\mathbf{x}$ が図 3.1(a) のように 1 次元ならば，基底関数の個数，
およびこれに対応するベクトル $\mathbf{w}$ の次元は 21 になります．それでは，$\mathbf{x}$ が

[*1]　この名前は，式 (3.3) が動径基底関数と呼ばれることからきています．動径基底関数については，
3.2.4 節を参照してください．

2 次元の場合はどうでしょうか.

図 3.2 のように，この範囲で 2 次元に基底関数を配置すると，基底関数の個数は $21^2 = 441$ 個になります．同様に $\mathbf{x}$ が 3 次元の場合は $21^3 = 9,261$ 個，$\mathbf{x}$ が 10 次元ならなんと，$21^{10} = 16,679,880,978,201$ 個もの基底関数が必要になってしまいます．それぞれの基底関数に重みが必要ですから，学習すべきパラメータ $\mathbf{w}$ の次元は入力次元の増大に対して指数的に増え，$\mathbf{x}$ が数次元を超えると，この素朴な方法はまったく使えなくなってしまいます．こうした問題を，一般に次元の呪い (curse of dimensionality) といいます.

上では入力の値の範囲は -10 から 10 までとし，この範囲内で非常に大ざっぱに 1.0 間隔で基底関数をおくものとしましたが，もちろん，入力値の範囲は有限とは限りませんし，適切な配置間隔も一定でよいとはいえません.

3.2 ガウス過程

$\mathbf{x}$ が高次元の場合でも図 3.1(b) のような柔軟な回帰モデルを実現するには，どうすればよいのでしょうか．解決法は，線形回帰モデルのパラメータ $\mathbf{w}$ について期待値をとって，モデルから積分消去してしまうことです.

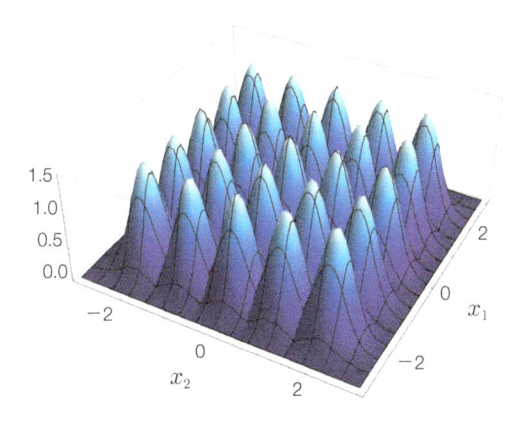

図 3.2　2 次元に配置したガウス基底関数．$[-2,2]$ の範囲では上のように $5^2 = 25$ 個，$[-10,10]$ では $21^2 = 441$ 個の基底関数が必要になります．高次元になると必要な "ニョロニョロ" の数はさらに指数的に増え，手に負えなくなります．これを「次元の呪い」といいます.

　入力 $\mathbf{x}$ について，$\mathbf{x}$ の特徴ベクトルを

$$\phi(\mathbf{x}) = (\phi_0(\mathbf{x}), \phi_1(\mathbf{x}), \phi_2(\mathbf{x}), \ldots, \phi_H(\mathbf{x}))^T \tag{3.5}$$

とすると，各特徴の重み $\mathbf{w} = (w_0, w_1, \ldots, w_H)$ による線形回帰モデル

$$\widehat{y} = \mathbf{w}^T \phi(\mathbf{x}) \tag{3.6}$$

$$= w_0 \phi_0(\mathbf{x}) + w_1 \phi_1(\mathbf{x}) + \cdots + w_H \phi_H(\mathbf{x}) \tag{3.7}$$

は，1 章の式 (1.60) で見たように，式 (3.7) を $(\widehat{y}_1, \mathbf{x}_1), \ldots, (\widehat{y}_N, \mathbf{x}_N)$ について縦に N 個並べることで，行列形式で下のように書くことができました．通常，$\phi_0(\mathbf{x})$ はバイアス項で $\phi_0(\mathbf{x}) = 1$ とします．

$$\underbrace{\begin{pmatrix} \widehat{y}_1 \\ \widehat{y}_2 \\ \vdots \\ \widehat{y}_N \end{pmatrix}}_{\widehat{\mathbf{y}}} = \underbrace{\begin{pmatrix} \phi_0(\mathbf{x}_1) & \phi_1(\mathbf{x}_1) & \cdots & \phi_H(\mathbf{x}_1) \\ \phi_0(\mathbf{x}_2) & \phi_1(\mathbf{x}_2) & \cdots & \phi_H(\mathbf{x}_2) \\ \vdots & & & \vdots \\ \phi_0(\mathbf{x}_N) & \phi_1(\mathbf{x}_N) & \cdots & \phi_H(\mathbf{x}_N) \end{pmatrix}}_{\mathbf{\Phi}} \underbrace{\begin{pmatrix} w_0 \\ w_1 \\ \vdots \\ \vdots \\ w_H \end{pmatrix}}_{\mathbf{w}} \tag{3.8}$$

ここで $\widehat{\mathbf{y}} = (\widehat{y}_1, \ldots, \widehat{y}_N)$ は，観測データ $\mathbf{y} = (y_1, \ldots, y_N)$ に近づけるあてはめ値です．すなわち，線形回帰モデルは重みベクトル $\mathbf{w}$ および，$\Phi_{nh} = \phi_h(\mathbf{x}_n)$ を要素とする計画行列 $\mathbf{\Phi}$ を使って

$$\widehat{\mathbf{y}} = \mathbf{\Phi}\mathbf{w} \tag{3.9}$$

と書くことができるのでした．計画行列 $\mathbf{\Phi}$ は，$\mathbf{x}_1, \ldots, \mathbf{x}_N$ が与えられれば定数行列であることに注意してください．以下ではしばらくの間，簡単のために y が $\mathbf{x}$ から誤差なく正確に回帰される，すなわち $\widehat{\mathbf{y}} = \mathbf{y}$ だとしましょう．つまり，

$$\mathbf{y} = \mathbf{\Phi}\mathbf{w} \tag{3.10}$$

が成り立つものと仮定します．

　ここで，1.4 節で説明したリッジ回帰と同様に，重み $\mathbf{w}$ が，平均が $\mathbf{0}$ で分散が $\lambda^2 \mathbf{I}$ のガウス分布

$$\mathbf{w} \sim \mathcal{N}(\mathbf{0}, \lambda^2 \mathbf{I}) \tag{3.11}$$

から生成されたものとしましょう．すると，式 (3.10) は $\mathbf{y}$ が「ガウス分布に従うベクトル $\mathbf{w}$ を定数行列 $\mathbf{\Phi}$ で線形変換したもの」であることを意味しますので，2.3 節で行った議論によって，$\mathbf{y} = \mathbf{\Phi}\mathbf{w}$ もやはりガウス分布に従います．この期待値は $\mathbb{E}[\mathbf{y}] = \mathbb{E}[\mathbf{\Phi}\mathbf{w}] = \mathbf{\Phi}\mathbb{E}[\mathbf{w}] = \mathbf{0}$，共分散行列は式 (2.23) から，

$$\Sigma = \mathbb{E}[\mathbf{y}\mathbf{y}^T] - \mathbb{E}[\mathbf{y}]\mathbb{E}[\mathbf{y}]^T = \mathbb{E}[(\mathbf{\Phi}\mathbf{w})(\mathbf{\Phi}\mathbf{w})^T] = \mathbf{\Phi}\mathbb{E}[\mathbf{w}\mathbf{w}^T]\mathbf{\Phi}^T \quad (3.12)$$

$$= \lambda^2 \mathbf{\Phi}\mathbf{\Phi}^T \quad (3.13)$$

となります．式 (3.13) では，$\mathbb{E}[\mathbf{w}\mathbf{w}^T] = \lambda^2 \mathbf{I}$ であることを用いました．すなわち，結果として $\mathbf{y}$ の分布は，多変量ガウス分布

$$\mathbf{y} \sim \mathcal{N}(\mathbf{0}, \lambda^2 \mathbf{\Phi}\mathbf{\Phi}^T) \quad (3.14)$$

となることがわかります．

式 (3.14) では，線形回帰モデルにあった重み $\mathbf{w}$ は**期待値がとられて消えている**ことに注意してください．よってこの場合は，線形モデルと異なり $\mathbf{x}$ や $\phi(\mathbf{x})$ の次元がどんなに高くても (後で見るように，たとえ無限次元でも)，対応する高次元の重み $\mathbf{w}$ の値を求める必要はなく，$\mathbf{y}$ の分布はデータ数 N に依存する共分散行列 $\lambda^2 \mathbf{\Phi}\mathbf{\Phi}^T$ で決まります．式 (3.14) はどんな入力 $(\mathbf{x}_1, \mathbf{x}_2, \dots, \mathbf{x}_N)$ についても成り立ち，入力から定数行列 $\mathbf{\Phi}$ を通じて計算される多変量ガウス分布によって $\mathbf{y}$ が表現されていることに注意しましょう．このように，

定義 3.1（ガウス過程の定義）

どんな N 個の入力の集合 $(\mathbf{x}_1, \mathbf{x}_2, \dots, \mathbf{x}_N)$ についても，対応する出力 $\mathbf{y} = (y_1, y_2, \dots, y_N)$ の同時分布 $p(\mathbf{y})$ が多変量ガウス分布に従うとき，$\mathbf{x}$ と y の関係は**ガウス過程** (Gaussian process) に従う

といいます [*2]．「過程」という名前は，ガウス過程が**確率過程** (stochastic process) の一種であることからきています．確率過程とは，入力の集合

[*2] ϕ がどんな関数であっても $\mathbf{\Phi}$ は定数行列になるので，$\mathbf{w}$ がガウス分布に従いさえすれば，$\mathbf{y}$ はガウス過程に従うことに注意してください．

$$\mathbf{K} = \lambda^2 \mathbf{\Phi}\mathbf{\Phi}^T = \lambda^2 \underbrace{\begin{pmatrix} \vdots \\ \boxed{\phi(\mathbf{x}_n)^T} \\ \vdots \end{pmatrix}}_{\mathbf{\Phi}} \underbrace{\begin{pmatrix} \cdots & \boxed{\phi(\mathbf{x}_{n'})} & \cdots \end{pmatrix}}_{\mathbf{\Phi}^T}$$

図 3.3　共分散行列 $\mathbf{K}$ の計算. $\mathbf{K}$ の (n, n') 要素 $K_{nn'}$ は,特徴ベクトル $\phi(\mathbf{x}_n)$ と $\phi(\mathbf{x}_{n'})$ の内積の定数 (λ^2) 倍になっています.

$(\mathbf{x}_1, \mathbf{x}_2, \ldots, \mathbf{x}_N)$ に対応する確率変数の集合 $(y_1, y_2, \ldots, y_N)$ に同時分布 $p(y_1, y_2, \ldots, y_N)$ を与える確率モデルのことです [61]. もともと,確率変数が $y(t_1), y(t_2), \ldots$ のように時間 t で順序づけられる時系列に対する理論として生まれたために「過程 (process)」という名前がついていますが,本書のように時間と必ずしも関係のない一般の $\mathbf{x}$ についても,理論は同様に成り立ちます[*3].

　入力の個数 N, すなわち出力の次元 N はいくら大きくても定義 3.1 は成り立つので,実はガウス過程とは,**無限次元のガウス分布**のことです. ガウス分布を周辺化するとガウス分布になるので (2.3.3 節),データのある次元だけに周辺化して有限次元にしたものが式 (3.14) です.

3.2.1　ガウス過程の意味

　式 (3.14) は,どんな意味を表しているでしょうか. 式 (3.14) の共分散行列を

$$\mathbf{K} = \lambda^2 \mathbf{\Phi}\mathbf{\Phi}^T \tag{3.15}$$

とおくと,この (n, n') 要素は**図 3.3** のように,$\mathbf{x}$ の特徴ベクトルを $\phi(\mathbf{x}) = (\phi_0(\mathbf{x}), \ldots, \phi_H(\mathbf{x}))^T$ として,

$$K_{nn'} = \lambda^2 \phi(\mathbf{x}_n)^T \phi(\mathbf{x}_{n'}) \tag{3.16}$$

で与えられます. すなわち,$\mathbf{x}_n$ と $\mathbf{x}_{n'}$ の特徴ベクトル $\phi(\mathbf{x}_n)$ と $\phi(\mathbf{x}_{n'})$ の

[*3]　すなわち,ガウス過程や確率過程の定義では,y が時間順に並んでいることはまったく要請されていません. 実際に図 3.9 に示した平面上のガウス過程では,座標の間に特に順番はありません.

内積の定数倍が，共分散行列 $\mathbf{K}$ の (n, n') 要素 $K_{nn'}$ になっています．多変量ガウス分布において 2 つの変数の間の共分散が大きいとは，似た値を取りやすいということですから (2.3 節)，式 (3.16) の内積が大きい，すなわち特徴ベクトルの空間において $\mathbf{x}_n$ と $\mathbf{x}_{n'}$ が似ているなら，対応する y_n と $y_{n'}$ も似た値をもつことになります．つまりガウス過程とは，直感的にいえば，入力 $\mathbf{x}$ に対して出力 y を与える関数関係 $y = f(\mathbf{x})$ において，

> **性質 3.2（ガウス過程の直感的な性質）**
>
> 入力 $\mathbf{x}$ が似ていれば，出力 y も似ている

ことを数学的に表現するための道具です．ここで入力 $\mathbf{x}$ が「似ている」とは，特徴ベクトル $\phi(\mathbf{x})$ を通じた内積が大きいこと，出力 y が「似ている」とは，ガウス分布での共分散が大きいために，近い値をとりやすいことを意味します．

　ガウス過程は，平均 $\mathbf{0}$ の場合は

> **公式 3.3（平均 0 のガウス過程）**
>
> $$\mathbf{y} \sim \mathcal{N}(\mathbf{0}, \mathbf{K}) \tag{3.17}$$

と表すことができます．観測データ $\mathbf{y}$ は，あらかじめ平均を引いておけば平均を $\mathbf{0}$ にできますから，本書では多くの場合で式 (3.17) のガウス過程を扱います．

3.2.2　カーネルトリック

　式 (3.17) によれば，$\mathbf{y}$ の分布は共分散行列 $\mathbf{K}$ の要素，すなわち

$$K_{nn'} = \phi(\mathbf{x}_n)^T \phi(\mathbf{x}_{n'}) \tag{3.18}$$

だけで定まることがわかります．この値は $\mathbf{x}_n$ と $\mathbf{x}_{n'}$ の関数ですが，式 (3.18) の結果さえわかれば，特徴ベクトル $\phi(\mathbf{x})$ を明示的に求める必要はありません．そこで式 (3.18) の値を与える関数を $\mathbf{x}_n$ と $\mathbf{x}_{n'}$ の**カーネル関数** (kernel function) と呼び，

$$k(\mathbf{x}_n, \mathbf{x}_{n'}) = \phi(\mathbf{x}_n)^T \phi(\mathbf{x}_{n'}) \tag{3.19}$$

と書きます. 対応して, カーネル関数 $k(\mathbf{x}_n, \mathbf{x}_{n'})$ から計算される式 (3.18) の共分散行列を**カーネル行列** (kernel matrix) または $\mathbf{\Phi}$ の**グラム行列** (Gram matrix) ということもあります.

たとえば, カーネル関数を $k(\mathbf{x}, \mathbf{x}') = (\mathbf{x}^T \mathbf{x}' + 1)^2$ と定義すれば [*4], $\mathbf{x} = (x_1, x_2)^T$, $\mathbf{x}' = (x_1', x_2')^T$ のとき

$$k(\mathbf{x}, \mathbf{x}') = (x_1 x_1' + x_2 x_2' + 1)^2 \tag{3.20}$$

は簡単に計算できます. 一方で, 式 (3.20) は展開すると

$$\begin{aligned}
(x_1 x_1' + x_2 x_2' + 1)^2 &= x_1^2 x_1'^2 + x_2^2 x_2'^2 + 2x_1 x_2 x_1' x_2' + 2x_1 x_1' + 2x_2 x_2' + 1 \\
&= (x_1^2,\ x_2^2,\ \sqrt{2}x_1 x_2,\ \sqrt{2}x_1,\ \sqrt{2}x_2,\ 1) \cdot \\
&\quad\ (x_1'^2,\ x_2'^2,\ \sqrt{2}x_1' x_2',\ \sqrt{2}x_1',\ \sqrt{2}x_2',\ 1) \tag{3.21}
\end{aligned}$$

と内積でも書けますから, 特徴ベクトルを

$$\phi(\mathbf{x}) \equiv (x_1^2,\ x_2^2,\ \sqrt{2}x_1 x_2,\ \sqrt{2}x_1,\ \sqrt{2}x_2,\ 1)^T \tag{3.22}$$

と定義すれば, $k(\mathbf{x}, \mathbf{x}') = \phi(\mathbf{x})^T \phi(\mathbf{x}')$ です. しかし, この結果を求めるのに式 (3.22) の特徴ベクトル $\phi(\mathbf{x})$ を書き下す必要はなく, 式 (3.20) を直接計算すれば十分です. このように特徴ベクトル $\phi(\mathbf{x})$ を直接表現することを避け, カーネル関数だけで内積を計算することを**カーネルトリック** (kernel trick) と呼びます. 後で見るように, 特定のカーネル関数に対応する特徴ベクトル $\phi(\mathbf{x})$ が無限次元になってしまうこともありますが, カーネルトリックを使えば無限次元の特徴ベクトル $\phi(\mathbf{x})$ を明示的に**表現**することなしに, カーネル関数のみにもとづく簡単な計算で, ガウス過程に必要なカーネル行列を得ることができます.

なお, $\mathbf{K}$ はガウス分布の共分散行列ですから, ガウス過程として成立するためには $\mathbf{K}$ は対称行列 [*5] かつ逆行列 $\mathbf{K}^{-1}$ が存在し, 固有値がすべて正となる正定値行列である必要があります. 本書で紹介するカーネル関数を使え

[*4] このカーネルを 2 次の**多項式カーネル** (polynomial kernel) といいます. 式 (3.22) からわかるように, この場合 x_1 と x_2 の組み合わせ $x_1 x_2$ が暗黙のうちに特徴ベクトル $\phi(\mathbf{x})$ に表れますから, 多項式カーネルは「x_1 かつ x_2」といったすべての特徴の組み合わせを暗黙に表現できるカーネルで, SVM を用いたカーネル法では文書分類などによく使われています.

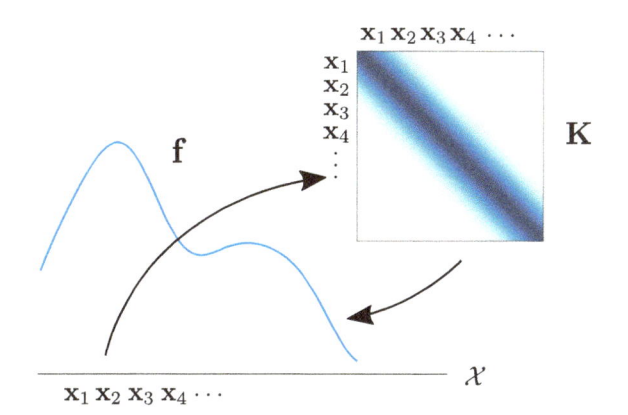

図 3.4　ガウス過程の概念図．入力空間 $\mathcal{X}$ 上の無限個の点 $\mathbf{x}_1, \mathbf{x}_2, \mathbf{x}_3, \mathbf{x}_4, \ldots$ に対して，その間の類似度を表すカーネル行列 $\mathbf{K}$ が計算でき，これを共分散行列とするガウス分布から無限次元のベクトル $\mathbf{f} = (f(\mathbf{x}_1), f(\mathbf{x}_2), f(\mathbf{x}_3), f(\mathbf{x}_4), \ldots)$ が得られます．

ば，この条件は自動的に満たされますが，逆行列が存在するかなどには注意を払う必要があります．カーネル関数については，3.3.2 節でより詳しく説明します．

3.2.3　ガウス過程の定義

　ガウス過程とは，関数 $f(\cdot)$ を出力する箱のことだと 0 章で説明しましたが，これは**無限次元のガウス分布**のことだと考えることができます．　関数 f を定めるには，あらゆる入力 $\mathbf{x}_1, \mathbf{x}_2, \mathbf{x}_3, \ldots$ における出力値 $f(\mathbf{x}_1), f(\mathbf{x}_2), f(\mathbf{x}_3), \ldots$ を定めればよいので，たとえば $\mathbf{x}$ が 1 次元の実数であれば，あらゆる実数 $(\ldots, 0.999, 1.000, 1.001, 1.002, \ldots)$ における [*6] 出力値に対応する無限次元空間上のガウス分布を考えれば，関数 $f(\cdot)$ を出力する箱と同一視できます．これがガウス過程です．このことを明確にするために，本書では**図 3.4** に示したように，無限個の入力 $\mathcal{X} = (\mathbf{x}_1, \mathbf{x}_2, \mathbf{x}_3, \ldots)$ に

[*5]　多変量ガウス分布の密度関数 (式 (2.18)) で $\boldsymbol{\mu}=0$ の場合，現れる $\mathbf{x}^T \boldsymbol{\Sigma}^{-1} \mathbf{x}$ の形の二次形式は，展開すると式 (1.36) のように $(\boldsymbol{\Sigma}^{-1})_{ij} x_i x_j + (\boldsymbol{\Sigma}^{-1})_{ji} x_j x_i = ((\boldsymbol{\Sigma}^{-1})_{ij} + (\boldsymbol{\Sigma}^{-1})_{ji}) x_i x_j$ の和となりますから，共分散行列が仮に非対称でも，対応する値を平均した対称行列と見なされることになります．

[*6]　もちろん，実数が 0.001 おきに並んでいるわけではなく無数にありますから，これは理解のために直感的なイメージとして示したものです．

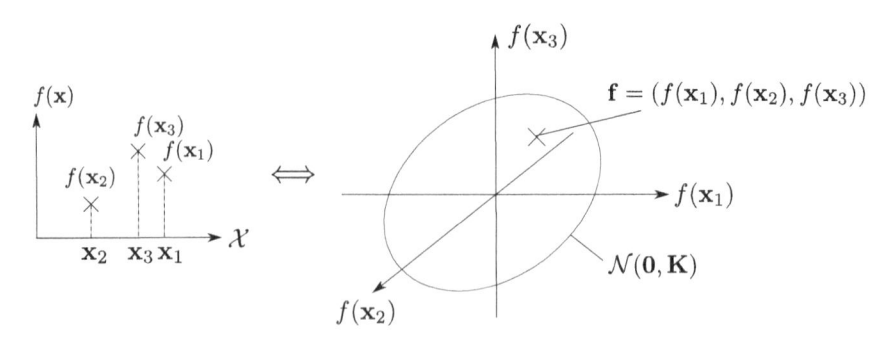

図 3.5　3 点 $\mathcal{X} = \{\mathbf{x}_1, \mathbf{x}_2, \mathbf{x}_3\}$ 上でのガウス過程 (=ガウス分布) のイメージ. $\mathbf{x}_1, \mathbf{x}_2, \mathbf{x}_3$ の間の近さ (=共分散) に応じた楕円体型のガウス分布 $\mathcal{N}(\mathbf{0}, \mathbf{K})$ が定まり, そこからのサンプルとして $\mathbf{f} = (f(\mathbf{x}_1), f(\mathbf{x}_2), f(\mathbf{x}_3))$ が得られます.

対応してガウス過程にしたがう無限次元のベクトルを

$$\mathbf{f} = (f(\mathbf{x}_1), f(\mathbf{x}_2), f(\mathbf{x}_3), \dots) \tag{3.23}$$

と書き,

$$\mathbf{f} \sim \mathcal{N}(\boldsymbol{\mu}, \mathbf{K}) \tag{3.24}$$

で, 平均が $\boldsymbol{\mu}$ のガウス過程を表すことにします. ここで $\mathbf{K}$ は, あらゆる入力 $\mathbf{x}$ の間の共分散を表す無限次元の行列です. この $\mathbf{f}$ のうち, 観測された有限個の $f(\mathbf{x}_1), \dots, f(\mathbf{x}_N)$ に限って残りを周辺化し, 有限次元のガウス分布としたものが式 (3.14) だということになります. $\mathcal{X}$ が $\mathbf{x}_1, \mathbf{x}_2, \mathbf{x}_3$ の 3 点の場合のガウス過程のイメージを, 図 3.5 に示しました.

　ガウス過程は, この無限次元の空間上のガウス分布にあたるものです. ガウス分布が平均ベクトルと共分散行列から決まるのと同様に, ガウス過程は正しくは, 無限個の入力に関する平均関数 μ とカーネル関数 k を用いて, 次のように定義されます.

定義 3.4（ガウス過程の正確な定義）

　どんな自然数 N についても，入力 $\mathbf{x}_1, \mathbf{x}_2, \ldots, \mathbf{x}_N \in \mathcal{X}$ に対応する出力のベクトル

$$\mathbf{f} = (f(\mathbf{x}_1), f(\mathbf{x}_2), \ldots, f(\mathbf{x}_N))$$

が平均 $\boldsymbol{\mu} = (\mu(\mathbf{x}_1), \mu(\mathbf{x}_2), \ldots, \mu(\mathbf{x}_N))$，$K_{nn'} = k(\mathbf{x}_n, \mathbf{x}_{n'})$ を要素とする行列 $\mathbf{K}$ を共分散行列とするガウス分布 $\mathcal{N}(\boldsymbol{\mu}, \mathbf{K})$ に従うとき，f は**ガウス過程**に従うといい，これを

$$f \sim \mathrm{GP}(\mu(\mathbf{x}), k(\mathbf{x}, \mathbf{x}')) \tag{3.25}$$

と書きます．

　式 (3.25) で平均関数 μ とは，出力 $f(\mathbf{x})$ の原点 $\mu(\mathbf{x})$ を与える関数のことです．公式 3.3 のところで述べたように，多くの場合データを適切に変換することで $\boldsymbol{\mu}$ は $\mathbf{0}$ とみなせますから，μ をモデル化する必要は実際にはあまり多くありません．

　定義 3.4 から，ガウス過程は原理的には関数 f，つまり無限次元のベクトル $\mathbf{f}$ を生成するものの，実際には有限個の入力 $\mathbf{x}_1, \ldots, \mathbf{x}_N$ に対応する出力 $f(\mathbf{x}_1), \ldots, f(\mathbf{x}_N)$ のガウス分布と考えてよいことがわかります．このことから，本書ではガウス過程の正式な表記である式 (3.25) の代わりに，略記として式 (3.24) のガウス分布を多く用いることにします．

カーネル法とガウス過程　式 (3.19) のカーネル関数と定義 3.4 の平均関数があれば，f の事前分布であるガウス過程が定まり，次節で見るようにデータが観測されれば f の事後分布を求めることができますから，ガウス過程は**ベイズ統計の立場から見たカーネル法**ともいうことができます．実際に，後で説明する式 (3.79) のガウス過程にもとづく予測分布は，期待値がカーネルリッジ回帰の結果と一致し，これにさらに分散を加えてガウス分布としたものになっています．カーネル法とガウス過程の関係について詳しくは，最近

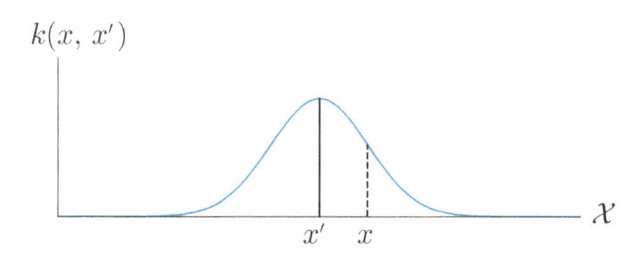

図 3.6 1 次元の RBF カーネル $k(x, x') = \theta_1 \exp\left(-\dfrac{|x-x'|^2}{\theta_2}\right)$ の様子.

発表された論文 [20] を参照してください.

　また, カーネル法でもっとも有名な, 分類のための SVM (サポートベクトルマシン) のガウス過程による等価物として, **RVM** (Relevance Vector Machine, 関連ベクトルマシン) があります. RVM は SVM より少ないサポートベクトル数で高い性能をもつ, 優れた分類器であることが知られています. ただし, ガウス過程にもとづいている RVM は計算量が原則的に $O(N^3)$ であることや, SVM と異なり学習問題が凸でないことなどが理由で, あまり使われていないようです[*7]. RVM について詳しくは教科書 [3], または原論文 [46] を参照してください.

3.2.4　ガウス過程からのサンプル

　次の式はガウス過程で入力 $\mathbf{x}$ の間の類似度を測るためにもっともよく使われるカーネル関数で, **ガウスカーネル** (Gaussian kernel) または**動径基底関数** (radial basis function, RBF)[*8] カーネルと呼ばれています.

$$k(\mathbf{x}, \mathbf{x}') = \theta_1 \exp\left(-\frac{|\mathbf{x}-\mathbf{x}'|^2}{\theta_2}\right) \tag{3.26}$$

$\theta_1, \theta_2 \in \mathbb{R}$ はこのカーネル関数の性質を決めるパラメータです. RBF カーネルは図 3.6 のように, $\mathbf{x}$ と $\mathbf{x}'$ の距離に応じて, 値がガウス分布のように

[*7]　提案者のサイト http://www.miketipping.com/sparsebayes.htm にも詳しい情報があります.

[*8]　関数を極座標で表したときに, 関数の値が偏角 θ によらず, 原点からの距離すなわち動径 (radial) r だけで決まる関数を動径関数と呼びます. RBF は $\mathbf{x}$ と $\mathbf{x}'$ の距離 $|\mathbf{x} - \mathbf{x}'|$ だけに依存する関数のためにこの名前となっており, 一般に使われる式 (3.26) は距離としてユークリッド距離を使ったものです.

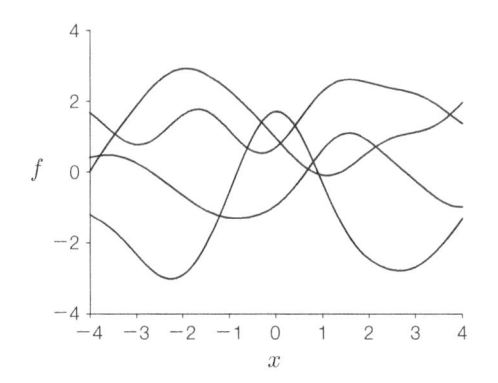

図 3.7 1 次元の x 上の平均 0 のガウス過程 $\mathbf{f} \sim \mathrm{GP}(\mathbf{0}, \mathbf{K})$ からのサンプル. ここでは RBF カーネル $k(x, x') = \exp(-(x - x')^2)$ を用いました. 他のカーネルを使った場合のサンプルは, 図 3.11 を参照してください.

指数的に減衰する関数です[*9]. $\mathbf{x}$ が 1 次元, すなわち数直線上の値であるとき, このカーネルと式 (3.17) を用いてランダムにサンプル $\mathbf{f}$ を生成すると, 図 3.7 に示したような滑らかな関数が得られます.

なぜ, ガウス過程からのサンプルがこのような滑らかな関数になるのでしょうか. たとえばもっとも簡単な場合として, $(x_1, x_2, x_3, x_4) = (1, 2, 3, 4)$ の 4 点を考えてみましょう. このとき, $\theta_1 = 1, \theta_2 = 1$ とおいて式 (3.26) のカーネルを使って共分散行列 $\mathbf{K}$ を計算してみると,

$$
\mathbf{K} = \begin{array}{c} \\ x_1 \\ x_2 \\ x_3 \\ x_4 \end{array}
\begin{array}{cccc} x_1 & x_2 & x_3 & x_4 \end{array}
\begin{pmatrix}
1.0000 & 0.3679 & 0.0183 & 0.0001 \\
0.3679 & 1.0000 & 0.3679 & 0.0183 \\
0.0183 & 0.3679 & 1.0000 & 0.3679 \\
0.0001 & 0.0183 & 0.3679 & 1.0000
\end{pmatrix}
\tag{3.27}
$$

になります. 平均 0 でこの $\mathbf{K}$ を共分散行列にもつ 4 次元のガウス分布からのサンプル, すなわち 4 次元のベクトル $\mathbf{y} \sim \mathcal{N}(\mathbf{0}, \mathbf{K})$ を 2.3.2 節の方法で 1 つランダムに生成すると, 図 3.8(a) のようになります. まだこれではよくわかりませんね. 次に $(x_1, x_2, x_3, \ldots) = (1.0, 1.5, 2.0, \ldots)$ と 0.5 おきにとる

[*9]　カーネルは確率分布ではないので, 積分して和が 1 になる必要はありません.

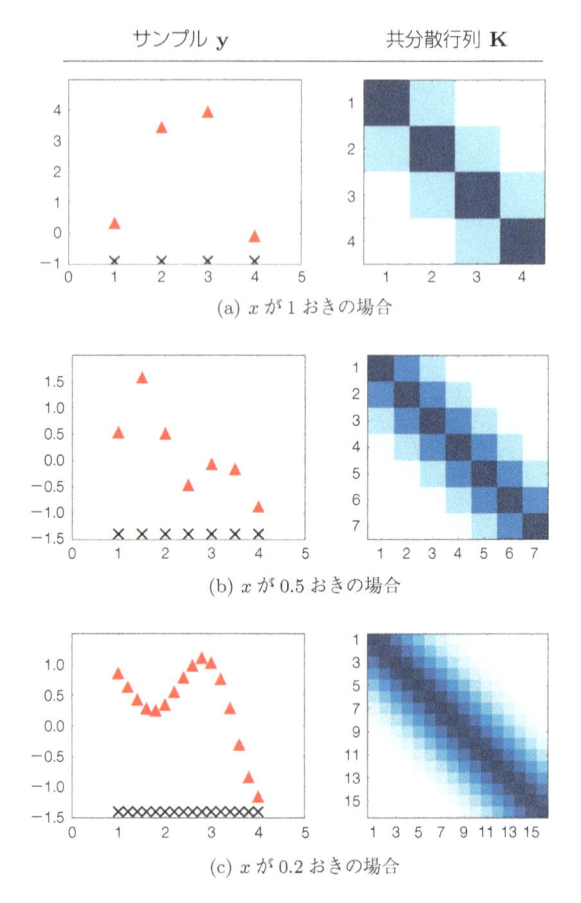

サンプル **y**　　　　共分散行列 **K**

(a) x が 1 おきの場合

(b) x が 0.5 おきの場合

(c) x が 0.2 おきの場合

図 3.8　高次元のガウス分布からのサンプル (▲印). 右列は × 印で示した入力 x の間の共分散行列を表しています. カーネルは式 (3.26) の RBF カーネルを用いました.

と, 図 3.8(b) になります. 近い x の値では, 共分散行列の対応する値, すなわち共分散が大きいので, y の値も近くなっていることに注意しましょう. さらに点を増やして 0.2 おきにすると図 3.8(c) のようになり, 曲線の形をなしていることがわかってきます. 実際に, 図 3.7 のようなプロットは, 非常に細かく *10 とった, x のグリッド上でのガウス分布からのサンプルを描画

---

*10　この場合は 0.05 おきにとっています.

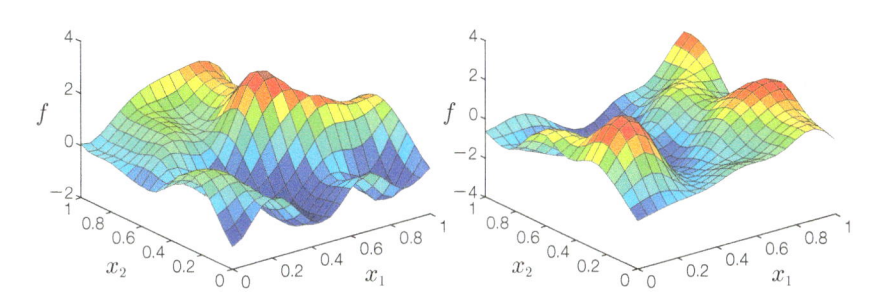

図 3.9 2 次元平面上のガウス過程からのサンプル. カーネルは式 (3.26) の RBF カーネルを用いました.

したものです.

　これらの点集合は, 高次元のガウス分布からの「1 個のサンプル」であることに注意してください. 実際にはガウス過程からのサンプル **f** には無限個の点があり (=無限次元), 並べると曲線になりますが, そのうち一部を取り出すと図 3.8(a)〜3.8(c) になっている, と見ることができます.

　x が 2 次元の場合は, 2 次元平面上の各点 **x** について $f(\mathbf{x})$ が定まりますから, ガウス過程からのサンプルはランダムな曲面になります. 図 **3.9** に, RBF カーネルを使って生成した 2 次元のガウス過程からのサンプルの例を示しました. こうした複雑な回帰関数は, 少数のパラメータを用いた線形回帰モデルのような, 従来のパラメトリックなモデルでは得られないものです.

3.3 ガウス過程とカーネル

3.3.1 RBF カーネルと基底関数

　ガウス過程の RBF カーネルと線形モデルの基底関数には, 深いつながりがあります. いま, x 軸上の $-H < x < H$ の範囲に, $1/H$ おきに点 h/H ($h = -H^2, \ldots, H^2$) を中心とする基底関数

$$\phi_h(x) = \tau \exp\left(-\frac{(x - h/H)^2}{r^2}\right) \tag{3.28}$$

をおいたと考えてみましょう. これらを並べた $2H^2 + 1$ 個の関数

$$\phi(x) = (\phi_{-H^2}(x), \ldots, \phi_0(x), \ldots, \phi_{H^2}(x)) \qquad (3.29)$$

を，x の線形回帰モデルの特徴ベクトルとします．このとき，カーネル関数は式 (3.18) から，

$$k(x, x') = \sum_{h=-H^2}^{H^2} \phi_h(x)\phi_h(x') \qquad (3.30)$$

で表されます．

　ここで，$H \to \infty$ としてグリッドを無限に細かくしてみましょう．すると下のように，この値は RBF カーネルになることがわかります．

$$k(x, x') = \lim_{H \to \infty} \sum_{h=-H^2}^{H^2} \phi_h(x)\phi_h(x') \qquad (3.31)$$

$$\to \int_{-\infty}^{\infty} \tau^2 \exp\left(-\frac{(x-h)^2}{r^2}\right) \exp\left(-\frac{(x'-h)^2}{r^2}\right) dh \qquad (3.32)$$

$$= \tau^2 \int_{-\infty}^{\infty} \exp\left(-\frac{1}{r^2}\left\{(x-h)^2 + (x'-h)^2\right\}\right) dh$$

$$= \tau^2 \int_{-\infty}^{\infty} \exp\left(-\frac{1}{r^2}\left\{2\left(h-\frac{x+x'}{2}\right)^2 + \frac{1}{2}(x-x')^2\right\}\right) dh$$

$$= \tau^2 \underline{\int_{-\infty}^{\infty} \exp\left(-\frac{2}{r^2}\left(h-\frac{x+x'}{2}\right)^2\right) dh} \cdot \exp\left(-\frac{1}{2r^2}(x-x')^2\right)$$

$$= \tau^2 \sqrt{\pi r^2/2} \exp\left(-\frac{1}{2r^2}(x-x')^2\right) \qquad (3.33)$$

$$\equiv \theta_1 \exp\left(-\frac{1}{\theta_2}(x-x')^2\right) \quad \left(\theta_1 = \tau^2\sqrt{\pi r^2/2}, \ \theta_2 = 2r^2\right)$$

$$\qquad (3.34)$$

ここで，波線部は分散 $r^2/4$ の正規分布の正規化定数と等しいので，式 (2.3) から $\sqrt{2\pi \cdot r^2/4} = \sqrt{\pi r^2/2}$ となることを用いました．

　逆に見ると，式 (3.26) の RBF カーネルを用いたガウス過程回帰モデルは，ガウス分布の密度関数と同じ形をした式 (3.28) の基底関数を，x 軸上のあらゆる点に対応するように用意し，これらを特徴ベクトルとした線形回帰モデルである，とみなすことができます．こうすると線形回帰モデルの特徴ベク

トルとこれに対応するパラメータ $\mathbf{w}$ が無限次元になってしまいますが，これまでに見たようにガウス過程では $\mathbf{w}$ を積分消去して，データのある場所だけの有限次元で結果のガウス事後分布を表現できるため，問題は回避されていることが特徴です．

よって，RBF カーネルを用いたガウス過程による曲線，あるいは一般に超曲面は，式 (3.28) の基底関数を無限個重みづけた線形モデルともみることができ，実際にはデータのある場所での関数の線形和によって，その事後分布がガウス分布として表現されています．

カーネルと関数形　実は，ガウス過程の事後期待値[11] については，その関数が使ったカーネル関数の重みつき和になることは，RBF カーネルに限らずガウス過程の一般的な性質です．というのは，後の式 (3.75) で見るように，データ $\mathcal{D} = (\mathbf{X}, \mathbf{y})$ が与えられた下でのガウス過程の点 $\mathbf{x}^*$ での y^* の事後期待値は，$\mathbf{x}^*$ と学習データ $\mathbf{X} = (\mathbf{x}_1, \ldots, \mathbf{x}_N)$ とのカーネルの値を並べたベクトル $\mathbf{k}_* = (k(\mathbf{x}^*, \mathbf{x}_1), \ldots, k(\mathbf{x}^*, \mathbf{x}_N))$ を用いて

$$\mathbb{E}[y^*|\mathbf{x}^*, \mathcal{D}] = \mathbf{k}_*^T \mathbf{K}^{-1} \mathbf{y} \tag{3.35}$$

となりますが，この式は

$$\mathbb{E}[y^*|\mathbf{x}^*, \mathcal{D}] = \mathbf{k}_*^T \mathbf{K}^{-1} \mathbf{y} = \sum_{n=1}^{N} \underbrace{k(\mathbf{x}^*, \mathbf{x}_n)}_{\text{定数}} \underbrace{\left(\sum_{n'=1}^{N} \mathbf{K}_{nn'}^{-1} y_{n'} \right)}_{\text{定数}} \tag{3.36}$$

と書け，予測したい点 $\mathbf{x}^*$ を変数とするカーネル関数 $k(\mathbf{x}^*, \cdot)$ の，学習データ点での重みつき和になっているからです[12]．

ただし，ガウス過程の事後期待値ではなく，そこからのサンプル[13] は，一般には使ったカーネル関数の重みつき和としては表せず，それより少し滑らかさを落としたカーネルの重みつき和になります [20, Section 4]. 関数は期待値をとれば滑らかになりますから，これは自然な結果ですね．[20] において，サンプルの属する空間に対応するカーネルは，カーネルの固有関数で定

---

[11]　事前期待値は $\boldsymbol{\mu}$ (本書では $\mathbf{0}$) で，これは定数です．

[12]　カーネル法の世界では，まったく別の基準から導かれるものですが，このことはリプリゼンター定理 (representer theorem) と呼ばれています．

[13]　確率過程の言葉では，サンプルパスといいます．

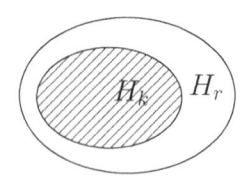

図 3.10　カーネル関数 k をもつガウス過程からのサンプル (=関数) の期待値が含まれる空間 H_k と，サンプル自体の含まれる空間 H_r. $H_k \subset H_r$ が成り立ちます．RBF カーネルの場合はその差は無限小ですが，一般には必ずしもそうではありません．

義される，カーネルの「θ 乗」($0 < \theta \leq 1$) となることが示されています (図 3.10)．$\theta = 1$ の場合は元のカーネルと同じになりますが，RBF カーネルの場合は $\theta = 1 - \epsilon$ (ϵ は無限小) となり，式 (3.34) は漸近的に成り立ちます．詳しくは，[20] を参照してください．

3.3.2　さまざまなカーネル

RBF カーネル以外にも，$\mathbf{x}$ と $\mathbf{x}'$ の近さを表すカーネル関数には，たとえば次のようなものがあります．

線形カーネル (linear kernel)

$$k(\mathbf{x}, \mathbf{x}') = \mathbf{x}^T \mathbf{x}' \tag{3.37}$$

指数カーネル (exponential kernel)

$$k(\mathbf{x}, \mathbf{x}') = \exp\left(-\frac{|\mathbf{x} - \mathbf{x}'|}{\theta} \right) \tag{3.38}$$

周期カーネル (periodic kernel)

$$k(\mathbf{x}, \mathbf{x}') = \exp\left(\theta_1 \cos\left(\frac{|\mathbf{x} - \mathbf{x}'|}{\theta_2} \right) \right) \tag{3.39}$$

それぞれのカーネルを使った 1 次元のガウス過程からのサンプルを図 3.11 に示しました．

(a) の線形カーネルは，特徴ベクトルが恒等写像（自分自身をそのまま返す変換）

$$\phi(\mathbf{x}) = \mathbf{x} \tag{3.40}$$

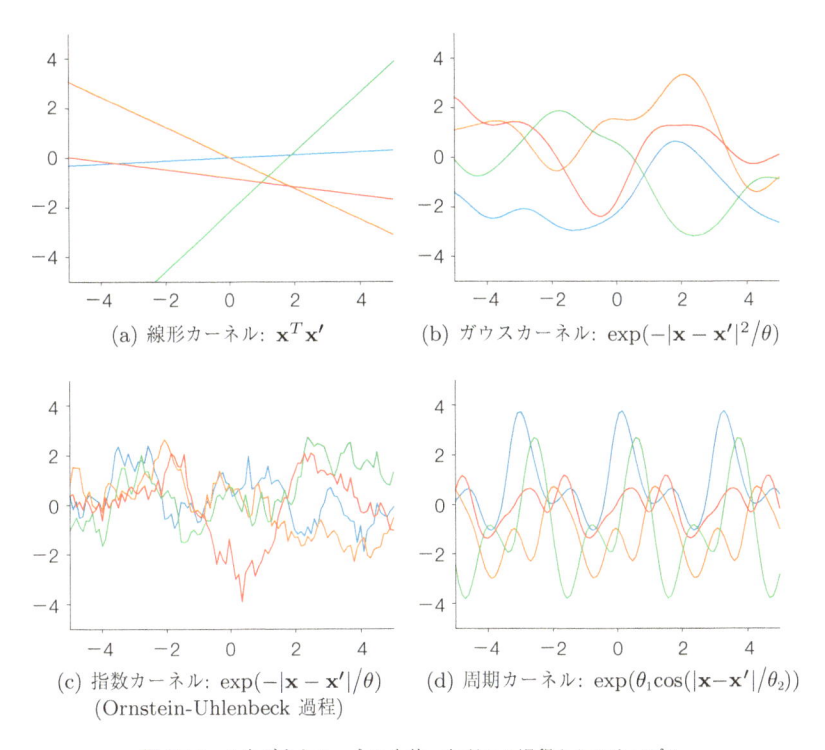

(a) 線形カーネル: $\mathbf{x}^T\mathbf{x}'$　　(b) ガウスカーネル: $\exp(-|\mathbf{x}-\mathbf{x}'|^2/\theta)$

(c) 指数カーネル: $\exp(-|\mathbf{x}-\mathbf{x}'|/\theta)$　　(d) 周期カーネル: $\exp(\theta_1\cos(|\mathbf{x}-\mathbf{x}'|/\theta_2))$
　　(Ornstein-Uhlenbeck 過程)

図 3.11　さまざまなカーネルを使ったガウス過程からのサンプル.

であることを意味していますので, $\mathbf{x}$ の中にバイアス項に対応する定数 $x_0=1$ が含まれているとすれば, これは 1.2 節の重回帰と等価です. 一般の特徴ベクトル $\phi(\mathbf{x})$ の場合も, 3.2.2 節の議論から $k(\mathbf{x}, \mathbf{x}')=\phi(\mathbf{x})^T\phi(\mathbf{x}')$ と定義すれば, $\mathbf{y}$ はガウス過程になるのでした. つまり,

---

性質 3.5（ガウス過程回帰と線形回帰）

ガウス過程回帰は線形回帰モデルを包含しています.

ただしここでは, 重み $\mathbf{w}$ は 1 通りに決まるのではなく, 期待値をとって積分消去されています.

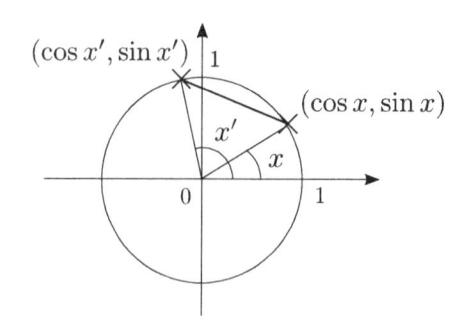

図 3.12　周期カーネルの導出. 単位円上で偏角 x, x' の点の間の距離を考えています.

(c) の指数カーネルのガウス過程はブラウン運動と関連しており, これは Ornstein-Uhlenbeck 過程とも呼ばれます. ブラウン運動については, 4 章のコラムを参照してください.

(d) の周期カーネルは, 極座標で x を単位円上を動く点の偏角と見た場合 (すなわち, x と $2\pi + x$ は同じ意味となります), 図 **3.12** の点 $(\cos x, \sin x)$ と点 $(\cos x', \sin x')$ のユークリッド距離が

$$
\begin{aligned}
|(\cos x, \sin x) - (\cos x', \sin x')|^2 &= |(\cos x - \cos x', \sin x - \sin x')|^2 \\
&= 2 - 2(\cos x \cos x' + \sin x \sin x') \\
&= 2 - 2\cos(x - x') \tag{3.41}
\end{aligned}
$$

であることから, これをガウスカーネルの距離の部分に適用して

$$
k(x, x') = \exp\left(-\frac{2 - 2\cos(x - x')}{\sigma^2} \right) \tag{3.42}
$$

$$
\propto \exp(\theta_1 \cos(x - x')) \qquad (\theta_1 = 2/\sigma^2) \tag{3.43}
$$

となることからきています. 式 (3.43) では周期が 2π で固定されてしまいますので, x と x' を θ_2 でスケーリングすれば

$$
k(x, x') = \exp\left(\theta_1 \cos\left(\frac{x - x'}{\theta_2} \right) \right) \tag{3.44}
$$

となり, 式 (3.39) が得られます. 周期カーネルでは, $\mathbf{x}$ と $\mathbf{x}'$ の距離 $|\mathbf{x} - \mathbf{x}'|$ が大きくても, この距離が周期 θ_2 の 2π 倍であればカーネルの値は大きく

なるため,「似ている」と見なされ, y の値が周期的に近い値となることに注意しましょう.

なお, 最初に周期カーネルが示された [27] では,

$$式 (3.41) = 2(1 - \cos(x - x')) = 4\sin^2 \frac{x - x'}{2} \tag{3.45}$$

という関係が成り立つことから, 周期カーネルを

$$k(\mathbf{x}, \mathbf{x}') = \exp\left(-\sin^2\left(\frac{\mathbf{x} - \mathbf{x}'}{2}\right)\Big/ \theta\right) \tag{3.46}$$

と定義しており, 他の文献ではこちらが多く使われています. しかし, 等価な式 (3.39) のほうが意味がわかりやすく, 二乗を含まないため計算量も小さいので望ましいでしょう.

カーネルの組み合わせ　上記のカーネルは組み合わせて使うこともでき, 一般に $k'(\mathbf{x}, \mathbf{x}')$, $k''(\mathbf{x}, \mathbf{x}')$ がそれぞれカーネル関数だった場合, 2 つのカーネルの和

$$k(\mathbf{x}, \mathbf{x}') = k'(\mathbf{x}, \mathbf{x}') + k''(\mathbf{x}, \mathbf{x}') \tag{3.47}$$

および積

$$k(\mathbf{x}, \mathbf{x}') = k'(\mathbf{x}, \mathbf{x}') \cdot k''(\mathbf{x}, \mathbf{x}') \tag{3.48}$$

は半正定値性をもつ, 正しいカーネル関数になります [37].

したがって, たとえば線形カーネルと周期カーネルの組み合わせ

$$k(\mathbf{x}, \mathbf{x}') = \theta_1 \mathbf{x}^T \mathbf{x}' + \theta_2 \exp\left(\theta_3 \cos\left(\frac{|\mathbf{x} - \mathbf{x}'|}{\theta_4}\right)\right) \quad (\theta_1, \theta_2, \theta_3, \theta_4 \geq 0) \tag{3.49}$$

では,「全体の 1 次関係 + 周期性」をもった回帰を行うことができます. これらの係数 θ は, カーネルのハイパーパラメータとしてデータから推定することができます (3.5 節).

Matérn カーネル　式 (3.26) の RBF カーネルを用いたガウス過程から生成される関数 $\mathbf{f}$ は, 実は無限回微分可能 (C^∞ 級) という非常に強い性質をもっています. この前提はデータのモデル化においては強すぎるという主張から, 次のような **Matérn カーネル** (Matérn kernel; マターンカーネル) と

呼ばれるカーネルが提案され [38]，特に空間統計学において広く用いられています[*14]．

$$k_\nu(\mathbf{x}, \mathbf{x}') = \frac{2^{1-\nu}}{\Gamma(\nu)} \left(\frac{\sqrt{2\nu}r}{\theta} \right)^\nu K_\nu \left(\frac{\sqrt{2\nu}r}{\theta} \right) \quad (r = |\mathbf{x} - \mathbf{x}'|) \quad (3.50)$$

ここで K_ν は第 2 種の変形ベッセル関数[*15]，θ はスケールパラメータです．ν が関数の滑らかさを表す，このカーネルの性質を決めるパラメータで，Matérn カーネルを用いたガウス過程から生成される関数は，$\lfloor \nu \rfloor$ 回微分できることが知られています（$\lfloor x \rfloor$ は x 以下の最大の整数を返す切り下げ関数）．特に，解析的な扱いやすさから $\nu = \frac{1}{2}, \frac{3}{2}, \frac{5}{2}, \infty$ の場合がよく知られており，それぞれ次のようになります．

$$\begin{cases} \nu = \dfrac{1}{2} \quad \text{のとき} \quad k_{1/2}(\mathbf{x}, \mathbf{x}') = \exp\left(-\dfrac{r}{\theta} \right) \\[2mm] \nu = \dfrac{3}{2} \quad \text{のとき} \quad k_{3/2}(\mathbf{x}, \mathbf{x}') = \left(1 + \dfrac{\sqrt{3}r}{\theta} \right) \exp\left(-\dfrac{\sqrt{3}r}{\theta} \right) \\[2mm] \nu = \dfrac{5}{2} \quad \text{のとき} \quad k_{5/2}(\mathbf{x}, \mathbf{x}') = \left(1 + \dfrac{\sqrt{5}r}{\theta} + \dfrac{5r^2}{3\theta^2} \right) \exp\left(-\dfrac{\sqrt{5}r}{\theta} \right) \\[2mm] \nu = \infty \quad \text{のとき} \quad k_\infty(\mathbf{x}, \mathbf{x}') = \exp\left(-\dfrac{r^2}{2\theta^2} \right) \end{cases}$$

$$(3.51)$$

これからわかるように，Matérn カーネルは $\nu = 1/2$ のときは式 (3.38) の指数カーネルに，$\nu = \infty$ のときは RBF カーネルに一致し，それらを連続的につなぐものになっています．$\nu = 3/2$ および $5/2$ の場合のカーネルは Matérn3, Matérn5 と呼ばれることもあり，ガウス過程からのサンプルは指数カーネルと RBF カーネルの中間の滑らかさをもった関数になります．図 3.13 に，Matérn3 および Matérn5 カーネルを用いたガウス過程からランダムに生成した関数の例を示しました．Matérn カーネルはデータ解析においてよく用いられていますが，機械学習の分野では解析的な扱いやすさからか，RBF カーネルが使われることが多いようです．

---

*14　6 章にあるように，空間統計学ではガウス過程のことは**クリギング** (Kriging) と呼ばれています．

*15　MATLAB では `besselk` で，Python では `scipy.special.kv` で計算できます．

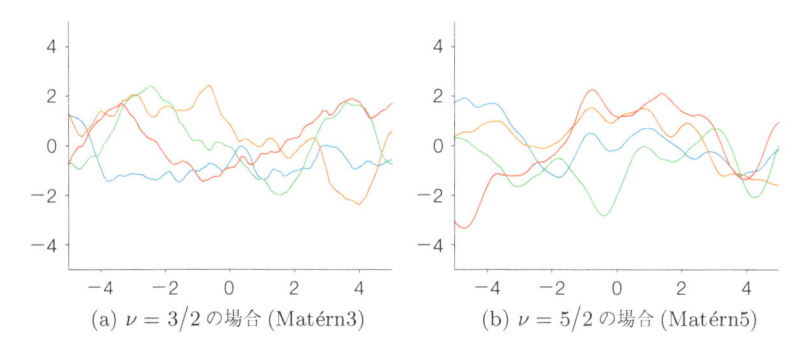

(a) $\nu = 3/2$ の場合 (Matérn3)　　　(b) $\nu = 5/2$ の場合 (Matérn5)

図 3.13　Matérn カーネルによるガウス過程からのサンプル．指数カーネルと RBF カーネルの中間的な滑らかさをもった関数が生成されます．

その他のカーネル　カーネルは本書の例のように実数ベクトルだけでなく，文字列やグラフ，木構造などについても定義することができます．むしろ，こうした複雑なデータ構造の上にも，類似度であるカーネル関数を定義するだけでその空間での関数を考えることができることは，カーネル法の大きな利点です．たとえば文字列カーネル [25] を用いれば，「あらゆる部分文字列 **s** の上のガウス過程 $f(\mathbf{s})$」を定義することも可能です．また，与えられた確率モデルに対しても，Fisher カーネル [19] や HMM の周辺化カーネル [49] といった形でカーネルを定義することができます．

　こうしたカーネルについてさらに詳しくは，[63, 5 章] や GPML [37, 4 章]，あるいはガウス過程のカーネル設計に関するテクニカルレポート [1] などを参照してください．

3.3.3　観測ノイズ

　3.2 節で述べたように，ここまでは簡単のために観測値 y は説明変数 $\mathbf{x}$ から正確に回帰される，すなわち y にはノイズがないものとしてきました．実際には観測値には誤差が乗っていることが普通ですから，$n = 1, \ldots, N$ について

$$y_n = f(\mathbf{x}_n) + \epsilon_n \tag{3.52}$$

のような観測モデルを考えるのが自然です．いま，3.2 節と同様に誤差 ϵ_n は平均 0，分散 σ^2 のガウス分布

$$\epsilon_n \sim \mathcal{N}(0, \sigma^2) \tag{3.53}$$

に従っているとしましょう．式 (3.52) と式 (3.53) を合わせると，$\mathbf{y} = (y_1, y_2, \ldots, y_N)$ の確率分布は

$$p(\mathbf{y}|\mathbf{f}) = \mathcal{N}(\mathbf{f}, \sigma^2 \mathbf{I}) \tag{3.54}$$

と書くことができます．ここで，$\mathbf{f} = (f(\mathbf{x}_1), f(\mathbf{x}_2), \ldots, f(\mathbf{x}_N))$ と定義しました．

このとき，$\mathbf{X} = (\mathbf{x}_1, \mathbf{x}_2, \ldots, \mathbf{x}_N)$ が与えられた後の $\mathbf{y}$ の分布はどうなるでしょうか．式 (3.52) から，$\mathbf{y}$ は $\mathbf{f}$ を通してのみ $\mathbf{X}$ に依存しますから，$\mathbf{f}$ について期待値をとれば，

$$p(\mathbf{y}|\mathbf{X}) = \int p(\mathbf{y}, \mathbf{f}|\mathbf{X})\, d\mathbf{f} \tag{3.55}$$

$$= \int p(\mathbf{y}|\mathbf{f}) p(\mathbf{f}|\mathbf{X})\, d\mathbf{f} \tag{3.56}$$

$$= \int \mathcal{N}(\mathbf{y}|\mathbf{f}, \sigma^2 \mathbf{I})\, \mathcal{N}(\mathbf{f}|\boldsymbol{\mu}, \mathbf{K})\, d\mathbf{f} \tag{3.57}$$

となります．式 (3.55) から式 (3.56) への変形は，確率の連鎖則を用いました．

式 (3.57) は 2 つの独立なガウス分布の畳み込みなので，ガウス分布の連鎖則の公式 [2, p.92] から結果はやはりガウス分布となり，その共分散行列は 2 つのガウス分布の共分散行列の和で

$$p(\mathbf{y}|\mathbf{X}) = \mathcal{N}(\boldsymbol{\mu}, \mathbf{K} + \sigma^2 \mathbf{I}) \tag{3.58}$$

と表されます．すなわち，$\mathbf{y}$ はやはりガウス過程に従い，そのカーネル行列はカーネル関数 k で定まる共分散行列 $\mathbf{K}$ の対角要素に，リッジ回帰と同様に σ^2 を足したものとして表現できます．よってこの場合，y はカーネル関数を新しく

$$k'(\mathbf{x}_n, \mathbf{x}_{n'}) = k(\mathbf{x}_n, \mathbf{x}_{n'}) + \sigma^2 \delta(n, n') \tag{3.59}$$

とおいたガウス過程に従うことになります．ここで $\delta(n, n')$ は $n = n'$ のとき 1，それ以外は 0 を返す関数です [*16]．以下本書では，式 (3.59) のように

[*16]　元の行列表現を考えると，これは $\mathbf{x}_n$ と $\mathbf{x}_{n'}$ の値が一致する場合ではなく，$n = n'$ の対角成分のときですので，実装の際には注意してください．

式 (3.52) の形の観測ノイズがある場合も含めて，カーネル関数 $k(\mathbf{x}, \mathbf{x}')$ を考えることにします．

3.4 ガウス過程回帰モデル

ここまでは，ガウス過程の導出とその性質についてみてきました．それでは，ガウス過程にもとづいて具体的にどうやって回帰問題を解くことができるでしょうか．

1章の式 (1.1) と同じく，N 個の観測値，すなわち入力 $\mathbf{x} \in \mathcal{X}$ と出力 $y \in \mathbb{R}$ の N 個のペア

$$\mathcal{D} = \{(\mathbf{x}_1, y_1), (\mathbf{x}_2, y_2), \ldots, (\mathbf{x}_N, y_N)\} \tag{3.60}$$

が与えられているとしましょう．簡単のため，y は平均が 0 となるように正規化してあるとします．このとき，$\mathbf{x}$ と y の間に

$$y = f(\mathbf{x}) \tag{3.61}$$

の関係があり，この関数 f が平均 $\mathbf{0}$ のガウス過程

$$f \sim \mathrm{GP}(\mathbf{0}, k(\mathbf{x}, \mathbf{x}')) \tag{3.62}$$

から生成されているとします．観測値 y にガウス分布によるノイズが含まれている場合も，前節の議論からカーネル関数の定義に含められることに注意してください．前節の議論から，$\mathbf{y} = (y_1, y_2, \ldots, y_N)^T$ とおけばこの $\mathbf{y}$ はガウス分布に従い，入力のすべてのペア $(\mathbf{x}_n, \mathbf{x}_{n'})$ についてカーネル関数 $k(\mathbf{x}, \mathbf{x}')$ を用いて

$$K_{nn'} = k(\mathbf{x}_n, \mathbf{x}_{n'}) \tag{3.63}$$

で与えられるカーネル行列 $\mathbf{K}$ を使って，

$$\mathbf{y} \sim \mathcal{N}(\mathbf{0}, \mathbf{K}) \tag{3.64}$$

が成り立ちます．

3.4.1 ガウス過程回帰の予測分布

このとき，データに含まれない $\mathbf{x}^*$ での y^* の値，たとえば図 3.14 に示し

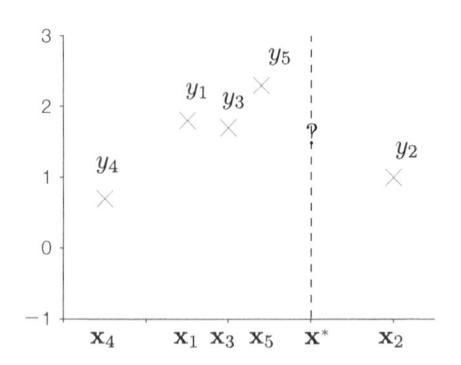

図 3.14　ガウス過程回帰における予測. $\mathbf{x}^*$ に対応する y^* の値はいくつになるでしょうか?

た "?" の値はどうなるでしょうか. 1 章の線形モデルでは重み $\mathbf{w}$ を使って,
式 (1.64) のように

$$y^* = \mathbf{w}^T \boldsymbol{\phi}(\mathbf{x}^*) \tag{3.65}$$

と予測することができました. しかし, ガウス過程の場合は $\mathbf{w}$ は積分消去
されていますので存在しません.

　答えは簡単です. $\mathbf{y}$ に y^* を含めたものを新しく $\mathbf{y}' = (y_1, \ldots, y_N, y^*)^T$
とし, $\mathbf{x}_1, \ldots, \mathbf{x}_N$ および $\mathbf{x}^*$ から計算される $(N+1) \times (N+1)$ 次元のカー
ネル行列を $\mathbf{K}'$ とすれば, **これら全体がまたガウス分布に従う**ので,

$$\mathbf{y}' \sim \mathcal{N}(\mathbf{0}, \mathbf{K}') \tag{3.66}$$

となることに注意しましょう. すなわち,

$$\begin{pmatrix} \mathbf{y} \\ y^* \end{pmatrix} \sim \mathcal{N}\left(\mathbf{0}, \underbrace{\begin{pmatrix} \mathbf{K} & \mathbf{k}_* \\ \mathbf{k}_*^T & k_{**} \end{pmatrix}}_{\mathbf{K}'}\right) \tag{3.67}$$

が成り立ちます. この様子を, 図 3.15 に示しました. ここで

$$\left\{ \begin{aligned} \mathbf{k}_* &= (\, k(\mathbf{x}^*, \mathbf{x}_1),\ k(\mathbf{x}^*, \mathbf{x}_2),\ \ldots,\ k(\mathbf{x}^*, \mathbf{x}_N)\,)^T & (3.68) \\ k_{**} &= k(\mathbf{x}^*, \mathbf{x}^*) & (3.69) \end{aligned} \right.$$

は, 新しい入力 $\mathbf{x}^*$ と学習データの入力の類似度 (カーネル関数の値) を並べ
たベクトル, および $\mathbf{x}^*$ の自分自身との類似度です. 値が学習データではな

$$\begin{pmatrix} y_1 \\ \vdots \\ y_N \\ y^* \end{pmatrix} \sim \mathcal{N}\left(\begin{pmatrix} 0 \\ \vdots \\ 0 \\ 0 \end{pmatrix}, \begin{array}{c} \mathbf{x}_1 \\ \vdots \\ \mathbf{x}_N \\ \mathbf{x}^* \end{array} \overset{\begin{array}{ccc} \mathbf{x}_1 \cdots \mathbf{x}_N & & \mathbf{x}^* \end{array}}{\left(\begin{array}{c|c} \mathbf{K} & \mathbf{k}_* \\ \hline \mathbf{k}_*^T & k_{**} \end{array} \right)} \right) \tag{3.70}$$

図 3.15 ガウス過程回帰モデルの，新しいデータ $(\mathbf{x}^*, y)$ との同時分布の様子．$N+1$ 次元の $\mathbf{y}$ が，$\mathbf{x}^*$ と学習データ $\mathbf{x}_1, \ldots, \mathbf{x}_N$ との内積を並べたベクトル $\mathbf{k}_*$ および $\mathbf{x}^*$ 自身との内積 k_{**} で次元を $(N+1) \times (N+1)$ とした共分散行列をもつガウス分布に従っています．

く，新しい入力 $\mathbf{x}^*$ に依存することを明示するために，$*$ をつけて示しました．

式 (3.67) は y^* と $\mathbf{y}$ の同時分布の式ですから，$\mathbf{y}$ が与えられたときの y^* の条件付き確率は，ガウス分布の要素間の条件付き確率から求められます．公式 2.4 で見たように，ガウス分布に従うベクトルが

$$\begin{pmatrix} \mathbf{y}_1 \\ \mathbf{y}_2 \end{pmatrix} \sim \mathcal{N}\left(\begin{pmatrix} \boldsymbol{\mu}_1 \\ \boldsymbol{\mu}_2 \end{pmatrix}, \begin{pmatrix} \boldsymbol{\Sigma}_{11} & \boldsymbol{\Sigma}_{12} \\ \boldsymbol{\Sigma}_{21} & \boldsymbol{\Sigma}_{22} \end{pmatrix} \right) \tag{3.71}$$

のとき，ベクトルの一部 $\mathbf{y}_1$ が与えられたときの残りの $\mathbf{y}_2$ は，ガウス分布

$$p(\mathbf{y}_2|\mathbf{y}_1) = \mathcal{N}\left(\boldsymbol{\mu}_2 + \boldsymbol{\Sigma}_{21}\boldsymbol{\Sigma}_{11}^{-1}(\mathbf{y}_1 - \boldsymbol{\mu}_1),\ \boldsymbol{\Sigma}_{22} - \boldsymbol{\Sigma}_{21}\boldsymbol{\Sigma}_{11}^{-1}\boldsymbol{\Sigma}_{12}\right) \tag{3.72}$$

となるのでした．ここでは $\boldsymbol{\mu}_1 = \mathbf{0}$, $\boldsymbol{\mu}_2 = \mathbf{0}$ なので，式 (3.72) は

$$p(\mathbf{y}_2|\mathbf{y}_1) = \mathcal{N}\left(\boldsymbol{\Sigma}_{21}\boldsymbol{\Sigma}_{11}^{-1}\mathbf{y}_1, \boldsymbol{\Sigma}_{22} - \boldsymbol{\Sigma}_{21}\boldsymbol{\Sigma}_{11}^{-1}\boldsymbol{\Sigma}_{12}\right) \tag{3.73}$$

と簡単に表すことができます．直感的には，図 2.7 のようなことが高次元で行われていると考えればよいでしょう．この関係を，式 (3.67) と見比べれば

公式 3.6（ガウス過程の予測分布）

$$p(y^*|\mathbf{x}^*, \mathcal{D}) = \mathcal{N}(\mathbf{k}_*^T\mathbf{K}^{-1}\mathbf{y}, k_{**} - \mathbf{k}_*^T\mathbf{K}^{-1}\mathbf{k}_*) \tag{3.74}$$

が，ガウス過程による予測分布として求められます．このとき，y^* の期待値はガウス分布の平均で，公式 3.6 から

> ── **公式 3.7**（ガウス過程の予測分布の期待値）──────
>
> $$\mathbb{E}[y^*|\mathbf{x}^*, \mathcal{D}] = \mathbf{k}_*^T \mathbf{K}^{-1} \mathbf{y} \tag{3.75}$$

となります.

予測値が複数ある場合　上では単独の入力点 $\mathbf{x}^*$ についての出力 y^* の予測分布を考えましたが, 予測したい点が $\mathbf{X}^* = (\mathbf{x}_1^*, \ldots, \mathbf{x}_M^*)$ と M 個ある場合も議論は同様です. 予測したい出力を $\mathbf{y}^* = (y_1^*, \ldots, y_M^*)$ とすると, 式 (3.70) と同様に, $\mathbf{y}$ と $\mathbf{y}^*$ の同時分布は

$$
\begin{pmatrix} y_1 \\ \vdots \\ y_N \\ y_1^* \\ \vdots \\ y_M^* \end{pmatrix} \sim \mathcal{N} \left(\begin{pmatrix} 0 \\ \vdots \\ 0 \\ 0 \\ \vdots \\ 0 \end{pmatrix}, \begin{pmatrix} \mathbf{K} & \mathbf{k}_* \\ \mathbf{k}_*^T & \mathbf{k}_{**} \end{pmatrix} \right) \tag{3.76}
$$

のようになります. すなわち, 行列 $\mathbf{k}_*$ と $\mathbf{k}_{**}$ を

$$\mathbf{k}_*(n, m) = k(\mathbf{x}_n, \mathbf{x}_m^*) \qquad (n = 1, \ldots, N,\ m = 1, \ldots, M) \tag{3.77}$$

$$\mathbf{k}_{**}(m, m') = k(\mathbf{x}_m^*, \mathbf{x}_{m'}^*) \qquad (m = 1, \ldots, M,\ m' = 1, \ldots, M) \tag{3.78}$$

と定義すれば, 公式 3.6 とまったく同様に,

> ── **公式 3.8**（ガウス過程の予測分布 (予測値が複数個の場合)）──────
>
> $$p(\mathbf{y}^*|\mathbf{X}^*, \mathcal{D}) = \mathcal{N}(\mathbf{k}_*^T \mathbf{K}^{-1} \mathbf{y}, \mathbf{k}_{**} - \mathbf{k}_*^T \mathbf{K}^{-1} \mathbf{k}_*) \tag{3.79}$$

となります.

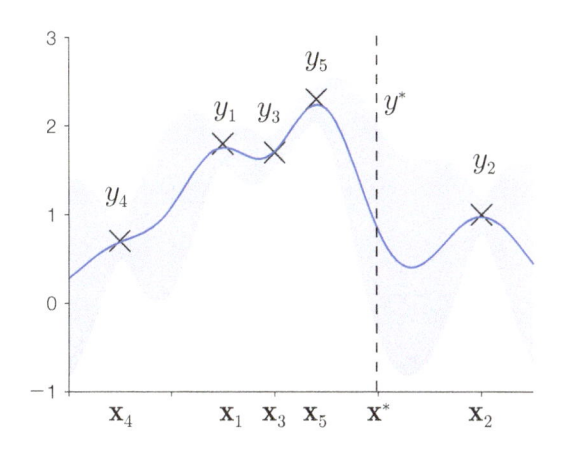

図 3.16 ガウス過程回帰の予測結果. 青の線が **f** の事後分布の平均を表します. 空色の部分は, ガウス事後分布の $\pm 2\sigma$ の誤差範囲を示しています.

ただし, 学習データ $\mathcal{D} = (\mathbf{X}, \mathbf{y})$ が与えられたとき, 新しい入力点 $\mathbf{X}^*$ の中のある $\mathbf{x}^*$ における出力 y^* の周辺分布 $p(y^* | \mathbf{X}^*, \mathcal{D})$ は, 新しい入力点が 1 つの場合の公式 3.6 と同じであることに注意しましょう. というのは, いまたとえば $M = 2$ で, 予測したい入力点が $\mathbf{x}_1^*, \mathbf{x}_2^*$ の 2 つだったとき, 対応する出力 y_1^*, y_2^* のうち y_1^* の周辺分布は, y_2^* について周辺化して

$$\int p(y_1^*, y_2^* | \mathbf{x}_1^*, \mathbf{x}_2^*, \mathcal{D}) dy_2^* = \int p(y_2^* | y_1^*, \mathbf{x}_1^*, \mathbf{x}_2^*, \mathcal{D}) p(y_1^* | \mathbf{x}_1^*, \mathbf{x}_2^*, \mathcal{D}) dy_2^*$$

$$= p(y_1^* | \mathbf{x}_1^*, \mathcal{D}) \underbrace{\int p(y_2^* | y_1^*, \mathbf{x}_1^*, \mathbf{x}_2^*, \mathcal{D}) dy_2^*}_{1} \tag{3.80}$$

$$= p(y_1^* | \mathbf{x}_1^*, \mathcal{D}) \tag{3.81}$$

となるからです. M が 3 以上の場合も, 同じ計算を再帰的に適用すれば議論は同様に成り立ちます. この方法で, あらゆる $\mathbf{x}^*$ について対応する $\mathbf{y}^*$ の周辺分布を公式 3.6 から計算したものを, 図 3.16 に示しました.

各 y^* の周辺確率ではなく, ベクトル $\mathbf{y}^*$ 全体の分布は公式 3.8 のガウス分布に従うため, 期待値は図 3.16 における青線のようになりますが, そこからのサンプルは相関をもつ図 3.7 のようなさまざまな曲線となることに注意してください.

予測分布の計算　さて，公式 3.7 の予測分布の期待値 (3.75) は，実際にはどのような計算になるでしょうか．公式 3.7 は，下のような行列とベクトルの積を表しています．

$$\mathbb{E}[y^*|\mathbf{x}^*, \mathcal{D}] = (\quad \mathbf{k}_*^T \quad) \left(\begin{matrix} \\ \mathbf{K}^{-1} \\ \\ \end{matrix}\right) \left(\begin{matrix} \\ \mathbf{y} \\ \\ \end{matrix}\right) \Big\} N \text{ 次元} \tag{3.82}$$

$$\underbrace{}_{N \text{ 次元}} \underbrace{}_{N \text{ 次元}}$$

実際には学習データ点の数 N は数千や数万になることもあるため，これは非常に大きな行列およびベクトルの掛け算であることに注意してください．これからわかるように，ガウス過程による予測では，基本的には $N \times N$ のカーネル行列 $\mathbf{K}$ の逆行列 $\mathbf{K}^{-1}$ を求めることが必要になります．これには $O(N^3)$ の計算量を必要とするため，これがガウス過程の理論的な難しさに加えて，今まであまり使われてこなかった理由の 1 つになっています．ただし，現在ではこの計算量は大きく削減することが可能になっています．詳しくは，5 章を参照してください．

3.4.2　ガウス過程回帰の計算

それでは，公式 3.8 に従ってガウス過程回帰を行ってみましょう．これを計算するためのアルゴリズムを図 **3.17** に示しました．ガウス過程回帰は，

1. 入力 $\mathbf{x}$ と出力 y のペアからなる学習データ $\{(\mathbf{x}_1, y_1), \ldots, (\mathbf{x}_N, y_N)\}$
2. 入力 $\mathbf{x}$ と入力 $\mathbf{x}'$ の間の類似度，すなわちガウス分布の共分散を与えるカーネル関数 $k(\mathbf{x}, \mathbf{x}')$

の 2 つで定義されます．学習データ $X = (\mathbf{x}_1, \ldots, \mathbf{x}_N)$ および $\mathbf{y} = (y_1, \ldots, y_N)$ が与えられたとき，テストデータの新しい入力 $\mathbf{x}^*$ に対する出力 y^* を公式 3.8 のガウス分布

$$p(y^*|\mathbf{x}^*, \mathbf{X}, \mathbf{y}) = \mathcal{N}(\mathbf{k}_*^T \mathbf{K}^{-1}\mathbf{y}, k_{**} - \mathbf{k}_*^T \mathbf{K}^{-1}\mathbf{k}_*) \tag{3.83}$$

として求めます．この分布はカーネルが与えられれば一意に定まるため，ガウス過程回帰においてカーネルのハイパーパラメータ以外には「学習」は存

```
 1: [mu,var]=gpr (xtest,xtrain,ytrain,kernel)
 2: N = length (ytrain)
 3: for n = 1 · · · N do
 4:     for n′ = 1 · · · N do
 5:         K[n, n′] = kernel (xtrain[n], xtrain[n′])
 6:     end for
 7: end for
 8: yy = K⁻¹ ∗ ytrain
 9: for m = 1 · · · M do
10:     for n = 1 · · · N do
11:         k[n] = kernel (xtrain[n], xtest[m])
12:     end for
13:     s = kernel (xtest[m], xtest[m])
14:     mu[m] = kᵀ ∗ yy
15:     var[m] = s − kᵀ ∗ K⁻¹ ∗ k
16: end for
```

入力:
xtrain $= [\mathbf{x}_1, \ldots, \mathbf{x}_N]$
– 入力 $\mathbf{x} \in \mathbb{R}^D$ を N 個
　並べたベクトル.
ytrain $= [y_1, \ldots, y_N]^T$
– 出力 $y \in \mathbb{R}$ を N 個
　並べたベクトル.
xtest $= [\mathbf{x}'_1, \ldots, \mathbf{x}'_M]$
– 回帰したい入力 $\mathbf{x}'$ を
　M 個並べたベクトル.
出力:
mu : xtest に対応する
y の期待値
var : xtest に対応する
y の分散

図 3.17　ガウス過程回帰の計算の基本アルゴリズム.

在しないことに注意しましょう. なお, ガウス過程の計算においてカーネル行列 $\mathbf{K}$ の計算は, 逆行列 $\mathbf{K}^{-1}$ の計算に次いで大きな計算量を占めますが, よく使われる式 (3.26) のガウスカーネルの場合のカーネル行列は, 線形代数を用いて図 3.18 のように効率的に計算することができます.

　図 3.14 のデータに対して, 式 (3.59) のようにガウス誤差を含んだ場合の式 (3.26) のガウスカーネル

$$k(x, x') = \theta_1 \exp\left(-\frac{(x-x')^2}{\theta_2}\right) + \theta_3 \delta(x, x') \qquad (3.84)$$

$$(\theta_1 = 1, \theta_2 = 0.4, \theta_3 = 0.1)$$

を用いてガウス過程回帰を適用した例が, 図 3.16 でした. ここでは, $\mathbf{x}^*$ としてプロット範囲内のすべての実数値 [17] を考え, 対応する y^* のガウス予測分布の平均と分散を公式 3.8 から計算してプロットしています.

---

[17]　実際には, すべての実数値を扱うことは無理なので, 0.05 おきなどの細かいグリッドをとって計算しています.

```
1: function K = kgauss (X,σ,τ,η)
2: N = length (X)
3: z = sum (X.^2,1)
4: K = repmat (z^T,1,N) + repmat (z,N,1) − 2 * X^T X
5: K = τ * exp(−σ * K) + η * I_N
```

図 3.18　ガウスカーネルによる共分散行列の効率的な計算. X は D 次元の縦ベクトルが N 個並んだ $D \times N$ 次元の行列 (ベクトルのベクトル) です. X.^2 は行列 X の要素ごとの 2 乗, repmat(X,a,b) は行列 X を a 行 b 列に複製する関数を表します.

3.4.3　ガウス過程回帰の要素表現

なお, 式 (3.75) は精度行列を $\mathbf{\Lambda} = \mathbf{K}^{-1}$ とおけば, その要素 $\Lambda_{nn'}$ を用いて次のようにも書くことができます.

$$\mathbb{E}[y^*|\mathbf{x}^*, \mathcal{D}] = \sum_{n'=1}^{N} \sum_{n=1}^{N} k_{n'} \Lambda_{nn'} y_n \tag{3.85}$$

$$= \sum_{n=1}^{N} y_n \left(\sum_{n'=1}^{N} \Lambda_{nn'} k(\mathbf{x}^*, \mathbf{x}_{n'}) \right) \tag{3.86}$$

したがって, ガウス過程による y の予測の期待値の式 (3.75) は, 学習データの各 y_n を

$$\sum_{n'=1}^{N} \Lambda_{nn'} k(\mathbf{x}^*, \mathbf{x}_{n'})$$

で重みづけた**重みつき和**であることがわかります. このように予測量が学習データの重みつき和で表されるという構造は, SVM などのカーネル法と似ています[18]が, 重み自体を最適化するカーネル法と異なり, ガウス過程では重みは解析的に求まるため, カーネルのパラメータ以外は学習の必要がありません.

なお, 式 (3.85) は**図 3.19** のように, ニューラルネットワークのような形で表すこともできます. 学習データの各 $\mathbf{x}_n$ はすべての $y_{n'}$ $(n' = 1, \ldots, N)$ と, 共分散の精度 $\Lambda_{nn'}$ を重みとしてつながっており, 推定値はデータ全体を反映したものになります. これが $\mathbf{x}^*$ と $\mathbf{x}_n$ との類似度 $k(\mathbf{x}^*, \mathbf{x}_n)$ でさ

---

[18]　カーネル法の枠組みでは, このことをリプリゼンター定理と呼びます [63].

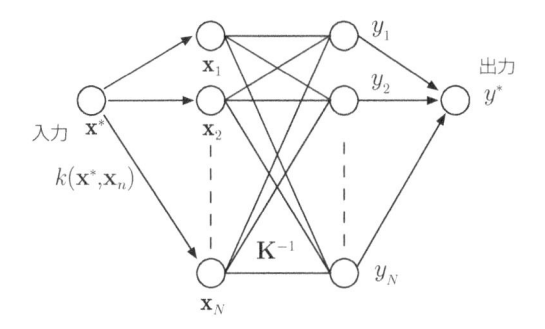

図 3.19 ガウス過程回帰の予測期待値のネットワーク表現. y^* は単独の $\mathbf{x}^*$ だけでなく, $\mathbf{x}_1 \cdots \mathbf{x}_N$ 全体に影響されて定まります.

らに重みづけられ, 最終的な出力 y^* が得られます. 実際にガウス過程は, ニューラルネットワークの中間ノード数無限の極限として得られることが知られています. この関係については, 本章のコラムを参照してください.

3.5 ガウス過程回帰のハイパーパラメータ推定

これまでの例ではカーネルのハイパーパラメータは $\theta_1 = 1, \theta_2 = 0.4, \theta_3 = 0.1$ と手で与えていましたが, これを推定するにはどうすればいいでしょうか. ハイパーパラメータをまとめて $\boldsymbol{\theta} = (\theta_1, \theta_2, \theta_3)$ とおくと, カーネルは $\boldsymbol{\theta}$ に依存しますから, それを明示すれば

$$k(\mathbf{x}, \mathbf{x}'|\boldsymbol{\theta}) = \theta_1 \exp\left(-\frac{|\mathbf{x} - \mathbf{x}'|^2}{\theta_2}\right) + \theta_3 \delta(\mathbf{x}, \mathbf{x}') \tag{3.87}$$

のようになり, よって k から計算されるカーネル行列 $\mathbf{K}$ も $\boldsymbol{\theta}$ に依存して $\mathbf{K}_{\boldsymbol{\theta}}$ となります. このとき, 学習データの確率は

$$p(\mathbf{y}|\mathbf{X}, \boldsymbol{\theta}) = \mathcal{N}(\mathbf{y}|\mathbf{0}, \mathbf{K}_{\boldsymbol{\theta}}) \tag{3.88}$$

$$= \frac{1}{(2\pi)^{N/2}} \frac{1}{|\mathbf{K}_{\boldsymbol{\theta}}|^{1/2}} \exp\left(-\frac{1}{2}\mathbf{y}^T \mathbf{K}_{\boldsymbol{\theta}}^{-1} \mathbf{y}\right) \tag{3.89}$$

です[*19]. 対数をとれば

$$\log p(\mathbf{y}|\mathbf{X}, \boldsymbol{\theta}) = -\frac{N}{2}\log(2\pi) - \frac{1}{2}\log|\mathbf{K_\theta}| - \frac{1}{2}\mathbf{y}^T\mathbf{K_\theta}^{-1}\mathbf{y} \tag{3.91}$$

$$\propto -\log|\mathbf{K_\theta}| - \mathbf{y}^T\mathbf{K_\theta}^{-1}\mathbf{y} + (\text{定数}) \tag{3.92}$$

となり, 式 (3.92) を最大にする $\boldsymbol{\theta}$ を求めればよいことになります.

これには, 式 (3.92) の尤度関数を最大化するように, $\boldsymbol{\theta}$ を少しずつ変え
て探索する MCMC 法を用いてもかまいませんし, より効率的な方法として
は, 勾配法 (gradient method) を使うことができます. 式 (3.92) を L とお
けば, L の, $\boldsymbol{\theta}$ のある要素 θ に対する微分は

$$\frac{\partial L}{\partial \theta} = \frac{\partial L}{\partial \mathbf{K_\theta}}\frac{\partial \mathbf{K_\theta}}{\partial \theta} = \sum_{n=1}^{N}\sum_{n'=1}^{N}\frac{\partial L}{\partial K_{nn'}}\frac{\partial K_{nn'}}{\partial \theta} \tag{3.93}$$

として計算できます. ここで $\frac{\partial L}{\partial K_{nn'}}$ は L を $\mathbf{K_\theta}$ の要素で微分した $\frac{\partial L}{\partial K_{nn'}}$
を並べた行列です. 付録 A.3 の行列の微分公式から,

$$\frac{\partial}{\partial \theta}\log|\mathbf{K_\theta}| = \text{tr}\left(\mathbf{K_\theta}^{-1}\frac{\partial \mathbf{K_\theta}}{\partial \theta}\right), \quad \frac{\partial}{\partial \theta}\mathbf{K_\theta}^{-1} = -\mathbf{K_\theta}^{-1}\frac{\partial \mathbf{K_\theta}}{\partial \theta}\mathbf{K_\theta}^{-1} \tag{3.94}$$

が成り立ちますので, 式 (3.93) は計算すると

$$\frac{\partial L}{\partial \theta} = -\text{tr}\left(\mathbf{K_\theta}^{-1}\frac{\partial \mathbf{K_\theta}}{\partial \theta}\right) + (\mathbf{K_\theta}^{-1}\mathbf{y})^T\frac{\partial \mathbf{K_\theta}}{\partial \theta}(\mathbf{K_\theta}^{-1}\mathbf{y}) \tag{3.95}$$

として行列形式で求めることができます.

式 (3.95) で出てきた $\frac{\partial \mathbf{K_\theta}}{\partial \theta}$ は, カーネル行列 $\mathbf{K_\theta}$ の各要素を注目してい
るパラメータ $\theta \in \boldsymbol{\theta}$ で微分した行列です. たとえば, 式 (3.87) のガウスカー
ネルおよびガウス観測誤差の場合は, $\theta_1 > 0, \theta_2 > 0, \theta_3 > 0$ ですから, 最
適化のために $\theta_1 = e^\tau, \theta_2 = e^\sigma, \theta_3 = e^\eta$ すなわち $\tau = \log\theta_1,\ \sigma = \log\theta_2,$

[*19] これをエビデンス (evidence) といいます. 一般に, パラメータ z およびハイパーパラメータ θ を
もつ確率モデル $p(y, z|\theta)$ において, z を周辺化した

$$p(y|\theta) = \int p(y, z|\theta)dz \tag{3.90}$$

を, エビデンスまたは**周辺尤度** (marginal likelihood) といいます. こうしてハイパーパラメー
タ θ の周辺尤度 $p(y|\theta)$ を最大化する θ を求めることを, θ を固定してパラメータ z の尤度を最
大化する最尤推定に対比して**第二種最尤推定** (type-II maximum likelihood) ともいいます.

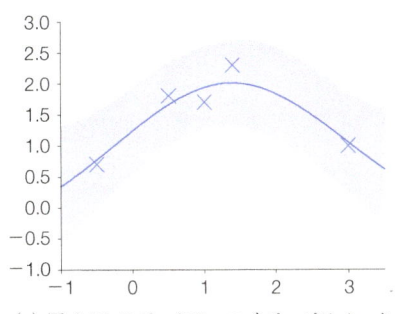
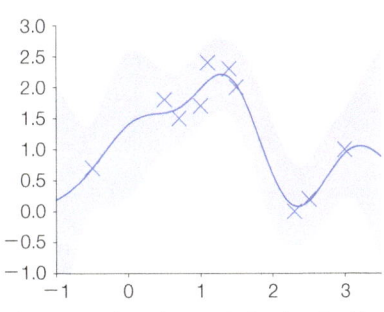

(a) 図 3.16 のデータで，ハイパーパラメータをすべて推定した場合. $(\theta_1, \theta_2, \theta_3) = (1.596, 6.560, 0.082)$. 対数尤度 $=-1.788$

(b) データ点を増やした場合. $(\theta_1, \theta_2, \theta_3) = (1.525, 0.689, 0.067)$. 対数尤度 $=-2.174$. より複雑な回帰関数が得られています

図 3.20 カーネルのハイパーパラメータも推定したガウス過程回帰.

$\eta = \log\theta_3$ とおけば [20]，カーネルを書き直すと

$$k(\mathbf{x}_n, \mathbf{x}_{n'}|\boldsymbol{\theta}) = e^\tau \exp\left(-\frac{|\mathbf{x}_n-\mathbf{x}_{n'}|^2}{e^\sigma}\right) + e^\eta\delta(n, n') \tag{3.96}$$

となります．よって，τ, σ, η で微分すると

$$\begin{cases} \dfrac{\partial k(\mathbf{x}_n, \mathbf{x}_{n'})}{\partial\tau} &= e^\tau \exp\left(-\dfrac{|\mathbf{x}_n-\mathbf{x}_{n'}|^2}{e^\sigma}\right) = k(\mathbf{x}_n, \mathbf{x}_{n'}) - e^\eta\delta(n, n') \\[2mm] \dfrac{\partial k(\mathbf{x}_n, \mathbf{x}_{n'})}{\partial\sigma} &= e^\tau \exp\left(-\dfrac{|\mathbf{x}_n-\mathbf{x}_{n'}|^2}{e^\sigma}\right) \cdot \dfrac{\partial}{\partial\sigma}\left(-\dfrac{|\mathbf{x}_n-\mathbf{x}_{n'}|^2}{e^\sigma}\right) \\[2mm] &= (k(\mathbf{x}_n, \mathbf{x}_{n'}) - e^\eta\delta(n, n')) \cdot e^{-\sigma}|\mathbf{x}_n-\mathbf{x}_{n'}|^2 \\[2mm] \dfrac{\partial k(\mathbf{x}_n, \mathbf{x}_{n'})}{\partial\eta} &= e^\eta\delta(n, n') \end{cases}$$

になり，これを式 (3.95) の $\frac{\partial \mathbf{K}_\theta}{\partial\theta}$ の要素として代入すれば，ハイパーパラメータに対する勾配 $\frac{\partial L}{\partial\theta}$ が得られます．SCG 法や L-BFGS 法などの最適化ルーチン [21] を用いれば，ハイパーパラメータを最適化することができます．カー

---

[20] パラメータに制約がある場合，このように対数やロジットをとって制約のない形に変換して最適化することは，標準的なテクニックです．詳しくは，[12] などを参照してください．

[21] こうした最適化パッケージは，MATLAB や R, Python などに含まれています．Scaled Conjugate Gradient (SCG) 法 [30] はガウス過程の最適化においてよく使われてきた最適化法で，筆者の実験では BFGS 法や L-BFGS 法より安定して計算できる場合もあるようです．
Python のための SCG 法の実装 `scg.py` は，GPy で必要な `paramz` パッケージの中に含まれています．MATLAB 版の `scg.m` は，Nabney と Bishop による Netlab パッケージ

ネルが式 (3.87) のとき,実際に L-BFGS 法で最適な $\boldsymbol{\theta}$ を求めてプロットした
ものを図 3.20(a) に示しました.このとき,$(\tau, \sigma, \eta) = (0.468, 1.881, -2.501)$
すなわち,$\boldsymbol{\theta} = (1.596, 6.560, 0.082)$ となりました.

ここでさらにデータを増やすと図 3.20(b) のようになり,最適なハイパー
パラメータも変化して,よりデータに合った柔軟な回帰関数が得られている
ことがわかります.

ハイパーパラメータの最適化法について,ここでまとめておきます.

方法 3.9(ガウス過程のハイパーパラメータの最適化)

$\boldsymbol{\theta}$ をパラメータにもつカーネル $k_{\boldsymbol{\theta}}(\mathbf{x}, \mathbf{x}')$ によるカーネル行列
$\mathbf{K}_{\boldsymbol{\theta}}$ について,観測データ $\mathbf{y}$ の確率の対数,すなわち $\boldsymbol{\theta}$ の対数尤度

$$L = \log p(\mathbf{y}|\mathbf{X}, \boldsymbol{\theta}) \propto -\log|\mathbf{K}_{\boldsymbol{\theta}}| - \mathbf{y}^T \mathbf{K}_{\boldsymbol{\theta}}^{-1} \mathbf{y} \qquad (3.97)$$

を最大にする $\theta \in \boldsymbol{\theta}$ は,たとえば勾配法を用いて

$$\frac{\partial L}{\partial \theta} = -\mathrm{tr}\left(\mathbf{K}_{\boldsymbol{\theta}}^{-1} \frac{\partial \mathbf{K}_{\boldsymbol{\theta}}}{\partial \theta}\right) + (\mathbf{K}_{\boldsymbol{\theta}}^{-1}\mathbf{y})^T \frac{\partial \mathbf{K}_{\boldsymbol{\theta}}}{\partial \theta}(\mathbf{K}_{\boldsymbol{\theta}}^{-1}\mathbf{y}) \qquad (3.98)$$

から SCG 法,L-BFGS 法などで最適化することができます.ここ
で $\dfrac{\partial \mathbf{K}_{\boldsymbol{\theta}}}{\partial \theta}$ は,$\mathbf{K}_{\boldsymbol{\theta}}$ の要素 $[\mathbf{K}_{\boldsymbol{\theta}}]_{ij} = k_{\boldsymbol{\theta}}(\mathbf{x}_i, \mathbf{x}_j)$ を θ で微分した
$\frac{\partial}{\partial \theta} k_{\boldsymbol{\theta}}(\mathbf{x}_i, \mathbf{x}_j)$ を $\mathbf{K}_{\boldsymbol{\theta}}$ と同じ形で並べた行列です.

ハイパーパラメータ推定と局所解 ただし,勾配法で求めた $\boldsymbol{\theta}$ は一般に局所
解ですから,真の大域的最適解とは限らないことに注意しましょう.図 3.20
のデータについて,式 (3.87) のカーネルで $\theta_1 = 1$ としたときの対数尤度を
$(\log \theta_2, \log \theta_3)$ の 2 次元平面にプロットすると,**図 3.21**(a) のようになりま
す.これからわかるように,対数尤度は必ずしも単峰ではなく,ここでは△で
示した 2 つの山があることがわかります.これはそれぞれ図 3.21 で,(i) 図
3.22 のように誤差 θ_3 が大きく,関数の揺れ θ_2 も大きい場合,(ii) 図 3.20(a)
のように誤差 θ_3 が小さく,関数の揺れ θ_2 も小さい場合,という 2 つの解釈

---

http://www.aston.ac.uk/eas/research/groups/ncrg/resources/netlab/ の中に含まれ
ています.

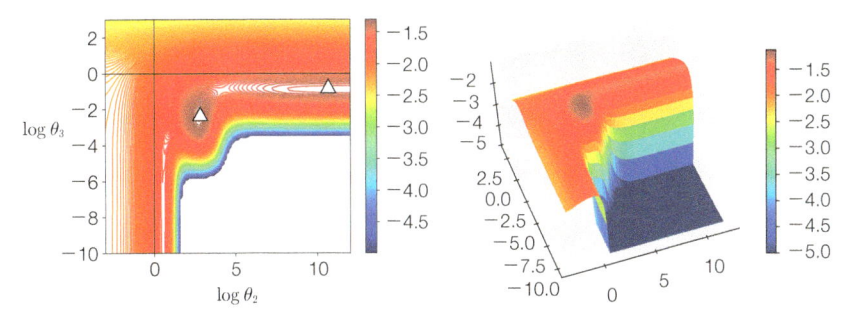

(a) 図 3.16 のデータと式 (3.87) のカーネルで
$\theta_1 = 1$ とし, θ_2 と θ_3 を変えたときのデータの対
数尤度. △で示した 2 つの局所解があります

(b) 左の図を 3D で表したもの. 両図とも, −5
未満の尤度は切り捨てています

図 3.21 カーネルのハイパーパラメータとデータの尤度関数.

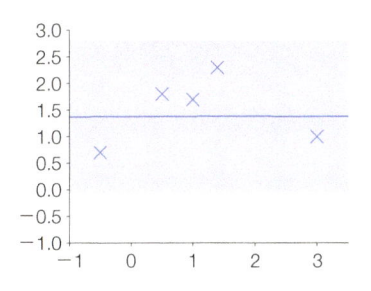

図 3.22 図 3.20(a) と同じデータのガウス過程回帰の別の局所解. ここでは, 初期値
$(\log \theta_2, \log \theta_3) = (5, 0)$ から最適化しました.

に対応しています. 尤度は局所解 (i) では −3.046, 局所解 (ii) では −1.934
ですので, (ii) のほうが正しい解釈といえます. しかし, 初期値によっては
勾配法による解は (i) のほうになってしまい, ハイパーパラメータの次元が
高い場合は特に問題となります. こうした場合は MCMC 法を用いて探索す
れば, 局所解を避けて正しい大域的最適解に近づくことができます.

カーネルの選択 また, 3.3.2 節の事実から, カーネルは組み合わせて

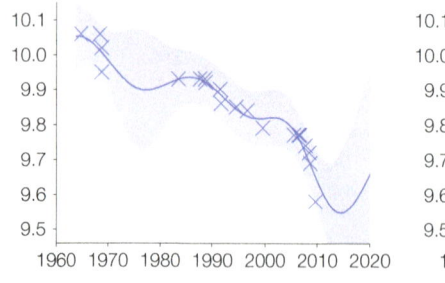

(a) ガウスカーネルによる回帰. $k(x, x') = 1.62\exp(-(x-x')^2/0.44) + 0.06\delta(x, x')$. 対数尤度 $= -14.149$

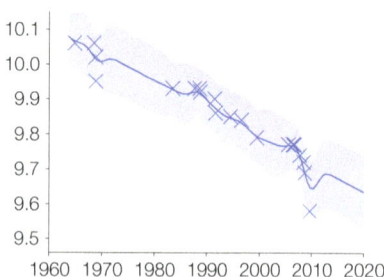

(b) ガウスカーネル ＋ 線形カーネルによる回帰. $k(x, x') = 0.92xx' + 0.07\exp(-(x-x')^2 /0.02) + 0.06\delta(x, x')$. 対数尤度 $= -9.322$

図 3.23　陸上男子 100m の世界記録のガウス過程による回帰モデル. 学習されたカーネルのハイパーパラメータは, データを正規化したときのものを表しています.

$$k_\theta(\mathbf{x}, \mathbf{x}') = \theta_1 + \theta_2 \mathbf{x}^T \mathbf{x}' + \theta_3 \exp\left(-\frac{|\mathbf{x}-\mathbf{x}'|^2}{\theta_4}\right) + \theta_5 \delta(\mathbf{x}, \mathbf{x}') \quad (3.99)$$
$$(\theta_1, \theta_2, \theta_3, \theta_4, \theta_5 \geq 0)$$

のように定義することもでき, このとき各カーネルの重み $\theta_1, \theta_2, \theta_3$ および誤差の分散 θ_5 を同時に学習することもできます[*22] ので, 特定の 1 つのカーネルを事前に選択する必要は必ずしもありません.

　実際のデータとして, 1 章の陸上男子 100m の世界記録のデータでのガウス過程回帰モデルを式 (3.87) および式 (3.99) のカーネルを使って推定してみました. 最適な θ は前者では $(\theta_1, \theta_2, \theta_3) = (1.62, 0.44, 0.06)$, 後者では $(\theta_1, \theta_2, \theta_3, \theta_4, \theta_5) = (0, 0.92, 0.07, 0.02, 0.06)$ となり, このとき回帰モデルは図 3.23 のようになります[*23]. タイムが短縮される全体的な傾向を線形カーネルでとらえたうえで, 細かい変動をガウスカーネルで表現し, ベイズ的にデータの量に応じた確信度 (分散) の回帰モデルが得られています. Matérn

---

[*22]　カーネル法の枠組みでは, これは **MKL**(Multiple Kernel Learning) と呼ばれています [66, p.97]. ただし MKL と異なり, ガウス過程ではカーネルの重みだけでなく, その内部パラメータも同時に最適化することができます.

[*23]　この回帰モデルでは, あらかじめ $\mathbf{x}$ および $\mathbf{y}$ を平均 0, 分散 1 となるように正規化してガウス過程回帰を行い, 結果を元のスケールに戻しています. ベイズ的なモデルであるガウス過程は回帰関数の事前分布を与えるものですから, このように, データが想定されている事前分布に合っているかどうかを確認して, 必要ならば前処理を行うことは, とても重要です.

カーネルなど，別のカーネルを用いてさらによい回帰モデルができないか，試してみるのも面白いでしょう．

3.6＊ ガウス過程回帰の一般化

ここまでは，観測値 y として 3.3.3 節のように $f(\mathbf{x})$ にガウス分布の誤差が加わった値が直接観測される，もっとも簡単な場合を考えてきました．これをもう少し一般化してみることにしましょう．以下では簡単のため，$f = f(\mathbf{x})$ と $\mathbf{x}$ を省略して表記することにします．

観測モデルのバリエーション　ガウス過程による関数値 f から観測値 y が生成される観測モデルは，条件付き確率 $p(y|f)$ によって表されます．これまでは観測モデルとして，3.3.3 節のように

$$p(\mathbf{y}|\mathbf{f}) = \mathcal{N}(\mathbf{f}, \sigma^2 \mathbf{I}) \tag{3.100}$$

といったガウス分布を想定していました．観測モデルには，ほかにもさまざまな場合が考えられます．ただし，$p(\mathbf{y}|\mathbf{f})$ がガウス分布ではない場合は，一般に

$$p(\mathbf{f}|\mathbf{y}) \propto p(\mathbf{y}|\mathbf{f})p(\mathbf{f}) \tag{3.101}$$

はガウス分布とはならず，解析的に解を求めることはできません．このような場合には，MCMC 法やラプラス近似，期待値伝播 (EP) 法，変分ベイズ法といった近似的な推論法が必要となります．

3.6.1　ロバストなガウス過程回帰

図 3.24 は，コーシー分布 (Cauchy distribution) として知られる分布を，ガウス分布と比較して示したものです．中心 x_0 のコーシー分布の確率密度関数は

$$\mathrm{Cauchy}(x|x_0, \gamma) = \frac{1}{\pi(\gamma + (x - x_0)^2/\gamma)} \tag{3.102}$$

で表され，γ が形状パラメータです．図 3.24 では $\gamma = 1$ としました．ガウス分布にもとづく誤差の場合，式 (2.2) のガウス分布の確率密度関数からわかるように，大きい誤差となる確率が指数的に小さくなるため，**外れ値** (outlier)

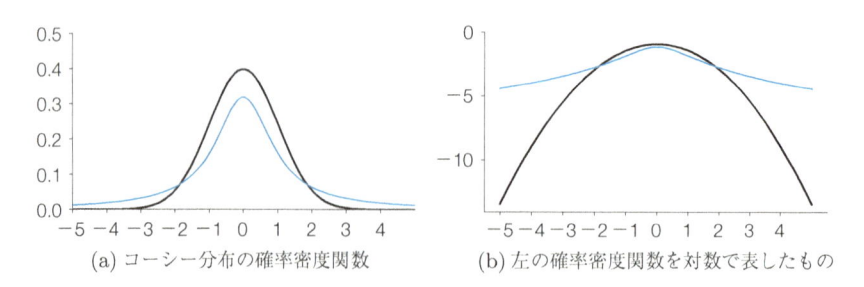

(a) コーシー分布の確率密度関数　　　　(b) 左の確率密度関数を対数で表したもの

図 3.24　$\gamma = 1$ のコーシー分布 (青線). 黒線で表した標準正規分布と比べ, 分布の裾がずっと厚く
　　　　なっていることが見てとれ, 誤差として外れ値を含む確率分布に適しています. 確率密度
　　　　を右のように対数で表すと, 特にその差が顕著になります.

に対応できなくなる場合があります. 外れ値がある場合にガウス分布を誤差
として仮定すると, 外れ値を説明するために, 図 3.25(a) のようにガウス分
布が外れ値の側に大きく偏って推定されてしまいます.

　これに対して, コーシー分布は図 3.24 のように分布の裾が厚いため, 誤
差の分布 $p(y|f)$ にコーシー分布を使用すれば, たとえ外れ値があっても推
定がそれに影響されるのを避けることができます. こうした性質のことを,
コーシー分布は外れ値に対して**頑健 (ロバスト)** である, といいます*24.

　このとき, $\mathbf{f}$ の事後分布は

$$p(\mathbf{f}|\mathbf{y}) \propto p(\mathbf{y}|\mathbf{f})p(\mathbf{f}) = \prod_{n=1}^{N} \mathrm{Cauchy}(y_n|f_n, \gamma) \cdot \mathcal{N}(\mathbf{f}|\mathbf{0}, \mathbf{K}) \qquad (3.103)$$

$$\propto \prod_{n=1}^{N} \frac{1}{\pi(\gamma + (y_n - f_n)^2/\gamma)} \cdot \exp\left(-\frac{1}{2}\mathbf{f}^T\mathbf{K}^{-1}\mathbf{f}\right) \qquad (3.104)$$

となります. この事後分布は単純なガウス分布ではないため, これまでのよ
うに誤差の項をカーネルのなかに含めることはできず, $\mathbf{f}$ の推定には変分ベ
イズ法や MCMC 法のような近似推論法が必要となります. 図 3.25(b) に, 7
章で説明する楕円スライスサンプリングを用いて, 式 (3.104) から MCMC

---

*24　なお, ガウス分布の標準偏差 σ がさらにガンマ分布に従うとした場合に, σ について期待値をとって
　　拡張した分布がスチューデントの t 分布で, 上のコーシー分布は実は t 分布で自由度が 1 の特別な場
　　合になっています. このことから, ガウス過程自体を同様に拡張した t 過程 (Student-t process)
　　も最近提案されています [43]. t 過程では誤差ではなく, f 自体がときどき外れ値をとることを許
　　すような確率モデルになっています.

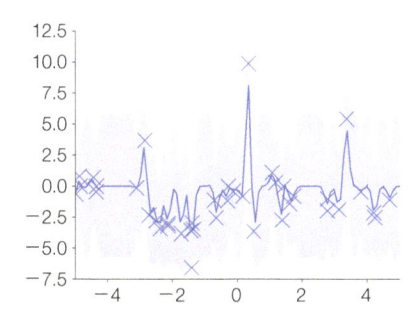
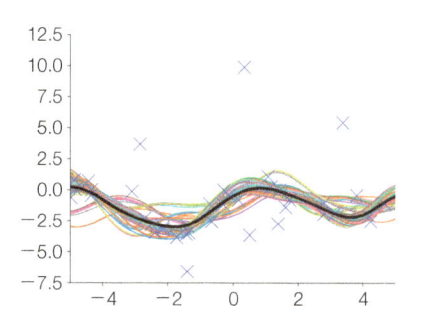

(a) ガウス誤差を使ったガウス過程回帰. 回帰関数が外れ値に引きずられてしまっています. 学習されたカーネル関数は $k(x,x) = 7.17\exp(-(x-x)^2/0.01) + 1.22\delta(x,x)$. 対数尤度 $= -93.29$

(b) コーシー誤差を使ったガウス過程回帰. 楕円スライスサンプリングによって事後分布からサンプルされた 100 個の回帰関数 $\mathbf{f}$ と, その平均を太線で示しました. 回帰モデルが外れ値に影響されていないことがわかります

図 3.25　外れ値がある場合のガウス過程回帰モデル.

法でサンプリングした $\mathbf{f}$ の例を示しました. 同じデータでも, 外れ値に影響されずに安定した回帰関数が推定できていることがわかります.

3.6.2　ガウス過程識別モデル

観測値 y が何かのイベントが起こった (1), または起こらない (0) のような二値データである場合, f が与えられたときに $y=1$ となる確率 $p(y=1|f)$ を, 次のように表すことがあります.

$$p(y=1|f) = \sigma(f) \tag{3.105}$$

ガウス過程を用いたこうした識別モデルを, **ガウス過程識別モデル**といいます. ここで $\sigma(x)$ は**図 3.26** のような S 字型の関数で, 確率モデルとしてもっとも素直なのは**プロビット関数** (probit function) としても知られる, 正規分布の累積密度関数

$$\Psi(x) = \int_{-\infty}^{x} \mathcal{N}(\theta|0,1)d\theta \tag{3.106}$$

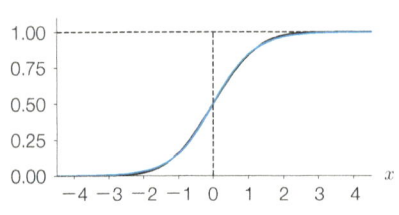
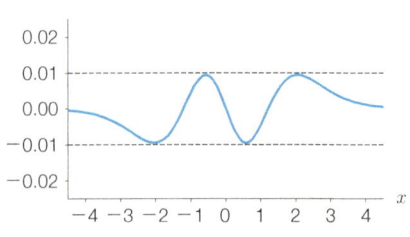

(a) 黒線が正規分布の累積密度関数 $\Psi(x)$ を, 青線がそれを高精度に近似できるロジスティック関数 $\sigma(1.7x)$ を表しています.

(b) $\Psi(x)$ と $\sigma(1.7x)$ の差 $\Psi(x)-\sigma(1.7x)$ のプロット. 全域にわたり, 差は 0.01 未満となっています.

図 3.26　ガウス過程識別モデルのためのロジスティック関数 $\sigma(x) = 1/(1 + e^{-x})$.

でしょう[*25]. ただし, プロビット関数は正規分布の積分を含むため, 代わりに**ロジスティック関数** (logistic function)

$$\sigma(x) = \frac{1}{1 + e^{-x}} \tag{3.107}$$

が広く用いられています. 図 3.26(a) に, $\Psi(x)$ と $\sigma(x)$ の概形を示しました. $\sigma(1.7x)$ は, $\Psi(x)$ にきわめて近い関数となることが古くから知られています. 図 3.26(b) からわかるように, 誤差 $\sigma(1.7x)-\Psi(x)$ は**全域にわたって 0.01 以下**となります [16, pp.3–8].

$\mathbf{y}$ が与えられたときの $\mathbf{f}$ の分布は

$$p(\mathbf{f}|\mathbf{y}) \propto p(\mathbf{y}|\mathbf{f})p(\mathbf{f}) = \left(\prod_{n=1}^{N} \sigma(f_n)^{\mathbb{I}(y_n=1)}(1-\sigma(f_n))^{\mathbb{I}(y_n=0)} \right) \cdot \mathcal{N}(\mathbf{f}|0, \mathbf{K}) \tag{3.108}$$

となり, やはり単純なガウス分布とはなりませんから, $\mathbf{f}$ の推定には近似推論法が必要となります [2, 4.5 節,10.6 節]. 図 **3.27** に, ツールキット **GPy** で EP 法 [37] を使って計算したガウス過程識別モデルの推定結果を示しました. ガウス過程識別モデルを, 少数の関連ベクトルを選ぶことでスパースに行うのが **RVM**(関連ベクトルマシン) です. RVM については, 3.2.3 節を参照してください.

[*25]　閾値 θ を挟んで $x < \theta$ のとき $y=0$, $x \geq \theta$ のとき $y=1$ を返す階段状の応答関数 $p(y|x)$ について, この閾値 θ が 0 を中心に確率的に $\mathcal{N}(\theta|0, 1)$ で揺らいでいるとすれば, $p(y|x)$ は式 (3.106) のプロビット関数になります.

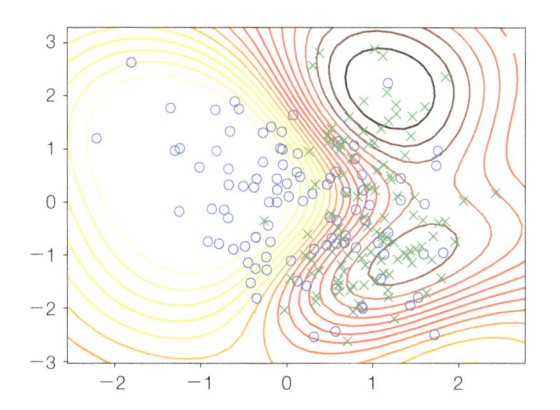

図 3.27 ガウス過程による識別モデルの等高線. 青○印が正例 $(y=1)$ を, 緑×印が負例 $(y=0)$
を表しています.

　ガウス過程識別モデルは推定も複雑なため, 単に分類だけを行いたい場合
にはあまりメリットはありませんが, 他の確率モデルとの組み合わせにより
$\mathbf{f}$ が得られ, それにもとづいて観測値 y が得られる場合には必要なモデルと
なるでしょう.

3.6.3　ポアソン回帰モデル

　機械の故障回数や素粒子の崩壊など, 観測値 $\mathbf{y}$ が $2, 4, 0, 1, \ldots$ のように非
負の自然数をとる場合は, **ポアソン分布** (Poisson distribution)

$$p(y|\lambda) = \mathrm{Po}(y|\lambda) = \frac{\lambda^y e^{-\lambda}}{y!} \quad (\lambda > 0) \tag{3.109}$$

が自然なモデルの 1 つです. ポアソン分布は離散値 $y=0,1,2,3,\ldots$ に対す
る確率分布で, その期待値が実数値のパラメータ λ と一致し, $\mathbb{E}[\mathrm{Po}(y|\lambda)] = \lambda$
です. 図 **3.28** に, ポアソン分布の例を示しました. ポアソン分布は上でふ
れた素粒子の崩壊のように, 一定の小さい確率で起こる事象を多数同時に
考えた場合に, 全体で起こる事象の回数が従う分布として導くことができま
す [65].

　ポアソン分布のパラメータ λ はつねに正ですから, この λ が実数値の f
を使ってたとえば

$$\lambda = e^f \quad (> 0) \tag{3.110}$$

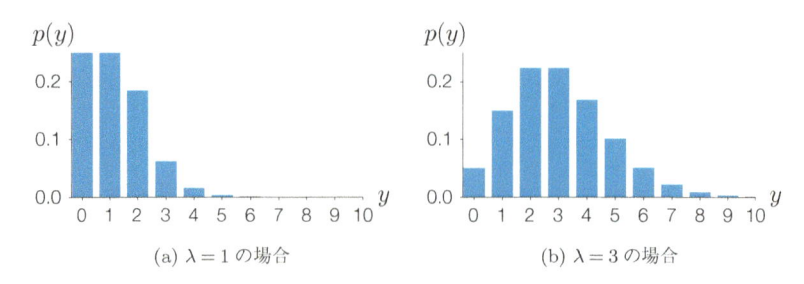

図 3.28　ポアソン分布 $\mathrm{Po}(y|\lambda)$ の確率分布関数の様子.

と書けるとすれば，式 (3.109) は

$$p(y|f) = \frac{(e^f)^y e^{-e^f}}{y!} = \frac{\exp(fy - e^f)}{y!} \tag{3.111}$$

と表すことができます．観測モデルとして式 (3.111) を用いれば，λ 自体が
ガウス過程により $\lambda = e^{f(\mathbf{x})}$ と $\mathbf{x}$ によって変動する様子をモデル化するこ
とができます．この場合もやはり，$\mathbf{f}$ の事後分布は単純なガウス分布ではな
いことに注意してください．図 3.29 に，文献 [57, 11 章] において 1 次元で
横に並んだ 50 区画における，特定の植物の個体数を表す架空データ

$$\mathbf{y} = (0, 3, 2, 5, 6, 16, 8, \ldots, 4, 3, 1)$$

を，ガウス過程によるポアソン回帰およびラプラス近似を用いて推定した
結果を示しました．[57] では各セル i の個体数が従うポアソン分布の期待
値 λ_i が，現在のセルの左右の期待値に依存する条件付き自己回帰モデルと
MCMC 法を用いて推定されています*26．ここではガウス過程回帰を用いる
ことで，λ_i が他の $\boldsymbol{\lambda} = (\lambda_1, \lambda_2, \ldots, \lambda_N)$ 全体に依存し，かつ解析的に滑らか
な事後分布が得られている様子がわかります．

---

*26　[57] の MCMC 法は回帰値を直接サンプリングするものですが，本章の MCMC 法はガウス過
　　程回帰モデルの (低次元の) ハイパーパラメータを探索するものであることに注意してください.

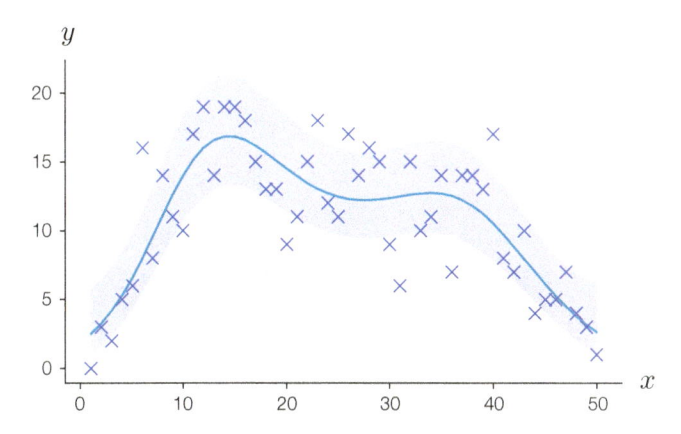

図 3.29　文献 [57, 11 章] での，直線上に並んだ升目での植物の個体数を表す人工データに対する
ガウス過程回帰．出力確率にポアソン分布を使用しています．ガウス過程により，空間的
に滑らかにスムージングさた推定結果が得られます．推定には GPy を用いました．

ニューラルネットワークとガウス過程

　Neal [32] は，1層のニューラルネットワークは隠れ素子数→ ∞ の極限でガウス過程と等価であることを示しました．したがって，ニューラルネットワークの代わりにガウス過程を考えることで，ニューラルネットワークにおける多数の重みの最適化が不要になり，本章で見たように，予測分布を解析的に求めることが可能になります．また，ガウス過程は確率モデルとして自然な構造をもっており，何が学習されるか予測できないニューラルネットワークと異なって，カーネル関数を通じて問題に関する事前知識を表現したり，時系列やグラフのように自明にベクトル化できない対象を見通しよく扱うことができるという利点があります．

　いま，入力 $\mathbf{x} \in \mathbb{R}^D$ に対して出力 $y \in \mathbb{R}$ を予測する，**図 3.30** のような1層のニューラルネットワークを考えてみましょう．y と隠れ層の各要素 h_j $(j = 1, \ldots, H)$ をつなぐ重みを v_j，h_j と入力 $\mathbf{x}$ の k 次元目の要素 x_k をつなぐ重みを w_{jk} とし，それぞれ平均 0，分散 σ_v^2 および σ_w^2 のガウス分布 $\mathcal{N}(0, \sigma_v^2)$，$\mathcal{N}(0, \sigma_w^2)$ に従うとします．隠れ層の状態が，シグモイド関数のような閾値関数 $\sigma(\cdot)$ で定まるとすると，このニューラルネットワークは，式で書けば以下のようになります．

$$y = \sum_{j=1}^{H} v_j h_j(\mathbf{x}) \tag{3.112}$$

$$h_j(\mathbf{x}) = \sigma\left(b + \sum_{k=1}^{D} w_{jk} x_k\right) \tag{3.113}$$

$$v_j \sim \mathcal{N}(0, \sigma_v^2), \quad w_{jk} \sim \mathcal{N}(0, \sigma_w^2) \tag{3.114}$$

b はバイアス項で，やはりガウス分布 $\mathcal{N}(0, \sigma_b^2)$ に従うとします．

　このとき，入力 $\mathbf{x}$ に対する $h_j(\mathbf{x})$ のさまざまな w_{jk} に関する期待値 $\mathbb{E}_w[h_j(\mathbf{x})]$ は，w_{jk} が独立なので，j によらず同じ値となることに注意しましょう．

　それでは，入力 $\mathbf{x}$ に対する y の分布はどのようになるでしょうか．式 (3.112) の和のなかの各項 $v_j h_j(\mathbf{x})$ の v および w に関する期待値は，

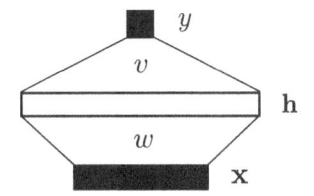

図 3.30   入力 $\mathbf{x}$ から出力 y を予測する，1 層のニューラルネットワーク.

$$\mathbb{E}_v[\mathbb{E}_w[v_j h_j(\mathbf{x})]] = \mathbb{E}_v[v_j]\mathbb{E}_w[h_j(\mathbf{x})] = 0 \qquad (3.115)$$

です．また分散は，上の事実から

$$\mathbb{V}_v[\mathbb{E}_w[v_j h_j(\mathbf{x})]] = \mathbb{V}_v[v_j \mathbb{E}_w[h_j(\mathbf{x})]] = \sigma_v^2 \mathbb{E}_w[h_j(\mathbf{x})]^2 \qquad (3.116)$$

となります．すなわち，確率変数 $v_j h_j(\mathbf{x})$ は j によらず平均 0 で，有限の同じ分散をもつことになります．

　ゆえに，式 (3.112) のようにその H 個の和である y は，中心極限定理によってガウス分布 $\mathcal{N}(0, H\sigma_v^2 \mathbb{E}_w[h_j(\mathbf{x})]^2)$ に近づきます[*27]．このままでは，H が大きくなると y の値域も大きくなってしまうため，v_j の分布を

$$v_j \sim \mathcal{N}(0, \sigma_v^2/H) \qquad (3.117)$$

と定義し直せば，$H \to \infty$ のとき $\lim_{h\to\infty} p(y) = \mathcal{N}(0, \sigma_v^2 \mathbb{E}_w[h_j(\mathbf{x})]^2)$ となります．

　同様にして，入力がそれぞれ $\mathbf{x}_1, \mathbf{x}_2, \ldots, \mathbf{x}_N$ のとき，対応する出力 $\mathbf{y} = (y_1, y_2, \ldots, y_N)$ は平均 0，共分散

$$\mathbb{V}[\mathbf{x}_n, \mathbf{x}_{n'}] = \sigma_v^2 \mathbb{E}[h(\mathbf{x}_n)h(\mathbf{x}_{n'})] \qquad (3.118)$$

のガウス分布に近づきます．このことは任意の N および $\mathbf{x}_1, \mathbf{x}_2, \ldots, \mathbf{x}_N$ について成り立ちますから，本章の議論から，N 次元の $\mathbf{y}$ はガウス過程に従うことになります．

　図 3.31 に，関数 σ がロジスティック関数

$$\sigma(x) = \frac{1}{1 + e^{-x}}$$

[*27] このことから，ニューラルネットワークがガウス過程に漸近するためには，実は v_j や w_{jk} がガウス分布に従う必要はなく，独立で有限の分散をもつ同分布に従ってさえいればよいことがわかります．

およびステップ関数

$$\sigma(x) = \begin{cases} 1 & (x \geq 0) \\ -1 & (x < 0) \end{cases}$$

の場合に，入力 $(\mathbf{x}_1, \mathbf{x}_2) = (-0.2, 0.4)$ に対する出力 (y_1, y_2) の分布を事前分布からランダムに生成したさまざまなニューラルネットワークについて示しました．隠れ素子数 H が大きくなるにつれ，$\mathbf{y}$ の同時分布がガウス分布に近づいていくことがわかります．

なお，特定の場合については，ニューラルネットワークの漸近するガウス分布の共分散 (式 (3.118))，すなわちカーネル関数を解析的に求めることが可能です．詳細は，文献 [52] を参照してください．

また最近，この方法を拡張して，深層学習のようにネットワークが多層になっている場合は式 (3.118) の共分散行列を再帰的に計算することで，等価なガウス過程 (NNGP, Neural Network GP) を求められることが示されています [24]．NNGP はニューラルネットワークのように SGD などで重みを明示的に学習することなく，解析的に表されるガウス過程で同等の性能をもつことが示されました．具体的な計算は本書の範囲を超えますので，詳細は原論文 [24] を参照してください．

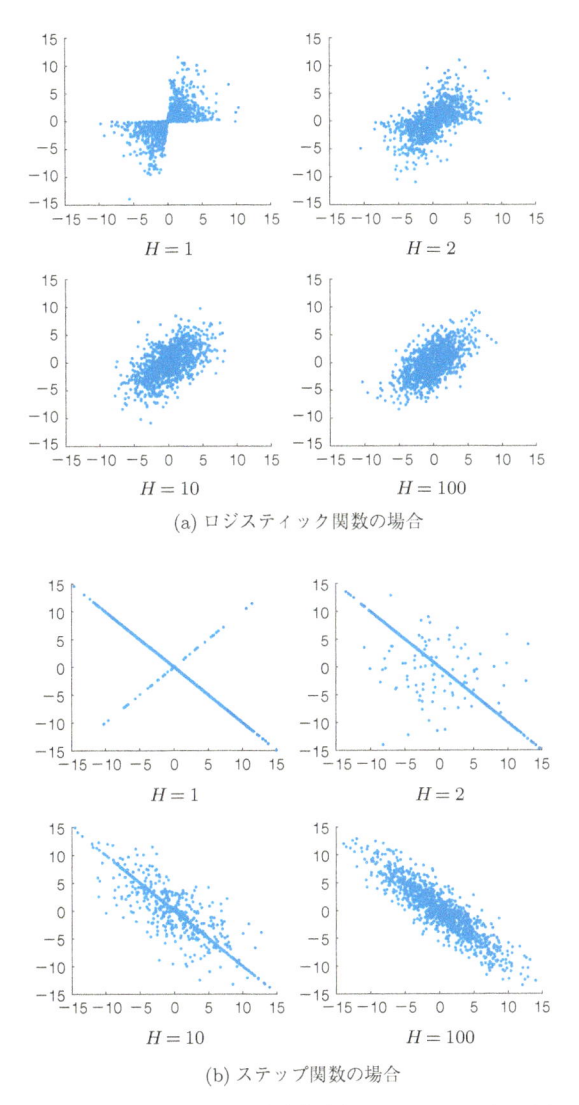

(a) ロジスティック関数の場合

(b) ステップ関数の場合

図 3.31　ニューラルネットのパラメータを事前分布からランダムにサンプリングしたとき
の，入力 $(x_1, x_2) = (-0.2, 0.4)$ に対する出力 (y_1, y_2) の分布．各点が 1 つの
ニューラルネットワークを表しています．隠れ素子の数 H が増えるにつれ，出力
の分布がガウス分布に近づいていきます．ここでは $\sigma_v = \sigma_w = 5, \sigma_b = 0.1$ とし
ました．

Chapter 4

確率的生成モデルと
ガウス過程

「現実世界における観測 Y は，何らかの確率分布 $p(Y)$ からのサンプリング $Y \sim p(Y)$ によって得られたものだ」という仮説のことを，観測 Y の確率的生成モデルと呼びます．本章では，確率的生成モデリングの考え方，定式化，計算方法を扱います．3 章まで，最小限の基礎知識のもとでガウス過程法の導出を追ってきましたが，本章は一歩上の視点から基礎固めを行います．これは 5 章でガウス過程の発展的な計算方法を追う準備のために必要であるだけでなく，ガウス過程法に限らず機械学習全般を学ぶうえでも役に立ちます．

ガウス過程回帰では，もっとも基本的なモデルとして $\mathbf{y} = f(\mathbf{x}) + \epsilon$ を仮定し，入力 $\mathbf{x}$ を定数として固定したうえで，関数 $f(\cdot)$，観測 $\mathbf{y}$，観測ノイズ ϵ を確率変数とおきました．観測ノイズ ϵ が確率変数だとするのは普通で受け入れやすい考え方でしょう．しかし，$\mathbf{y}$ という観測値を確率変数として扱うのは，よく考えると不思議な発想です．すでに観測されて目の前にある値を，確率変数扱いする必要はあったのでしょうか？ またこの観測値を生み出す関数 $f(\cdot)$ を確率過程として扱い，入力 $\mathbf{x}_1, \dots, \mathbf{x}_N$ における値 $\mathbf{f} = (f(\mathbf{x}_1), \dots, f(\mathbf{x}_N))$ を確率変数として扱いました．知りたい対象である $f(\cdot)$ や $\mathbf{f}$ を確率変数として扱うのも，よく考えてみると不思議な発想です．これらについて，

- 尤度関数の導入は「目の前の観測値 **y** は，確率変数だ」という発想の転換であり，最尤推定法の基礎になります
- 事前確率・事後確率の導入は「知りたいもの（隠れ変数 **f** もしくは未知パラメータ θ）は，確率変数だ」という発想の転換であり，ベイズ推定の基礎になります

という 2 点は，確率的生成モデリングの基礎になる考え方で，日常的な直感と逆行する大きな発想の転換です．初学者はもちろんのこと，熟練者もぜひともここで立ち止まっていただきたいところです．

　確率的生成モデリングの考え方は，データ解析にガウス過程法を応用するための基礎として必要になるだけでなく，機械学習を学ぶうえですべての基礎となる大事な考え方です．そもそも最尤推定やベイズ推定の方法論は，確率的生成モデリングの考え方の上に築かれています．そこで，本章ではガウス過程法を入り口として最尤推定法とベイズ推定法を身につけ，モデリングとは何か？　という深淵な問いに対する答えを獲得しましょう．

4.1　確率変数と確率的生成モデル

4.1.1　確率変数 X と確率分布 $p(X)$

　まず確率変数，確率分布，確率密度関数，確率過程といった基本的概念を再確認しておきます．

　確率変数 (random variable) とは，その値が試行ごとに確率的に決まる変数です．

例 1　確率変数 X が理想的なサイコロの出す目だとします．X がとり得る値の集合は $\{1, 2, 3, 4, 5, 6\}$ であり，それぞれの値の出現確率は**図 4.1** のように，$p(X=1) = 1/6, \ldots, p(X=6) = 1/6$ です．すべての場合の確率の和は 1 になる必要があります．つまり，

$$\sum_{i=1}^{6} p(X=i) = 1$$

が成り立っています．　　□

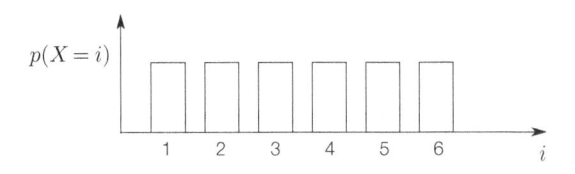

図 4.1 サイコロの出す目の確率モデル.

　一般に確率変数 X の性質は，X がとり得る値の集合 $\mathcal{X}$ と，X がこれらの値をとる確率を定める**確率分布** (probability distribution) $p(X)$ から定まります．確率分布 $p(X)$ は，X の実現値 $x \in \mathcal{X}$ の出現確率 $p(X = x)$ を，すべての実現値について定めます．

例 2 　確率変数 X を，的の中心を狙って投げたダーツの矢の刺さった位置を的の中心から測った水平座標とします．このとき実現値がとり得る値は実数であり $x \in \mathbb{R}$，たとえば $x = 2.7(\mathrm{cm})$ とか $x = -4.5(\mathrm{cm})$ などの値になるでしょう．x の出現確率は確率密度関数 $p(x)$ によって表され，x が特定の範囲内に含まれる確率は

$$p(a < x < b) = \int_a^b p(x)dx$$

のような積分で表されます．確率変数がとり得るすべての値に関する確率の積分は，図 4.2 のように 1 になる必要があります．

$$\int_{-\infty}^{\infty} p(y)dy = 1$$

すべての場合についての積分をとることが明らかである場合には，以下のように積分範囲を省略して書くことがあります．

$$\int_{y \in \mathbb{R}} p(y)dy = \int p(y)dy = 1$$

　平均 μ, 分散 σ^2 の 1 次元ガウス分布の確率密度関数は，以下のように書き表されるのでした (式 (2.2)).

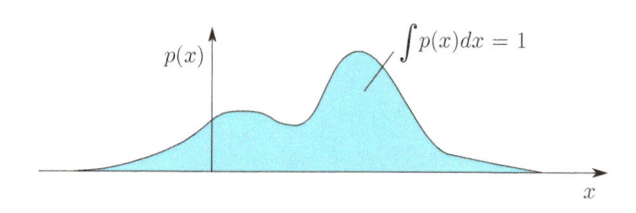

図 4.2　実数値の確率変数のモデル.

$$\mathcal{N}(x|\mu, \sigma^2) = \frac{1}{\sqrt{2\pi\sigma^2}} \exp\left(-\frac{1}{2\sigma^2}(x-\mu)^2\right)$$

□

　確率，確率分布，確率密度関数の表記法は，教科書や文献によってさまざまです．本書では「$p(X)$」と書いた場合，X が離散値をとる確率変数であるならば $p(X)$ は確率分布，X が連続値をとる確率変数であるならば $p(X)$ は確率密度関数を表すということにします[*1]．

　また，確率変数 X が平均 μ で分散 σ^2 の 1 次元ガウス分布に従うことを書き表す方法もさまざまあります．文献ごとの違いで混乱しないように脚注にさまざまな書き方を並べておきますので，参考にしてください[*2]．

　確率過程 (stochastic process) を定義します．0 章において，確率過程を

[*1]　$p(X)$ という表記の意味は確率変数 X の定義内容によって異なるものとなりますので，出現の都度判定する必要が生じるのですが，実用上は誤読の余地が少ないためにこのようにしています．大文字 $P(X)$，フォント違い $\mathcal{P}(X)$，などを用いて区別する流儀もありますが，本書ではあえてこの方法をとりません．また確率変数 X とその実現値 x を区別して表記するのが厳密な書き方ですが，これも本書では実用上は混同による問題が生じないため，$p(X), p(x), p(x=1), \ldots$ などを表記上で区別して違う意味に読ませることはしません．

[*2]　確率密度関数の定義 $p(x) = \mathcal{N}(x|\mu, \sigma^2)$ において，確率変数 X とその実現値 x を区別しないことがあります．
　密度関数の定義を $x \sim p(x)$ もしくは $x \sim \mathcal{N}(\mu, \sigma^2)$ のように書くことがあります．左辺の実現値が右辺の確率分布からサンプリングされるというニュアンスに違いはありますが，同じ意味だと理解して問題ありません．$\mathcal{N}(x|\mu, \sigma^2)$ はこれが確率変数 x の関数の形で書かれた確率密度関数であることを強調した書き方，$\mathcal{N}(\mu, \sigma^2)$ は確率分布もしくはサンプリング機能を指定していて生成される確率変数は，左辺で定義されるという書き方です．
　変数 x の確率分布がパラメータ μ に依存する条件付き分布であることを強調したい場合に，$p(x|\mu) = \mathcal{N}(y|\mu, \sigma^2)$，もしくは $x|\mu \sim \mathcal{N}(\mu, \sigma^2)$ のように書くことがあります．左辺 $x|\mu$ は x が確率的にサンプリングされるとき，その確率分布がパラメータ μ に依存することを強調しています．この例で右辺の確率分布 $\mathcal{N}(\mu, \sigma^2)$ は分散を意味するパラメータ σ^2 にも依存するのですが，σ^2 が定数であって特に推定対象にもなっていない場合など，強調する必要がない場合にはあえて左辺に書かないことがあります．

関数 $f(\mathbf{x})$ を確率的に生成する生成器 のイメージで説明しました．これを改めて以下のように定義します．

> **定義 4.1（確率過程）**
>
> 任意の N 個の入力値 $\mathbf{x}_1, \ldots, \mathbf{x}_N \in \mathcal{X}$ に対して，N 個の出力値 $\mathbf{f}_N = (f_1, \ldots, f_N) = (f(\mathbf{x}_1), \ldots, f(\mathbf{x}_N)), f(\mathbf{x}_n) \in \mathcal{Y}$ の同時確率 $p(\mathbf{f}_N) = p(f_1, \ldots, f_N)$ を与えることができるとき，この関係 $f(\cdot)$ を確率過程と呼びます．ここで N は任意の自然数，$\mathcal{X}$ と $\mathcal{Y}$ はそれぞれ入力値と出力値がとり得る値の集合です．

本書では $\mathcal{X} = \mathbb{R}^D, \mathcal{Y} = \mathbb{R}$ のような実数値の場合のみを想定しますが，複素数や離散空間であっても一般に「確率過程」を定義することができます．ガウス過程は確率過程の特別な場合です．

> **定義 4.2（ガウス過程）**
>
> 確率過程 $f(\cdot)$ において，同時確率 $p(f_1, \ldots, f_N)$ が N 次元のガウス分布として得られる場合に，$f(\cdot)$ をガウス過程と呼びます．

ここで，ガウス過程を取り扱う際に「無限」という，初学者がつまづきやすい概念を導入していないことに注意しておきます[*3]．「自然数 N を任意に与えれば，同時確率 $p(f_1, \ldots, f_N)$ が定まる」のように定義すれば，「無限」という言葉を避けながら確率過程を取り扱うことができます．そのために「無限次元」といわずに「自然数 N を任意に与えれば」の言い換えをしています，この点がとても重要だったのです．

[*3] $\mathbf{f} = (f_1, \ldots, f_N) = (f(\mathbf{x}_1), \ldots, f(\mathbf{x}_N))$ は普通の N 次元の確率変数ベクトルです．N は任意の自然数であり，いくらでも大きな値をとり得るのですが，機械学習応用する際には有限の値しか使いません．ここが大事で巧妙なところです．関数 $f(x)$ の形状を定めるのに「すべての可能な x の値に対する $f(x)$ の値をまとめた無限次元ベクトル」ということがあります．「無限次元ベクトルがなす空間」をヒルベルト空間と呼んで，「関数 $f(x)$ はヒルベルト空間上の 1 点である」と説明することもあります．しかし，ガウス過程法を理解して使えるようになるために，「無限次元ベクトル」とか「ヒルベルト空間」などの初学者がびっくりするような概念を持ち出す必要はありません．安心してください．

4.1.2　同時確率 $p(X, Y)$ と周辺化

複数の確率変数の同時分布 (joint distribution) を考えることができます. たとえば確率変数 X と Y の同時分布を, $p(X, Y)$ と書きます. これは2つの確率変数 X と Y の組み合わせ (X, Y) を新たに1つの確率変数と考えたときの確率分布を意味します. 3つ以上でも同様です.

ガウス過程法では, 複数の確率変数の同時確率のモデルを取り扱いますので, 同時確率を取り扱うための一般的な方法をここで確認しておきましょう.

X がとり得る値の集合を $\mathcal{X}$, Y がとり得る値の集合を $\mathcal{Y}$ と書くとき, X と Y の組み合わせ (X, Y) がとり得る値の集合を $\mathcal{X} \times \mathcal{Y}$ と書き, 集合 $\mathcal{X}$ と集合 $\mathcal{Y}$ の**直積集合** (Cartesian product) と呼びます. 直積集合を使うことで, $(X, Y) \in \mathcal{X} \times \mathcal{Y}$ のように書くことができます. 2つ以上の確率変数の組み合わせについても, 同様にして同時分布を考えることができます.

> **定義 4.3**（周辺化と周辺分布）
>
> 複数の確率変数 X, Y の同時分布の確率密度関数 $p(X, Y)$ から, 以下のような積分計算によって X の確率密度関数 $p(X)$ を得る操作
>
> $$p(X) = \int p(X, Y) dY$$
>
> のことを**周辺化** (marginalization) と呼び, こうしてできた確率分布 $p(X)$ を**周辺分布** (marginal distribution) と呼びます.

この操作を「Y に関して周辺化積分する」とか, 「周辺化によって Y を消す」ということがあります. Y がとり得る値の集合 $\mathcal{Y}$ が離散的である場合には, 積分の代わりに Y がとり得るすべての値に関する和をとる操作

$$p(X) = \sum_{Y \in \mathcal{Y}} p(X, Y)$$

のことを周辺化と呼びます.

次に, 条件付き分布を考えます.

> **定義 4.4（条件付き分布）**
>
> 　条件付き分布 (conditional distribution) $p(Y|X)$ は，X の値が既知もしくは所与としたときの，Y の確率分布です．条件 X は必ずしも確率変数である必要はありません．$p(Y|X)$ が Y の確率密度関数であるとき，
> $$\int p(Y|X)dY = 1 \tag{4.1}$$
> が必ず成り立ちます．

　一方で，条件 X に関する積分の値については特に制約はないことに注意しましょう．

$$\int p(Y|X)dX = \ ? \tag{4.2}$$

　条件付き分布，同時分布，周辺分布の間には以下の関係が成り立ちます．

$$p(Y|X)p(X) = p(X,Y) = p(X|Y)p(Y)$$

これを以下の形に変形したものを**ベイズの定理** (Bayesian theorem) と呼びます．

> **定義 4.5（ベイズの定理）**
>
> $$p(Y|X) = \frac{p(X|Y)p(Y)}{p(X)}$$

　練習のため，2 つの確率変数 X, D の実現値 x, d が連鎖的に生成されている状況を考えてみましょう．

例 3　（サイコロ・ダーツの連鎖的モデル）　サイコロを振り，その出目 d によって的の位置座標 μ を既知の関数関係 $\mu = \mu(d)$ によって決め，そこを狙ってダーツを投げ，刺さった位置の水平座標を $x = X_1 \in \mathbb{R}$ とします（図 4.3）．x の確率分布を密度関数 $p(x)$ の形で書き表すにはどのようにすれば

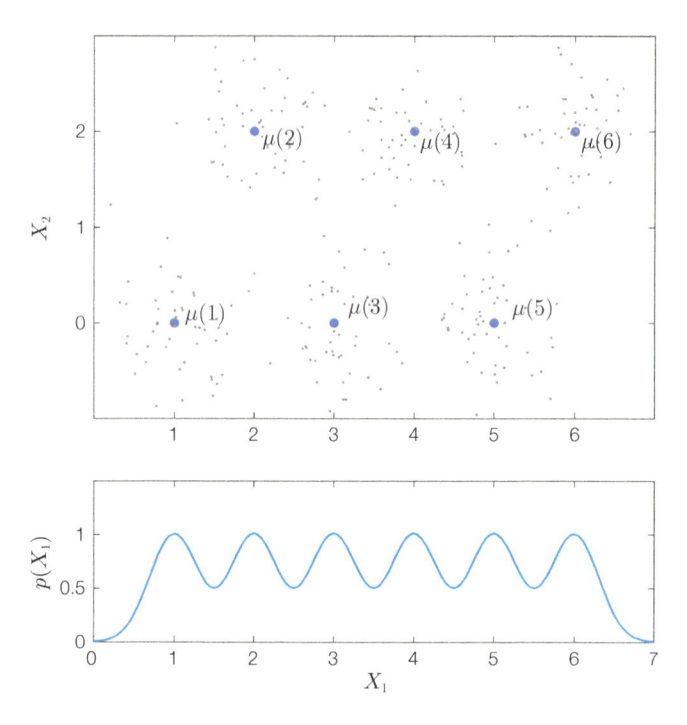

図　4.3 サイコロとダーツ投げの連鎖事象モデルのシミュレーション. 6 種類の的 $(\mu(1), \ldots, \mu(6))$ をサイコロで選び, これを狙ってダーツを投げます. 狙った位置と刺さる位置の誤差は, 出目によらない同じ分散のガウス分布です. 水平座標 X_1 の分布は下図の確率密度関数のようになります.

よいでしょうか.

　x の生成過程はサイコロの出目の確率分布 $p(d)$ とダーツ投げ結果の位置座標の確率分布 $p(x|d)$ の 2 つによって決まる, 連鎖的な生成過程です.

　まず偏りのない通常のサイコロを使うものとして, サイコロの出目の確率分布には次の一様分布を仮定しましょう.

$$p(d=1) = 1/6, \ldots, p(d=6) = 1/6 \tag{4.3}$$

　次に, 位置 μ を狙って投げたダーツが刺さる位置は, μ を中心として適当な分散 σ^2 をもつ正規分布に従うものと仮定しましょう. すると, ダーツ投

げ結果の確率分布は以下のように書けます.

$$p(x|\mu) = \mathcal{N}\left(x|\mu, \sigma^2\right)$$

ここでダーツで狙う位置座標 μ はサイコロの出目に依存して決まりますので,

$$p(x|d) = p(x|\mu(d)) = \mathcal{N}\left(x|\mu(d), \sigma^2\right)$$

となります.

これで 2 つの過程をそれぞれモデリングすることができました. 次にこれらを組み合わせます. X と D の同時分布 $p(x, d)$ は, 上記で定義した 2 つの確率分布の積 $p(x, d) = p(x|d)p(d)$ で表すことができます. これで組み合わせ完了です.

最後に, 同時分布 $p(x, d)$ を d に関して周辺化することによって, 求めたい密度関数 $p(x)$ を得ることができます.

$$p(x) = \sum_{d=1}^{6} p(d)p(x|d) = \sum_{d=1}^{6} \frac{1}{6} \mathcal{N}\left(x|\mu(d), \sigma^2\right)$$

これが求める答えとなり, 図 4.3 の下図のように 6 つの山をもつ確率密度関数を描くことができます. なお, このように複数のガウス分布の重みつき平均の形で書くことのできる確率分布を**混合ガウス分布** (mixture of Gaussian distribution) と呼びます. □

以上の作業手順を, すこし抽象化してまとめてみましょう.

1. 未知の値を確率変数で表す (例: x と d)
2. 個々の値が生成される確率的な過程をそれぞれ確率分布で表す (例: $p(d)$ と $p(x|d)$)
3. すべての確率変数の同時分布を表す (例: $p(x, d) = p(x|d)p(d)$)
4. 必要な周辺分布を求める (例: $p(x)$)

このように, 観測される値の生成過程を確率分布で表現する作業を**確率的生成モデリング** (probabilistic generative modeling) と呼びます.

確率的生成モデルを $\sim$ を使って表す記法を使うと, 連鎖的事象の確率的

生成モデルを以下のようにシンプルに表現できます。こちらの記法も覚えておきましょう。

$$\begin{cases} d & \sim p(d) \\ x \,|\, d & \sim \mathcal{N}(\mu(d), \sigma^2) \end{cases} \tag{4.4}$$

例 4（ガウス過程回帰モデル）　ガウス過程回帰モデル $y = f(\mathbf{x}) + \epsilon$ において、入力点 $X = (\mathbf{x}_1, \ldots, \mathbf{x}_N)^T$ は所与の定数とします。関数 $f(\cdot)$ がガウス過程であるとき、これらの入力点における観測値 $\mathbf{y} = (y_1, \ldots, y_N)^T$ はどのような分布に従うでしょうか？

$\mathbf{y}$ の生成過程は、以下のような連鎖的事象でした。

$$\begin{cases} \mathbf{f} & \sim \mathcal{N}(\boldsymbol{\mu}, \mathbf{K}) \\ \mathbf{y}|\mathbf{f} & \sim \mathcal{N}(\mathbf{f}, \sigma^2 \mathbf{I}_N) \end{cases} \tag{4.5}$$

関数出力 $\mathbf{f} = (f(\mathbf{x}_1), \ldots, f(\mathbf{x}_N))^T$ はガウス分布 $\mathcal{N}(\boldsymbol{\mu}, \mathbf{K})$ に従います。ここで $\boldsymbol{\mu} = (\mu(\mathbf{x}_1), \ldots, \mu(\mathbf{x}_N))^T$ は平均ベクトル、$\mathbf{K}$ は $N \times N$ の共分散行列であり、その (n, n') 成分はカーネル関数の出力 $k(\mathbf{x}_n, \mathbf{x}_{n'})$ です。

そこで周辺化積分によって得られる周辺分布 $p(\mathbf{y}) = \int p(\mathbf{y}|\mathbf{f})p(\mathbf{f})d\mathbf{f}$ を計算することによって、$\mathbf{y}$ の予測分布 $p(\mathbf{y})$ を求めることができるわけです。ガウス過程回帰における予測分布の計算は、ガウス過程回帰が 2 段階の連鎖的事象を想定しているという点で、例 3 のサイコロ・ダーツと同じ構造をもっていたわけですね。　□

4.1.3　独立性: $p(X, Y) = p(X)p(Y)$ と条件付き独立性: $p(X, Y|Z) = p(X|Z)p(Y|Z)$

複数の確率変数の関係を調べるとき、もっとも基本的かつ重要な性質は独立性と条件付き独立性です。

> **定義 4.6（確率変数の独立性）**
>
> 　一般に，2 つの確率変数 X と Y に関する条件付き分布，同時分布，周辺分布の間に，以下の関係が成り立つとき，確率変数 X と Y は独立 (independent) であるといいます.
>
> $$p(X,Y) = p(X)p(Y)$$
>
> この関係は $p(X) = p(X|Y)$ と等価，さらに $p(Y) = p(Y|X)$ と等価です.

> **定義 4.7（確率変数の条件付き独立性）**
>
> 　2 つの確率変数 X, Y と条件 Z が以下の関係を満たすとき，確率変数 X と Y は条件 Z のもとで**条件付き独立** (conditionally independent) であるといいます.
>
> $$p(X,Y|Z) = p(X|Z)p(Y|Z)$$

　条件 Z のもとで条件付き独立 $p(X,Y|Z) = p(X|Z)p(Y|Z)$ であったとしても，無条件の独立性 $p(X,Y) = p(X)p(Y)$ が満たされるとは限りません. ここで $p(X,Y)$ は，適当な分布 $p(Z)$ のもとでの周辺分布 $\int p(X,Y,Z)dZ = \int p(X,Y|Z)p(Z)dZ = p(X,Y)$ です.

例 5　3 つ以上の確率変数間の独立性や条件付き独立性も同様にして判定できます.

$$p(A,B,C|D,E) = p(A|D,E)p(B,C|D,E)$$

が成り立つとき，条件 (B,C) の組み合わせを F，条件 (D,E) の組み合わせを G と呼び直すことによって

$$p(A,F|G) = p(A|G)p(F|G)$$

が得られます．この関係式から，このとき条件 (D, E) のもとで，A と (B, C) が条件付き独立であることがいえます．　□

例6（多変量ガウス分布における独立性）　y_1, y_2, y_3 の同時確率 $p(y_1, y_2, y_3)$ が平均 (μ_1, μ_2, μ_3) と共分散行列 $\sigma^2 \mathbf{I}_3$ をもつ3次元ガウス分布であるとき，これらの3変数は互いに独立です．独立性は，確率密度関数を以下のように変形することで示すことができます．

$$
\begin{aligned}
p(y_1, y_2, y_3) &= \frac{1}{\sqrt{(2\pi)^3 |\sigma^2 \mathbf{I}_3|}} \exp\left(-\frac{1}{2\sigma^2}\left\{(y_1 - \mu_1)^2 + (y_2 - \mu_2)^2 + (y_3 - \mu_3)^2\right\}\right) \\
&= \frac{1}{\sqrt{2\pi\sigma^2}} \exp\left(-\frac{1}{2\sigma^2}(y_1 - \mu_1)^2\right) \\
&\quad \times \frac{1}{\sqrt{2\pi\sigma^2}} \exp\left(-\frac{1}{2\sigma^2}(y_2 - \mu_2)^2\right) \\
&\quad \times \frac{1}{\sqrt{2\pi\sigma^2}} \exp\left(-\frac{1}{2\sigma^2}(y_3 - \mu_3)^2\right) \\
&= \mathcal{N}(y_1|\mu_1, \sigma^2) \times \mathcal{N}(y_2|\mu_2, \sigma^2) \times \mathcal{N}(y_3|\mu_3, \sigma^2) \\
&= p(y_1)p(y_2)p(y_3)
\end{aligned}
$$

さらに一般には3次元ガウス分布において，共分散行列が対角行列であるときに y_1, y_2, y_3 は互いに独立であり，この逆も成り立ちます．上記を参考にして示してみましょう．　□

例7　（ガウス過程回帰における条件付き独立性）　例4で，ガウス過程回帰の連鎖的生成過程の2段目は $p(\mathbf{y}|\mathbf{f}) = \mathcal{N}(\mathbf{f}, \sigma^2 \mathbf{I}_N)$ となっていたことを思い出しましょう．これは $y_1, \ldots, y_N$ の N 個の確率変数が互いに「$\mathbf{f}$ を条件とした条件付き独立」であることを意味しています．すなわち，$p(\mathbf{y}|\mathbf{f}) = p(y_1|\mathbf{f}) \times \cdots \times p(y_N|\mathbf{f})$ が成り立ちます．

　ここで，$\mathbf{f}$ を以下の周辺化積分で消すことで得た $p(\mathbf{y})$ に対して成分間の独立性は一般に成り立たないことに注意しておきます．

$$
p(\mathbf{y}) = \int p(\mathbf{y}|\mathbf{f})p(\mathbf{f})d\mathbf{f}
$$

すなわち一般に, $p(\mathbf{y}) \neq p(y_1) \times \cdots \times p(y_N)$ です. □

例 8 （独立同分布と条件付き独立性） 同じ確率分布をもつ確率変数から, 繰り返し標本を生成することによって複数の実現値を得ることを, 「独立同分布 (independent and identically distributed, iid.) からサンプリングする」といいます. たとえば同じサイコロを 3 回振ってその出目を観測する過程を, 以下のように書きます.

$$d_1, d_2, d_3 \overset{\text{i.i.d.}}{\sim} p(d)$$

$\overset{\text{i.i.d.}}{\sim}$ は左辺が右辺の確率分布から独立にサンプリングされていることを示します. ただし, 左辺に複数の変数が書かれている場合には独立同分布からのサンプリングであることが明らかですので, $d_1, d_2, d_3 \sim p(d)$ のように i.i.d. を省略して書くことも多くあります.

　なお現実世界において独立同分布からのサンプリングが厳密に行われることはありえません. サイコロを振れば, サイコロに手垢がついたり角が削れるなど, 変形して出目の確率分布が変わります. ダーツを投げる人間のコンディションは, 投げるごとに少しずつ異なります. 独立同分布は現実世界を単純化して理解するためのモデルや仮定の一部である, ということをぜひ心に留めておきましょう. □

4.1.4　ガウス過程回帰モデルのグラフィカルモデル

　グラフィカルモデル (graphical model) は, 確率変数の間の独立性および条件付き独立性の有無を一覧性のよい図で可視化するための記法です. これまでに出てきた確率変数の関係は図 4.4 のようなグラフィカルモデルで表すことができます. 多数の確率変数を同時に取り扱うモデルを考えるとき, 確率変数間の独立性や条件付き独立性の理解が重要であるため, これらの上手な可視化は重要です.

　たとえば, 例 5 の関係を図 4.5 のようなグラフィカルモデルで描くことができます. B と C の間が矢印のない実線でつないである箇所は, B と C の間に独立性も条件付き独立性も特に指定されていないことを意味します.

　回帰や識別などのデータ解析において, 一般に確率変数の個数は任意です. こういう場合に文章中の数式ならば「$1, \ldots, M$」のように $\ldots$ の記号を用い

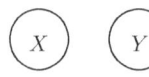

確率変数 X と Y は独立であり，
周辺分布の積で表される

$$p(X, Y) = p(X)p(Y)$$

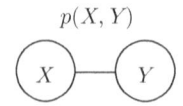

確率変数 X と Y は独立でなく，
同時確率で表される

$$p(X, Y)$$

確率変数 X と Y は独立でなく，
条件付き分布と周辺分布の積で
表される

$$p(X, Y) = p(X|Y)p(Y)$$

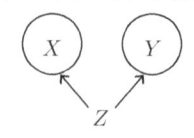

確率変数 X と Y は変数 Z を条件として
条件付き独立である
変数 Z が確率変数でない場合

$$p(X, Y|Z) = p(X|Z)p(Y|Z)$$

変数 Z が確率変数である場合

$$p(X, Y, Z) = p(X|Z)p(Y|Z)p(Z)$$

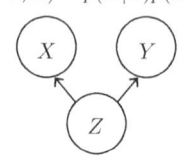

図 4.4　グラフィカルモデルによる変数間の関係可視化の基本は，確率変数を○で囲み，条件付き
確率 $P(X|Y)$ を条件 Y から確率変数 X へのリンク（矢印）で表すことです．

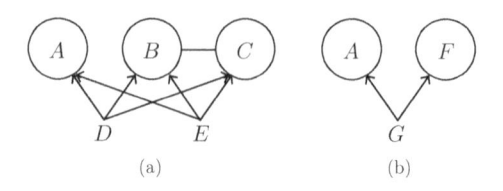

図 4.5　例 5　$p(A, B, C|D, E) = p(A|D, E)p(B, C|D, E)$ (a)，およびこれと等価な
$p(A, F|G) = p(A|G)p(F|G)$ (b) を表すグラフィカルモデル．

るなどの抽象化を行いますが，グラフィカルモデルでも同様の抽象化を行い
ます (図 4.6(a))．また，同じことを表すのにグラフィカルモデルではパネル
表示 (図 4.6(b)(c)) を使うことがあります．パネル表示は複雑なモデルをシ
ンプルに書き表すのに便利で，多くの文献で使われていますが，正確に理解
していないと読めない記法ですので，ぜひ身につけておきましょう．

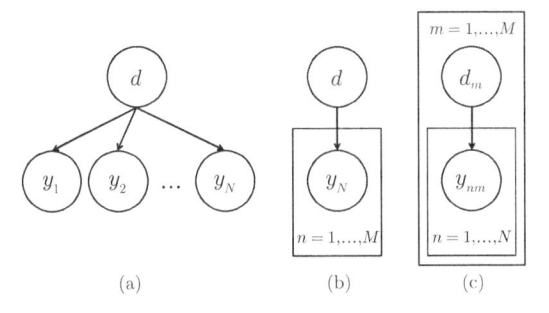

図 4.6　確率変数の個数が任意である場合の書き方. (a) と (b) は $d \sim p(d), y_n|d \sim \mathcal{N}(\mu(d), \sigma^2)$ を表すグラフィカルモデル. (b) ではパネル表示を使っています. (c) は二重のパネル表示を使って $d_m \sim p(d), y_{nm}|d_m \sim \mathcal{N}(\mu(d_m), \sigma^2)$ を表しています.

例 9　2.1.2 節の線形回帰の確率的生成モデルを, グラフィカルモデルで描いてみます. 連鎖的生成過程は以下のようにまとめて書くことができます.

$$\begin{cases} w_m & \overset{\text{i.i.d.}}{\sim} \mathcal{N}(0, \lambda^2) \\ f_n|\mathbf{x}_n & = f(\mathbf{x}_n; \mathbf{w}) = \sum_{m=1}^{M} w_m \phi_m(\mathbf{x}_n) \\ y_n|f_n & \sim \mathcal{N}(f_n, \sigma^2) \end{cases} \tag{4.6}$$

ここで $n = 1, \ldots, N$ は観測のインデックス, $m = 1, \ldots, M$ は基底のインデックスです. パラメータ $\mathbf{w} = (w_1, \ldots, w_M)$ をベクトルの形で書くことにすると, 以上の確率的生成過程は**図 4.7**(a) もしくは, パネル表示で図 4.7(b) のように描くことができます. データ解析を確率的生成モデリングにもとづいて行うとき, 観測データ (ここでは y_n) に対応する確率変数を他と区別して四角形で描くことがあり, ここでもそのようにしていることに注意しましょう.

同じものをベクトル形式でもまとめておきます. 入力点 X, 観測値 Y, 観測されない関数値 (隠れ変数) $\mathbf{f}_N = (f_1, \ldots, f_N)$, とパラメータ $\mathbf{w}$ を用いて確率的生成モデルを以下のように書くことができます.

$$p(Y, \mathbf{f}_N, \mathbf{w}|X) = p(Y|\mathbf{f}_N)p(\mathbf{f}_N|X, \mathbf{w})$$

図 4.7(c) がこの書き方に対応します.

入力点 X を確率変数ではなく定数と見なしていることに注意しましょう.

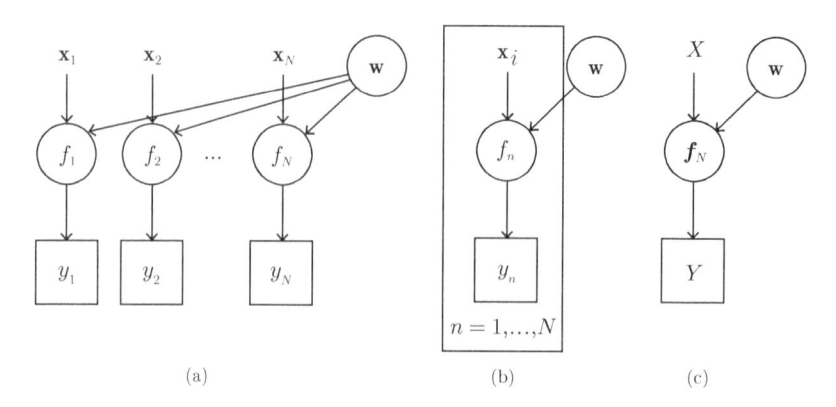

図 4.7　線形回帰モデルのグラフィカルモデル表現．(a)(b)(c) は，同じものの異なる表現です．

定数ですので，条件付き確率の数式上では条件のところにおきます．定数は，グラフィカルモデルの図上では○で囲みません．　□

例 10　3.3.3 節のノイズを含む確率的生成モデルは，以下のようにまとめて書くことができます．

$$\mathbf{f}_N, f_* | \mathbf{X}, x_* \sim \mathcal{N}(\boldsymbol{\mu}, \mathbf{K}), \tag{4.7}$$

$$y_n | f_n \sim \mathcal{N}(f_n, \sigma^2) \tag{4.8}$$

$$y_* | f_* \sim \mathcal{N}(f_*, \sigma^2) \tag{4.9}$$

ここで $\boldsymbol{\mu}$ と $\mathbf{K}$ は $N+1$ 個の入力点 X, x_* に対応する平均と共分散行列です．これを図 4.8 と比較してみましょう．特に注目すべき点は，X を条件とした $f_1, \ldots, f_N, f_*$ の同時確率が式 (4.7) で与えられていることに対応して，図 4.8 のグラフィカルモデルで $f_1, \ldots, f_N, f_*$ から 2 つ選ぶときのすべての組み合わせが矢印が無い無向リンクで繋がっているところです．図 4.8 を図 4.7 と比較して，線形モデルのほうでは $f_1, \ldots, f_N$ の間に直接のリンクが存在しないことも確かめておきましょう．　□

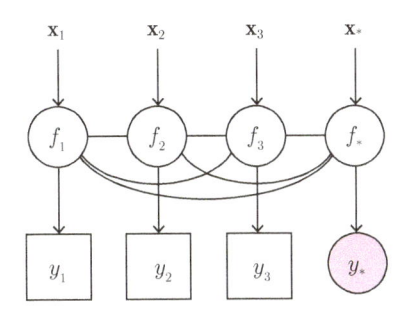

図 4.8 ガウス過程回帰 ($N = 3$ の場合) のグラフィカルモデル表現.

4.2 最尤推定とベイズ推定

4.2.1 確率的生成モデルと最尤推定

「現実世界における観測 Y は,何らかの確率分布 $p(Y)$ からのサンプリング $Y \sim p(Y)$ によって得られたものだ」とする仮説のことを,観測 Y の**確率的生成モデル** (probabilistic generative model) もしくは**確率モデル** (probabilistic model) と呼びます.ここでサンプリング $Y \sim p(Y)$ の過程を現実世界における観測が生成される過程に見立てているわけです.なお確率的生成モデルという言葉で,確率分布 $p(Y)$ のことをさすことも多くあります.

確率的生成モデルは仮説である (図 4.9) ということに注意しましょう.あくまでも仮説であるからには,これが真である保証はありません.確率的要素を含む麻雀やバックギャモンのみならず,確率的要素を含まないはずの囲碁や将棋などの完全情報決定論的ゲーム[*4] の勝敗記録データを,確率的生成モデルを用いて説明する場合もあります[*5].

確率的生成モデルは仮説ですので,同じ対象に対して複数の仮説 $p(Y) =$

[*4] プレイヤーに隠されている要素 (相手の手札や山札など) がなく,確率的要因 (サイコロの出目など) に影響されないような特徴をもつ対戦ゲームのこと.

[*5] 「いかなるモデルも間違っている.いくつかのモデルは有用だ.」(George Box) [4] という言葉があります.われわれは間違っているモデルの中から,便利なものを採用して使っていくほかないのです.データは観測されて目の前にあります.なのに,なぜこれを確率変数として考えるのでしょうか? その答えを一言でいえば,便利だからです.そもそもデータ解析を行う私たちの目的は,観測データにもとづいてデータの裏にある構造を知ったり,将来を予測したり,これにもとづいて適切な行動をとることです.確率的生成モデルは不確かな対象をモデリングする際に有用なのです.

図 4.9　確率的生成モデルは仮説です.

$p_1(Y),\ p(Y) = p_2(Y), \ldots$ があってもかまいません.

　さらに仮説間の違いをパラメータ θ で表して, 確率的生成モデルを条件付き確率 $p(Y|\theta)$ で表すことがあります. このとき, このパラメトリックな条件付き確率を $p(Y|\theta)$ を**パラメトリックモデル** (parametric model) と呼びます.

　たとえばサイコロの出目 $Y = 1, \ldots, 6$ の確率がそれぞれ $1/6$ であるという仮説は, 例 1 の確率的生成モデル $p(Y = i) = 1/6,\ i = 1, \ldots, 6$ で表されます. これに対して, サイコロの出目の確率がそれぞれ $a_1, \ldots, a_6$ であるという仮説 $p(Y = i) = a_i$ は, パラメータ $\theta = (a_1, \ldots, a_6)$ を含む (パラメトリックな) 確率的生成モデル $p(Y|\theta)$ で表されるわけです.

　パラメトリックな確率的生成モデルにおいて, 観測 Y にもとづいてパラメータ θ を決定することをパラメータの**推定** (estimation) と呼びます.

　最尤推定 (maximum likelihood estimation) とは, パラメータを含む確率的生成モデル $p(Y|\theta)$ のパラメータ θ を, 観測データの**尤度関数** (likelihood function) $L(\theta) = p(Y|\theta)$ が最大になるように定める方法をさす言葉です. ここで尤度関数 $L(\theta)$ とは, 確率密度関数 $p(Y|\theta)$ において観測データ Y を定数として扱うことで, パラメータ θ の関数と見立てたものです. 尤度関数を最大にするパラメータのことをパラメータの最尤推定値と呼び, 以下のように書きます.

$$\widehat{\theta}_{\mathrm{ML}} = \arg\max_{\theta} L(\theta) \tag{4.10}$$

ここで $\arg\max_{\theta} L(\theta)$ は尤度関数 $L(\theta)$ が最大値をとるようなパラメータ θ の値を意味します. 最大値 $L(\widehat{\theta}) = \max_{\theta} L(\theta)$ との関係に注意して読みましょう.

例 11（共分散行列が既知であるガウス分布の平均の最尤推定） 観測された N 個の D 次元縦ベクトル $\mathbf{y}_n \in \mathbb{R}^D, n = 1, \ldots, N$ がそれぞれ平均 $\boldsymbol{\mu}$ と共分散行列 $\boldsymbol{\Sigma}$ をもつガウス分布モデルから生成されたものだと仮定します。この確率的生成モデルを

$$\mathbf{y}_n \sim \mathcal{N}(\boldsymbol{\mu}, \boldsymbol{\Sigma}) \tag{4.11}$$

と書きます。また、共分散行列 $\boldsymbol{\Sigma}$ は既知であるものとしましょう。このとき、尤度関数は未知の平均ベクトル $\boldsymbol{\mu}$ の関数として以下のように書くことができます。

$$L(\boldsymbol{\mu}) = \prod_{n=1}^{N} \frac{1}{\sqrt{(2\pi)^D |\boldsymbol{\Sigma}|}} \exp\left(-\frac{1}{2} (\mathbf{y}_n - \boldsymbol{\mu})^T \boldsymbol{\Sigma}^{-1} (\mathbf{y}_n - \boldsymbol{\mu}) \right) \tag{4.12}$$

ガウス分布の確率モデルは、以下のように両辺の対数をとった対数尤度の形で書くと、その主要項がパラメータの 2 次式になるために読みやすく、計算しやすくなります。

$$\log L(\boldsymbol{\mu}) = -\frac{N}{2} \log((2\pi)^D |\boldsymbol{\Sigma}|) - \sum_{n=1}^{N} \frac{1}{2} (\mathbf{y}_n - \boldsymbol{\mu})^T \boldsymbol{\Sigma}^{-1} (\mathbf{y}_n - \boldsymbol{\mu}) \tag{4.13}$$

尤度関数を $\boldsymbol{\mu}$ に関して最大化する最尤推定量 $\widehat{\boldsymbol{\mu}}_{\mathrm{ML}}$ は、対数尤度を $\boldsymbol{\mu}$ に関して微分したものがゼロになる点（停留点）として求めます。ここでは、対数尤度が $\boldsymbol{\mu}$ に関する上に凸な 2 次関数であることから、

$$\widehat{\boldsymbol{\mu}}_{\mathrm{ML}} = \frac{1}{N} \sum_{n=1}^{N} \mathbf{y}_n \tag{4.14}$$

のように得られます。　□

例 12*（サイコロを使ったダーツ投げモデルの最尤推定） 例 3 と同じ状況を考えます。サイコロの出目 d_n と、このときに投げたダーツの刺さった 2 次元位置座標 $\mathbf{X}_n = (X_{n1}, X_{n2})$ のデータ N 回試行分、つまり $n = 1, \ldots, N$ について手元にあるものとしましょう。簡単のため水平座標 X_{n1} だけを考えるものとし、理想的なサイコロ（どの目が出る確率も 1/6 である）を使っているものとします。確率的生成モデルは以下のようになります。

$$\begin{cases} d_n & \overset{\text{i.i.d.}}{\sim} p(d) \\ X_n|d_n & \overset{\text{i.i.d.}}{\sim} \mathcal{N}(\mu(d_n), \sigma^2) \end{cases} \tag{4.15}$$

狙ったダーツの位置座標 $\theta = (\mu(1), \ldots, \mu(6))$ が未知パラメータであるとき，これらを最尤推定で求めてみましょう．

このために，まず尤度関数の関数形を求めます．$n = 1, \ldots, N$ ごとに d_n が生成される確率 $p(d_n)$ は

$$p(d_n) = 1/6 \tag{4.16}$$

です．またこのときに観測 X_n が得られる確率 $p(X_n|d_n, \theta)$ は

$$p(X_n|d_n, \theta) = \mathcal{N}(X_n|\mu(d_n), \sigma^2)$$
$$= \frac{1}{\sqrt{2\pi\sigma^2}} \exp\left(-\frac{1}{2\sigma^2}(X_n - \mu(d_n))^2\right) \tag{4.17}$$

となります．そこで観測 $(d_n, X_n)_{n=1,\ldots,N}$ のもとで，尤度関数は

$$L(\theta) = \prod_{n=1}^{N} p(d_n)p(X_n|d_n, \theta) \tag{4.18}$$

となります．次に両辺について自然対数をとった「対数尤度」の関数形を求めておきます．

$$\log L(\theta) = \sum_{n=1}^{N} \left(\log p(d_n) + \log p(X_n|d_n, \theta)\right)$$
$$= \sum_{n=1}^{N} \left(\log(1/6) - \frac{1}{2}\log(2\pi\sigma^2) - \frac{1}{2\sigma^2}(X_n - \mu(d_n))^2\right)$$
$$\tag{4.19}$$

さて求めたいものは $\log L(\theta)$ を最大にする（したがって $L(\theta)$ を最大にする）ような $\theta = (\mu(1), \ldots, \mu(2))$ の値です．まず $\mu(1)$ を求めるために，対数尤度を $\mu(1)$ を含む項とそうでない項に分けます．

$$\log L(\theta) = \sum_{n \in N_1} \left(-\frac{1}{2\sigma^2}(X_n - \mu(d_n))^2\right) + \text{others} \tag{4.20}$$

ここで N_1 は $d_n = 1$ であるような n の集合を意味しており，$\sum_{n \in N_1}$ は

$d_n = 1$ であるようなすべての n に関する項の和を意味します．また others はその他の項（$d_n \neq 1$ であるような n に関する項）を意味します．そこで式 (4.20) は以下のように変形できます．

$$
\begin{aligned}
\log L(\theta) &= \sum_{n \in N_1} \left(-\frac{1}{2\sigma^2}(X_n - \mu(1))^2 \right) + \text{others} \\
&= -\frac{1}{2\sigma^2} \sum_{n \in N_1} \left(X_n^2 - 2X_n\mu(1) + \mu(1)^2 \right) + \text{others} \\
&= -\frac{1}{2\sigma^2} \left(n_1\overline{X_1^2} - 2n_1\overline{X_1}\mu(1) + n_1\mu(1)^2 \right) + \text{others} \quad (4.21)
\end{aligned}
$$

ここで

$$
\begin{cases}
n_1 &= \sum_{n \in N_1} 1, \\
\overline{X_1} &= (1/n_1) \sum_{n \in N_1} X_n, \\
\overline{X_1^2} &= (1/n_1) \sum_{n \in N_1} X_n^2
\end{cases}
\quad (4.22)
$$

は，それぞれサイコロが 1 を出した回数，サイコロが 1 を出したときの X_n の平均，このときの X_n^2 の平均を意味します．対数尤度関数 $\log L(\theta)$ は $\mu(1)$ に関する簡単な 2 次式ですので，これを最大化するためには $\mu(1) = \overline{X_1}$ とすればよいことがわかります．こうして $\mu(1)$ の最尤推定値が求まりました．$\mu(2), \ldots, \mu(6)$ の最尤推定値も同様にして求めることができます． $\square$

以上のように，確率的生成モデルにもとづく最尤推定の発想は，未知数を x として方程式を立ててから方程式を解くのと同じです．方程式を立てるときにはまるで未知数 x がわかっているものとして，未知数 x が従う関係を数式で表現し，それを解きます．確率的生成モデルでも同じです．まるで未知パラメータ θ がわかっているかのようにして，データが生成される過程を尤度関数で表現して，次にこの過程をデータから逆にたどって θ を求めるわけです．

4.2.2 確率的生成モデルとベイズ推定

ベイズ推定では，「知りたいもの（未知パラメータ θ）は，確率変数だ」と考えます．

またベイズ推定において未知パラメータ θ の「推定」とは，観測 X を得る

ことによって確率変数 θ の分布を更新することだと考えます（確率変数の分布を表すために，分布関数，累積分布関数，確率密度関数などさまざまな表現方法があります．本書では特に断りのない限り「確率変数の分布」と，これを表す「確率密度関数」を同一視します）．更新前の分布 $p(\theta)$ を**事前確率** (prior もしくは a priori probability) 分布と呼び，観測 X にもとづいた更新後の分布 $p(\theta|X)$ を**事後確率** (posterior もしくは a posteriori probability) 分布と呼びます．

ベイズ推定とは，さらに具体的には以下の手順のことをいいます．

1. 尤度関数をモデリングする．すなわち，未知変数 θ のもとで観測 Y が確率的に生成される過程を，条件付き確率 $p(Y|\theta)$ で書き下し，これを未知変数 θ の関数 $L(\theta) = p(Y|\theta)$ と見なす．
2. 事前確率をモデリングする．すなわち，未知変数 θ のとり得る値の範囲と，その主観的な可能性の度合いを，確率分布 $p(\theta)$ の形で表す．
3. ベイズの定理を適用して未知変数 θ の事後確率 $p(\theta|Y)$ を求める．

$$p(\theta|Y) = \frac{p(Y|\theta)p(\theta)}{p(Y)} \tag{4.23}$$

ここで $p(Y)$ は $p(Y) = \int p(Y|\theta)p(\theta)d\theta$ で定義され，観測 Y の実現値が所与であるとき θ によらない数値になります．$p(Y)$ は**正規化定数** (normalization constant)[*6] もしくは**周辺尤度** (marginalized likelihood)[*7] と呼ばれます．

ベイズ推定と最尤推定は尤度関数にもとづいて未知のパラメータを知ろうとする点で同じです．しかし，ベイズ推定において未知のパラメータや予測分布が確率分布の形で得られることは大きな特長です．特にガウス過程法では未知ベクトルの値について平均と共分散をもつガウス分布が得られます．

以下の 例13 は 6 章以降を読むために必須ではないのと，少し煩雑ですの

[*6]　尤度関数 $p(Y|\theta)$ と事前分布（の確率密度関数）$p(\theta)$ が既知であるとき，事後確率 $p(\theta|Y)$ は θ の関数として尤度関数と事前分布のかけ算 $p(Y|\theta)p(\theta)$ の定数倍になります．事後確率が「確率としての正規性」$\int p(\theta|Y)d\theta = 1$ を満たすために，定数は $1/p(Y)$ でなければなりません．これが $p(Y)$ が正規化定数と呼ばれる理由です．

[*7]　$p(Y)$ は尤度 $p(Y|\theta)$ に事前確率 $p(\theta)$ をかけて得られた同時確率 $p(Y, \theta)$ を θ に関して周辺化したものという意味で，周辺尤度と呼ばれます．パラメータ θ の事前確率がパラメータ値 θ_0 に集中したデルタ関数である場合 $p(\theta) = N(\theta|\theta_0, \sigma^2), \sigma^2 \to 0$ において，周辺尤度は尤度 $p(Y|\theta_0)$ と同じです．

でスキップしてもかまいませんが，時間のある方は計算を追ってみてください．ベイズ推定によって得られる知見の特長を多く含み，ガウス過程回帰法に投入するデータと推定結果の関係を理解するための直感を養ううえでも役に立ちます．

例 13[*] （共分散行列が既知であるときのガウス分布中心のベイズ推定） 観測された D 次元縦ベクトル $\mathbf{y}_n \in \mathbb{R}^D, n = 1, \ldots, N$ の確率的生成モデルが平均 $\boldsymbol{\mu}$ と共分散行列 $\boldsymbol{\Sigma}$ をもつガウス分布だと仮定します．パラメータのうち $\boldsymbol{\Sigma}$ は既知であるものとし，未知パラメータ $\boldsymbol{\mu}$ の事前確率はガウス分布で与えられているものとします．

$$\mathbf{y}_n \sim \mathcal{N}(\boldsymbol{\mu}, \boldsymbol{\Sigma}), n = 1, \ldots, N, \tag{4.24}$$

$$\boldsymbol{\mu} \sim \mathcal{N}(\boldsymbol{\mu}_0, \boldsymbol{\Sigma}_{\mu 0}) \tag{4.25}$$

ここで $\boldsymbol{\mu}_0$ は既知の D 次元縦ベクトルであり事前分布の中心を表します．$D \times D$ の大きさをもつ対称行列 $\boldsymbol{\Sigma}_{\mu 0}$ も既知であり，事前分布の共分散行列を表します．

　ベイズ推定の目的は未知パラメータ $\boldsymbol{\mu}$ の事後確率分布 $p(\boldsymbol{\mu}|Y)$ を求めることです．ベイズの定理（の対数表現）により

$$\log p(\boldsymbol{\mu}|Y) = \log p(Y|\boldsymbol{\mu}) + \log p(\boldsymbol{\mu}) - \log p(Y) \tag{4.26}$$

のように書くことができますが，右辺の第 1 項は対数尤度関数そのもの，第 2 項は事前確率，第 3 項は $\boldsymbol{\mu}$ によらない定数であることに注意すると，

$$\begin{aligned} \log p(\boldsymbol{\mu}|Y) = &-\frac{1}{2} \sum_{n=1}^{N} (\mathbf{y}_n - \boldsymbol{\mu})^T \boldsymbol{\Sigma}^{-1} (\mathbf{y}_n - \boldsymbol{\mu}) - \frac{N}{2} \log(2\pi)^D |\boldsymbol{\Sigma}| \\ &- \frac{1}{2} (\boldsymbol{\mu} - \boldsymbol{\mu}_0)^T \boldsymbol{\Sigma}_{\mu 0}^{-1} (\boldsymbol{\mu} - \boldsymbol{\mu}_0) - \frac{1}{2} \log 2\pi |\boldsymbol{\Sigma}_{\mu 0}| \\ &+ \mathrm{const.} \end{aligned} \tag{4.27}$$

となります．ここで，右辺の const. は，$\boldsymbol{\mu}$ によらない定数項をまとめたものです．

　事後確率密度関数の対数の関数形が $\boldsymbol{\mu}$ に関する二次形式であることから，$\boldsymbol{\mu}$ の事後確率分布はガウス分布であることが直ちにわかります．そこで事後

確率分布の平均ベクトル $\bar{\boldsymbol{\mu}}$ と共分散行列 $\boldsymbol{\Sigma}_\mu$ をおくことで，以下のように書き表すことができます．

$$\log p(\boldsymbol{\mu}|Y) = -\frac{1}{2}(\boldsymbol{\mu} - \bar{\boldsymbol{\mu}})^T \boldsymbol{\Sigma}_\mu^{-1}(\boldsymbol{\mu} - \bar{\boldsymbol{\mu}}) - \frac{1}{2}\log(2\pi)^D |\boldsymbol{\Sigma}_\mu| \quad (4.28)$$

ここで，式 (4.27) と式 (4.28) が等しくなるように計算することで

$$\boldsymbol{\Sigma}_\mu = \left(N\boldsymbol{\Sigma}^{-1} + \boldsymbol{\Sigma}_{\mu 0}^{-1}\right)^{-1},$$

$$\bar{\boldsymbol{\mu}} = \left(N\boldsymbol{\Sigma}^{-1} + \boldsymbol{\Sigma}_{\mu 0}^{-1}\right)^{-1}\left(\boldsymbol{\Sigma}^{-1}\left(\sum_{n=1}^{N}\mathbf{y}_i\right) + \boldsymbol{\Sigma}_{\mu 0}^{-1}\boldsymbol{\mu}_0\right) \quad (4.29)$$

が得られます．こうして事後確率 $p(\boldsymbol{\mu}|Y)$ が，正規分布 $\mathcal{N}(\bar{\boldsymbol{\mu}}, \boldsymbol{\Sigma}_\mu)$ の形で求まることがわかりました．　□

さて，こうして得られた事後確率分布の形状の意味を考えておくことが，本書のテーマであるガウス過程回帰を含めガウス分布にかかわるさまざまなベイズ推定の計算の理解に役立ちます．詳しく見てみましょう．

分散の逆数のことを**精度** (precision) と呼び，共分散行列の逆行列のことを**精度行列** (precision matrix) と呼びます．ガウス分布を書き表すのに共分散行列 $\boldsymbol{\Sigma}$ でなく精度行列 $\mathbf{S} = \boldsymbol{\Sigma}^{-1}$ を用いることによって，数式表現の見通しがよくなることがあります．観測の確率的生成モデルを $\mathbf{y}_n \sim \mathcal{N}(\boldsymbol{\mu}, \mathbf{S}^{-1})$，事前確率（パラメータの生成モデル）を $\boldsymbol{\mu} \sim \mathcal{N}(\boldsymbol{\mu}_0, \mathbf{S}_{\mu 0}^{-1})$ と書き，事後確率を $\boldsymbol{\mu}|Y \sim \mathcal{N}(\bar{\boldsymbol{\mu}}, \mathbf{S}_\mu^{-1})$ と書くと，事後確率のパラメータは以下のように書くことができます．

$$\mathbf{S}_\mu = N\mathbf{S} + \mathbf{S}_{\mu 0},$$

$$\bar{\boldsymbol{\mu}} = \mathbf{S}_\mu^{-1}\left(\sum_{n=1}^{N}\mathbf{S}\mathbf{y}_n + \mathbf{S}_{\mu 0}\boldsymbol{\mu}_0\right) \quad (4.30)$$

次に，事後確率の精度行列 $\mathbf{S}_\mu$ は，事前確率に由来する項 $\mathbf{S}_{\mu 0}$ を無視すれば観測の確率的生成モデルの精度行列 $\mathbf{S}$ の N 倍になっていることがわかります．つまり観測 $\mathbf{y}_n$ が 1 つ加わるごとに，事後確率の精度行列 $\mathbf{S}_\mu$ の値が $\mathbf{S}$ だけ増えてゆくのです．

さらに，$\mathbf{y}_n$ の観測ごとに精度が異なる場合を考えます．$\mathbf{y}_n \sim \mathcal{N}(\boldsymbol{\mu}, \mathbf{S}_n), n =$

$1, \ldots, N$ と書くこととし，$n = n'$ に対して一般に $\mathbf{S}_n \neq \mathbf{S}_{n'}$ であるものとします．このとき，事後確率の精度行列は

$$\mathbf{S}_\mu = \sum_{n=1}^{N} \mathbf{S}_n + \mathbf{S}_{\mu 0} \tag{4.31}$$

のようになります（確かめてみましょう）．事後確率の精度行列に与える影響という観点から，精度行列が $3\mathbf{S}$ であるような観測 1 つ分と，精度行列が $\mathbf{S}$ であるような観測 3 つ分がちょうど等価であることが分かりますね．また，こうして見ると事前確率 $\boldsymbol{\mu} \sim \mathcal{N}(\boldsymbol{\mu}_0, \mathbf{S}_{\mu 0}^{-1})$ が事後確率に与える影響は，$n = 0$ 番目の観測 $\mathbf{y}_0 = \boldsymbol{\mu}_0$ が精度行列 $\mathbf{S}_0 = \mathbf{S}_{\mu 0}$ で得られたと考えることと等価だということもわかります．またこのとき，事後確率の平均は

$$\bar{\boldsymbol{\mu}} = \mathbf{S}_\mu^{-1} \left(\sum_{n=1}^{N} \mathbf{S}_n \mathbf{y}_n + \mathbf{S}_{\mu 0} \boldsymbol{\mu}_0 \right) \tag{4.32}$$

のようになります（これも確かめてみましょう）．$\mathbf{y}_n$ の次元 M が 1 である場合を考えれば精度もスカラーですから，これは精度で重みづけた重みつき平均になります．$M > 1$ であり，精度行列 $\mathbf{S}_n$ が $M \times M$ 行列であるとき，式 (4.32) を重みつき平均と理解して問題ありません．精度行列が対角行列であるなら，その対角成分は観測ベクトルにおいて対応する成分の精度を意味するわけです．そして一般の精度行列であれば，固有ベクトル方向の精度が固有値で表現されているわけです．

　精度行列と観測数の関係を理解するために，今度は合計 N 個の観測を，最初の 5 個分と残りの $N - 5$ 個分に分けてみます．すると，精度行列の推定値は以下のように書くことができます．

$$\mathbf{S}_\mu = \sum_{n=6}^{N} \mathbf{S}_n + \sum_{n=1}^{5} \mathbf{S}_n + \mathbf{S}_{\mu 0},$$

$$\bar{\boldsymbol{\mu}} = \mathbf{S}_\mu^{-1} \left(\sum_{n=6}^{N} \mathbf{S}_n \mathbf{y}_n + \sum_{n=1}^{5} \mathbf{S}_n \mathbf{y}_n + \mathbf{S}_{\mu 0} \boldsymbol{\mu}_0 \right) \tag{4.33}$$

$\mathbf{S}_\mu$ を，事前確率 $\boldsymbol{\mu} \sim \mathcal{N}(\boldsymbol{\mu}_5, \mathbf{S}_{\mu 5}^{-1})$ のもとで $N - 5$ 個の観測 $\mathbf{y}_n, n = 6, \ldots, N$ にもとづいて計算した精度行列と考えることができます．ここで事前確率のパラメータは以下のとおりです．

$$\mathbf{S}_{\mu 5} = \sum_{n=1}^{5} \mathbf{S}_n + \mathbf{S}_{\mu 0},$$

$$\boldsymbol{\mu}_5 = \mathbf{S}_{\mu 5}^{-1} \left(\sum_{n=1}^{5} \mathbf{S}_n \mathbf{y}_n + \mathbf{S}_{\mu 0} \boldsymbol{\mu}_0 \right) \tag{4.34}$$

以上の例で，ベイズ推定における「事前確率」と「観測モデル」と「事後確率」の関係を直感的につかんでおきましょう．ガウス過程回帰の計算過程の理解につながります．

4.3　確率分布の表現

ベイズ推定の第一の目的は未知の値の事後確率分布を求めることでした．

ここで，確率分布を求めるとは，どういうことでしょうか？　データを計算機に入力して，事後確率を計算によって求めるとは，具体的にどのような作業をすればよいのでしょうか？

4.3.1　ノンパラメトリックモデルとは

確率変数の確率分布を計算機上の数値によって表現する方法は，大きく分けて 2 種類あり，それぞれ**パラメトリック** (parametric)・**ノンパラメトリック** (nonparametric) な手法と（略してパラ・ノンパラとも）呼ばれています．

パラメトリックな方法とは，推定対象が従う確率分布が一定次元のパラメータで指定される確率分布であることを仮定し，このパラメータを求めることによって確率分布を決定する方法です．パラメトリックな確率分布の代表として，ガウス分布やベータ分布などがあります．**確率分布がパラメトリックな確率分布に従っていると仮定する場合には，パラメータを数値的に求めることがすなわち確率分布の推定である**といえます．事前確率，尤度関数，事後確率などを，パラメトリックな確率分布によって表すことを**パラメトリックな確率的モデリング**と呼びます．

ノンパラメトリックな方法とは，推定対象について上記のような既知のパラメトリックな確率分布を仮定せずに確率分布を求める方法です．もっとも簡単な典型例として，ヒストグラムを求める方法や，その発展系であるカーネル密度推定法や，K 近傍法などが挙げられます．

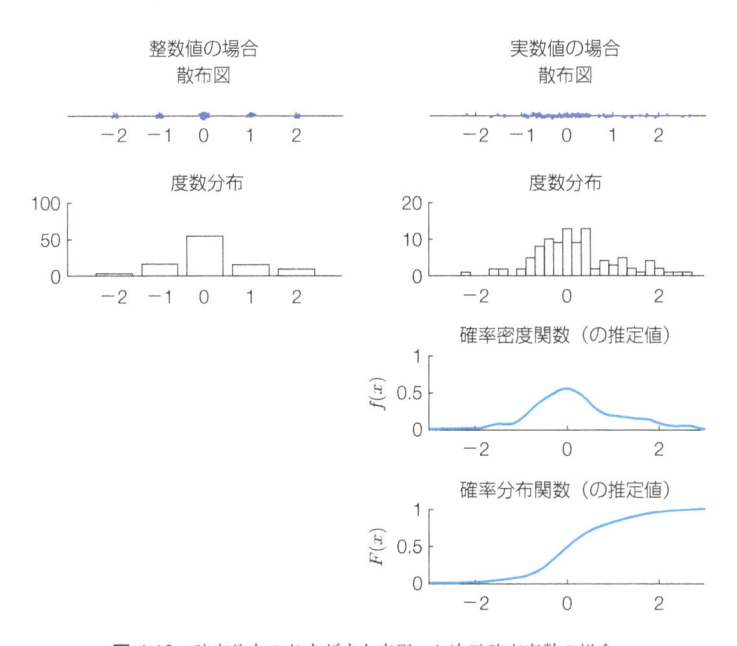

図 4.10　確率分布のさまざまな表現：1 次元確率変数の場合.

　本書のテーマであるガウス過程法は，ノンパラメトリックな方法の一種です．推定対象となる未知の関数 $f(x)$ の確率分布としていかなるパラメトリックな確率密度関数も仮定しないからです[*8].

4.3.2　確率分布を標本で表現する

　確率分布 $p(x)$ を計算機上で数値的に表現して可視化するのに，x がスカラーであれば密度関数 $p(x)$ や分布関数 $F(x) = \int_{-\infty}^{x} p(t)dt$ の関数形状を示すのが直接的な方法です．一方で，当の確率分布から生成した適当な個数の標本 $x_1, \ldots, x_N$ を可視化することで，これを確率分布の可視化の代わりにするという間接的な方法も有効です．図 4.10 に x がスカラーである場合の表示方法を，図 4.11 に x が 2 次元ベクトルである場合の表示方法をそれぞ

[*8]　しかしよく考えると，N 点の入力 $x_1, \ldots, x_N$ における出力 $f(x_1), \ldots, f(x_N)$ の同時確率分布がガウス分布に従うという仮定をおいているわけですから，この意味ではパラメトリックな側面もないとはいえません．したがって，パラメトリック・ノンパラメトリックの区別は便宜的かつ歴史的な理由にもとづくものであり，本質的な違いはないと思ってかまいません．

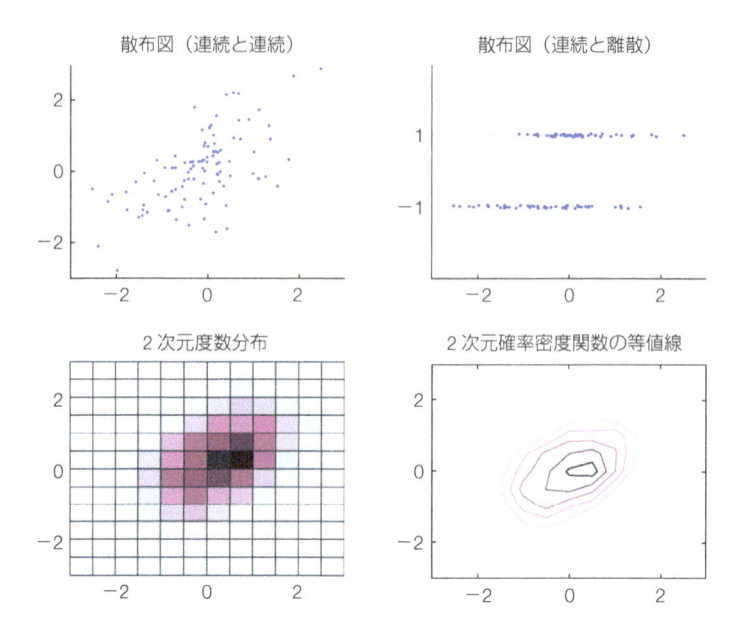

図 4.11　確率分布のさまざまな表現：2 次元確率変数の場合.

れ示しました.

　有限個の標本を用いて確率分布を可視化するための上記の方法が有効であるのは，図を見るひとが，有限個の標本から，これを生成した確率密度関数 $p(x)$ の様子を十分に正確に再現できるからです.

　有限個の標本を用いて確率分布を表現する方法は可視化に留まらない有用性をもちます. 確率密度関数 $p(x)$ の関数が解析的な形で書けない（もしくは書き表すことが難しい）が，確率密度関数 $p(x)$ からの標本を計算機で生成することは容易であるというとき，標本によって確率分布を表すことが有効な手段とされています. 具体的には次の例のような状況です.

例 14（解析的な形で書き表せない確率分布の可視化）　範囲 $(-1, 1)$ から等確率で値 d が生成される一様分布と，d を中心とした分散 σ^2 の正規分布を連鎖形でつなぎます.

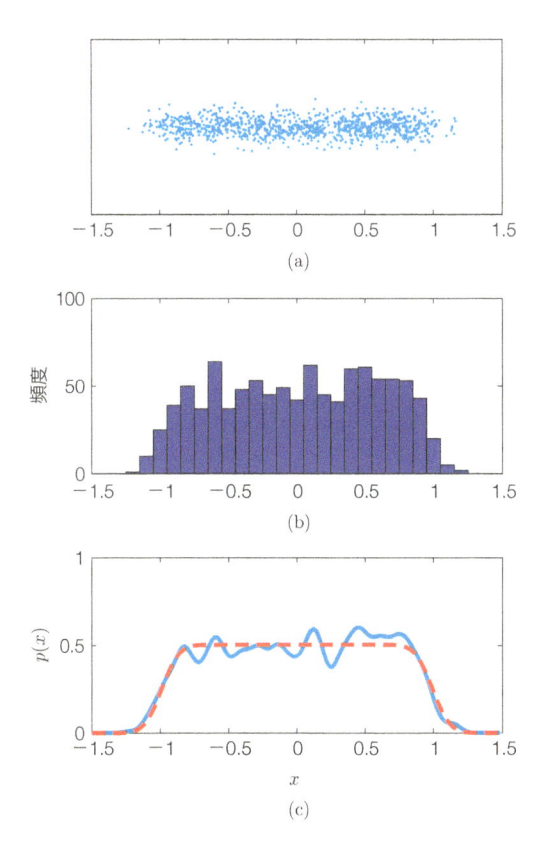

図 4.12 標本によって確率分布を表現する例. (a) では例 14 の確率分布に従う確率変数 x の 1000 個の標本を散布図で表示している. ただし y 軸には散布図を混雑させないためのばらつきを入れている. (b) では 1000 点の標本のヒストグラムを示している. (c) の青線はガウス分布カーネルを用いたカーネル密度推定 (例 16 参照) の結果を示している. 赤破線は, 真の確率密度関数である.

$$\begin{cases} d & \sim \mathrm{Unif}(-1, 1) \\ x & \sim \mathcal{N}(d, \sigma^2) \end{cases} \tag{4.35}$$

このとき周辺分布 $p(x)$ はどのような形になるでしょうか.

　これを単純な関数で解析的に書き表す方法はありません. しかし, σ^2 を適当な値に定めたとき, これを可視化することは容易です. 上記の 2 段階生成

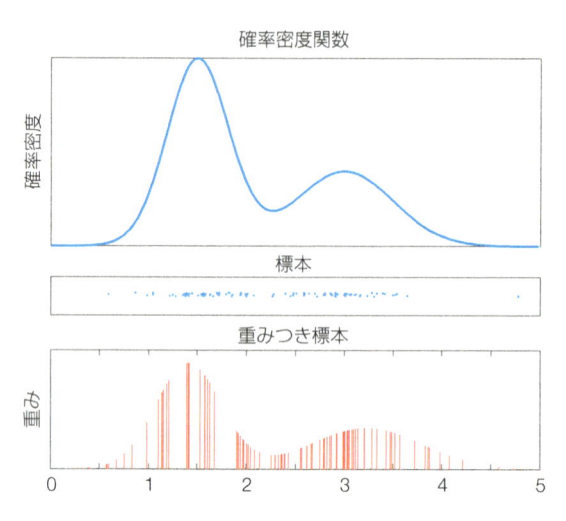

図 4.13　確率密度関数の表現. 確率密度関数を, 標本や, 重みつき標本で近似表現することができる.

モデルに従って x の i.i.d. な標本をたとえば 1000 個ほど, $x_1, \ldots, x_{1000}$ を生成して散布図などで表示してしまえばよいのです (**図 4.12**(a)).　　□

　標本は統計量を求めるためにも使えます. 関数 $f(x) = x^2$ が与えられていて, 期待値 $\mathbb{E}[f(x)] = \int f(x)p(x)dx$ や分散 $\mathbb{V}[f(x)] = \int (f(x) - \mathbb{E}[f(x)])^2 p(x)dx$ などの統計量の近似値が知りたいときには, これを以下のように $p(x)$ の標本を用いて求めることができます.

$$\mathbb{E}[f(x)] \approx \frac{1}{N} \sum_{n=1}^{N} f(x_n) \tag{4.36}$$

$$\mathbb{V}[f(x)] \approx \frac{1}{N} \sum_{n=1}^{N} (f(x_n) - \mathbb{E}[f(x)])^2 \tag{4.37}$$

　重みつき標本を用いる工夫についても学んでおきましょう. 確率分布 $p(x)$ を N 個の重みつき標本 $(w_n, x_n), n = 1, \ldots, N$ で表すことがあります (**図 4.13**). w_n は n 番目の標本 x_n の重みであり, $\sum_{n=1}^{N} w_n = 1$ となるように正規化されています. 期待値や分散などの統計量は重みつき標本のもとで以下

1: $x_n \sim p_S(x)$ によって x の標本を得る
2: $w_n = p(x_n)/p_S(x_n)$ によって x の重みを求める
3: 以上を $n = 1, \ldots, N$ に対して繰り返す
4: $\sum_{n=1}^{N} w_n = 1$ となるように正規化する

図 4.14　重みつきサンプリングのアルゴリズム

のような重みつき平均を用いて計算することができます.

$$\mathbb{E}[f(x)] \approx \frac{1}{N} \sum_{n=1}^{N} w_n f(x_n) \tag{4.38}$$

$$\mathbb{V}[f(x)] \approx \frac{1}{N} \sum_{n=1}^{N} w_n \left(f(x_n) - \mathbb{E}[f(x)]\right)^2 \tag{4.39}$$

「任意の x に対して $p(x)$ の値を計算できるが, 確率分布 $p(x)$ に従う標本 x を生成することは難しい」というとき, $p(x)$ とは別のサンプリング分布 $p_S(x)$ を適当に定めておいて, 図 4.14 のアルゴリズムによって重みつき標本を得ることができます.

例 15 (解析的な形で書き表せない確率分布に関するベイズ推定)　式 (4.35) で作ったモデルのパラメータ σ^2 が未知であり, 事前確率 $p(\sigma^2) = \mathrm{Unif}(0.1, 2)$ と, 確率変数 x について N 個の i.i.d. な標本 $X_N = (x_1, \ldots, x_N)$ が与えられているものとします. 事後確率 $p(\sigma^2 | X_N)$ をどのように求めたらよいでしょうか.

このようなモデルではパラメータ σ^2 の事後確率を解析的な形で書き表すことは難しいですが, 事後確率に従う M 個の重みつき標本 $w_m, \sigma_m^2, m = 1, \ldots, M$ を生成することならば可能です.

ベイズの定理から

$$p(\sigma^2 | X_N) = \frac{p(\sigma^2) p(X_N | \sigma^2)}{p(X_N)} \tag{4.40}$$

が成り立ちます. ここで,

1: $\sigma_m^2 \sim p(\sigma^2)$ によって事前分布からの標本を得る
2: $w_m = p(X_N|\sigma_m^2)$ によって重みを求める
3: 以上を $m = 1, \ldots, M$ に対して繰り返す
4: $\sum_{m=1}^{M} w_m = 1$ となるように正規化する

図 4.15 事後確率分布の重みつき標本を得るアルゴリズム

1: $d_{nn'} \sim p(d)$ によって事前分布からの標本を得る
2: $p(x_n|d_{nn'}, \sigma_m^2)$ を計算する
3: 1,2 を $n = 1, \ldots, N$ に対して繰り返し, $w_{nn'} = \prod_{n=1}^{N} p(x_n, d_{nn'}|\sigma_m^2)$ を求める
4: 1,2,3 を $n' = 1, \ldots, N'$ に対して繰り返し, $w_n = p(x_n|\sigma_m^2) \approx (1/N') \sum_{n'=1}^{N'} \prod_{n=1}^{N} p(x_n, d_{nn'}|\sigma_m^2)$ を求める

図 4.16 隠れ変数が含まれる場合に事後確率分布の重みつき標本を得るアルゴリズム

$$p(X_N|\sigma^2) = \prod_{n=1}^{N} p(x_n|\sigma^2) \tag{4.41}$$

の箇所を尤度と呼び,

$$p(X_N) = \int \prod_{n=1}^{N} p(x_n|\sigma^2)p(\sigma^2)p\sigma^2 \tag{4.42}$$

の箇所をエビデンスと呼ぶのでした.

　もしも X_N と σ^2 の値を入力したときに, 尤度 $p(X_N|\sigma^2)$ を数値的に求めることができるならば, ベイズの定理を用いて**図 4.15** のアルゴリズムで, 事後確率分布 $p(\sigma^2|X_N)$ の重みつき標本を得ることが可能です.

　式 (4.35) のモデルでは x_n が生成されたときの d_n の値が未知ですので, 尤度 $p(X_N|\sigma_m^2)$ を直接求めることはできません. そこで, **図 4.16** のようにします.

　本書ではこれ以上深入りしませんが, ベイズ推定の結果を標本や重みつき標本の形で得る方法を一般に**モンテカルロ法** (Monte Carlo methods) と呼

び，特に標本系列の作り方に工夫の加わった**マルコフ連鎖モンテカルロ法** (Markov chain Monte Carlo methods, **MCMC 法**) が広く知られ，解析的に解けない問題を計算的に解くために使われています．　□

例 16 （**カーネル密度推定**）　カーネル密度推定法は，確率分布推定のためのもっとも簡単な方法の 1 つであり，ノンパラメトリックな方法の代表です．

確率変数 $x \in \mathbb{R}^d$ が確率密度関数 $p(x)$ に従うとき，B 個の標本 $x_1, \ldots, x_B$ を用いて密度関数の推定値 $\widetilde{p}(x)$ を以下のように得ることができます．

$$\widetilde{p}(x) = \frac{1}{K} \sum_{k=1}^{K} h_k(x) \tag{4.43}$$

ここで $h_k(x) \geq 0, k = 1, \ldots, K$ は k 番目の基底関数であり，$\int h_k(x)dx = 1$ の正規化条件を満たすものとします．1 つ 1 つの基底関数をパラメトリックな形で表現し，パラメータを決め，個数 K を適当に決めることでさまざまな密度関数 $p(x)$ を $\widetilde{p}(x)$ で近似できます．

カーネル密度推定法は，これの特別な場合として B 個の標本それぞれに対応する基底関数を以下のように定義した場合をいいます．

$$h_b(x) = h\left(\frac{x_b - x}{\sigma}\right) \tag{4.44}$$

ここで $h(x)$ は正値をとる任意の関数であり，カーネル関数と呼ばれます．σ はバンド幅と呼ばれ，基底の半径を制御します．

カーネル関数は $b = 1, \ldots, B$ によらず，原点にピークをもつ確率密度関数を適当に与えます．具体例としてガウス分布カーネル

$$h(x) = \mathcal{N}(x|0, \mathbf{I}_d) \tag{4.45}$$

や，**エパネクニコフカーネル** (Epanechnikov kernel)

$$h(x) = \frac{3}{4}\left(1 - ||x||^2\right) \mathbb{I}(||x|| < 1) \tag{4.46}$$

などがあります．ここで $\mathbb{I}(\cdot)$ は () の中が成り立てば 1，そうでなければ 0 をとる指標関数です．

確率密度関数として滑らかで見栄えのよいものを得るためにガウス分布カーネルが使われ，見栄えを度外視して密度関数推定の精度について理論的

な根拠が必要である場合にエパネクニコフカーネルが使われます.　□

例 17（ニューラルネットワークを用いた分布推定法）　深層ニューラルネットワークを用いた分布推定法は，新しい方法です．本書では深入りしませんが，急速に広まりつつあり，知っておく価値が高いので少しだけ触れておきます．適当な次元 D のガウス分布から生成されたベクトルパターン $x \sim \mathcal{N}(\mathbf{0}, \mathbf{I}_D)$ を，ニューラルネットワーク $f(x; w)$ に通して変換するという確率的生成モデル $y = f(x; w)$ によって，画像や音声などを表す高次元ベクトルパターン y の確率分布を表現します．たとえば人間の顔画像データが多数用意されたとき，新しい顔画像を生成するような確率的生成モデル $y = f(x; w)$ のパラメータ w をデータにもとづく学習によって獲得することが可能です[*9].　□

[*9]　画像分類のための畳込みニューラルネットワーク，画像生成のための逆畳み込みニューラルネットワークを組み合わせた構造と，敵対的生成ネットワーク (GAN) という学習方法によって，近年可能になりつつあります.

 **ブラウン運動とガウス過程**

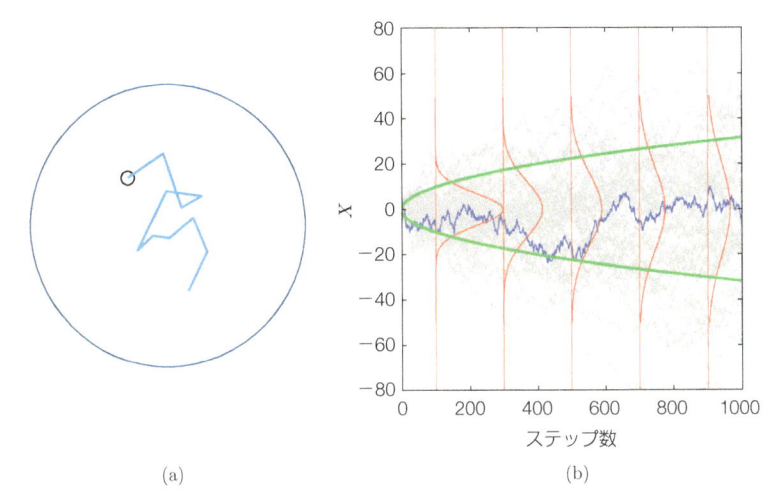

(a) (b)

図 4.17 ブラウン運動. (a) は 2 次元ブラウン運動のイメージ図. (b) は 1 次元ブラウン運動軌道の例（灰色・青線）. 縦軸は位置座標 X, 横軸はステップ数です. 各時刻における位置座標はガウス分布に従います（赤線）. 位置の分散がステップ数に比例するため, 標準偏差はステップ数の平方根に比例します（緑線）.

　ブラウン運動という現象をご存知でしょうか. 流れのない水中に浮かぶナノサイズの微粒子が, 顕微鏡で見たときに図 4.17 のようなギザギザした軌道に沿った運動をする現象のことであり, 水が連続体ではなく水分子からなることの証拠の 1 つとして知られています.

　ブラウン運動する粒子の x 座標を $X(t) \in \mathbb{R}$ としたとき, 時刻 $t + \Delta t$, $(\Delta t > 0)$ における位置との間の差分は, ガウス分布を用いて以下のように表されます.

$$X(t + \Delta t) - X(t) \sim \mathcal{N}(0, \Delta t \sigma^2)$$

ここで σ^2 は何らかの正数です. σ^2 の値は, 対象となる微粒子に水分子が衝突する 1 回あたりのゆらぎの分散と時間あたりの衝突回数との積に比例します. 同じことを

$$X(t) = \sigma W(t)$$

と書くこともあります．ここで $W(t)$ はウィーナー過程と呼ばれる確率過程であり，

$$W(t + \Delta t) - W(t) \sim \mathcal{N}(0, \Delta_t)$$

を満たします．本書で学んだ書き方をすれば，ウィーナー過程 $W(t)$ は 1 次元のガウス過程であり平均関数 $\mu(t) = 0$，共分散関数が $\mathrm{cov}(t, t') = \frac{1}{2\pi} \exp(-(1/2)(t - t')^2)$ であるようなもの，といえます．

　「確率過程」や「ガウス過程」の理論は，もともとこうした確率的にゆらぐ物理的運動の過程を記述するモデルとして生まれ，発展してきました．したがって，ガウス過程と聞いてブラウン運動する粒子を思い浮かべるのは自然なことです．

　しかし「ガウス過程回帰」における「ガウス過程」はさらに一般化された対象を扱っており，物理的過程のイメージが通用しない場合を含むことに注意しましょう．ガウス過程回帰では物理的な時間発展 $X(t)$ の代わりに関数 $f(x)$ を考え，1 次元の時間インデックス $t \in \mathbb{R}$ の代わりに関数 $f(\cdot)$ の一般的な定義域 $x \in \mathcal{X}$ を考えています．インデックスが時間を意味しない場合には，「過程」という言葉から物理的過程を連想するのはあまりそぐわないですね．

　それから，物理的時間発展のモデルで確率的なゆらぎを考えるときの確率は「客観的確率」ですが，ベイズ推定で対象とする確率はすべて「主観確率」であることにも，注意したほうがよい場合があります．この意味でも「過程」という言葉から物理的で客観的な時間発展を連想するのは，あまりそぐわないですね．

　実態にそぐわない言葉には歴史的過程が埋め込まれていることがあります．50 年後のガウス過程の教科書にはどのように記述されているでしょうか．

ガウス過程の計算法

データ点数 N が大きい場合のガウス過程回帰の計算は，カーネル行列やその逆行列を求めるための計算コストがボトルネックとなります．このことから，「ガウス過程法は理論的には面白いが実用的でない」と信じるひとも多かったのです．しかし，巧妙な工夫によって計算コストを大幅に節約する工夫があります．本章では，直接観測されない隠れ変数を間に挟む「補助変数法」という工夫と，その豊かな発展形態について学びます．本章を理解するためには，4 章で学んだベイズ推定の計算法を前提とするだけでなく，少し手数のかかる計算手順の理解が要求されます．しかし本章で学ぶアイディアはガウス過程に限らず，他のさまざまな機械学習手法においても有効です．ぜひ頑張ってかじりついてみてください．

5.1　ガウス過程回帰の計算コスト

　ガウス過程回帰の主目的は，予測分布にもとづく出力 y の期待値を求めることでした．式 (3.75) を思い出してみましょう．

$$
E[y^*|\mathbf{x}^*] = \underbrace{\begin{pmatrix} & \mathbf{k}_*^T & \end{pmatrix}}_{N \text{ 次元}} \underbrace{\begin{pmatrix} & & \\ & \mathbf{K}^{-1} & \\ & & \end{pmatrix}}_{N \text{ 次元}} \left.\begin{pmatrix} \\ \mathbf{y} \\ \\ \end{pmatrix}\right\} N \text{ 次元} \tag{5.1}
$$

　この計算を行うのに，もっとも簡単には

1. ベクトル $\mathbf{k}_*$，行列 $\mathbf{K}$ を計算してメモリに格納する
2. 逆行列 $\mathbf{K}^{-1}$ を計算してメモリに格納する
3. $\mathbf{k}_*^T \mathbf{K}^{-1} \mathbf{y}$ を計算してメモリに格納する

という手順を踏みます．このためにどのような計算コストがかかるでしょうか？

　計算コストは，(a) メモリ消費量と (b) 演算量に大きく分けられます．また，これらに影響を与える因子（スケール因子）は，大きく分けて教師データとして与えられる入力点数 N，各入力の次元数 D の2つです．**表 5.1** にガウス過程回帰の計算コストをまとめます．

(a)　まずメモリ消費量の見積もりは簡単です．数値データを格納するのに必要なメモリ量は $O(ND)$，ベクトル $\mathbf{k}_*$ と行列 $\mathbf{K}$ を格納するのに，それぞれ $O(N), O(N^2)$ のメモリ量が必要となります[*1]．

(b)　次に，演算量です．行列 $\mathbf{K}$ の $N \times N$ 個の要素を全部計算するのに必要な演算数をオーダー表示すると $O(N^2D)$ です．逆行列 $\mathbf{K}^{-1}$ の計算に $O(N^3)$，そしてベクトル $\mathbf{k}_*$ と行列 $\mathbf{K}^{-1}$ の積の計算に $O(N^2)$ の時間がかかります．

表 5.1　ガウス過程回帰の計算コスト．N は入力点数，D は入力次元数を意味します．

計算	メモリ消費量オーダー	演算量オーダー
$\mathbf{k}_*$ を計算	$O(ND)$	$O(ND)$
$\mathbf{K}$ を計算	$O(N^2D)$	$O(N^2D)$
逆行列 $\mathbf{K}^{-1}$ を計算	$O(N^2)$	$O(N^3)$
行列積 $\mathbf{k}_*^T \mathbf{K}^{-1} \mathbf{y}$ の計算	$O(N)$	$O(N^2)$

[*1]　ここで $O(ND)$ とか $O(N^2)$ は，N や D などのスケール因子と計算量の関連の強さを示す表示法で，**O 記法** (Big-O notation) とか**オーダー表示**と呼ばれます．たとえば $O(N^2)$ は「おーだーえぬのにじょう」と読みます．
　たとえばデータを格納するのに必要なメモリの量として，倍精度浮動小数点実数ならば数値 1 つあたり 64 ビット，D 次元ベクトルの先頭メモリ番地のポインタを N 個集めるために $16N$ ビット，行列サイズなどを表すために 128 ビットが必要であるとき，合計で $64ND + 16N + 128$ ビットが必要になります．オーダー表示ではこうした比例係数 64 とか，最大項 ND 以外の項 $16N + 128$ を無視して $O(ND)$ と書きます．N や D が大きくなってくると，最大項以外の要因は相対的に無視して問題ないため，このように書くのが便利なのです．

ガウス過程法を式 (5.1) のように普通に計算すると，標本サイズ N が大きくなるにつれて計算コストがかさみます．一般に $O(N^3)$ の計算では，$N = 1000$ で 1 秒かかる計算だった場合，2 倍サイズの $N = 2000$ で行うためには 8 秒，10 倍サイズの $N = 10000$ で行うためには 1000 秒，すなわち 17 分程度が必要です．

$\mathbf{K}$ が対称行列であることを使うと，$\mathbf{K}$ を計算するのに必要な演算数は $N(N-1)D/2$ となります．計算コストを $1/2$ にするような工夫は，アルゴリズムの計算機上での実装のために重要です．しかしオーダー表示を用いてアルゴリズム間の計算量の違いを議論するとき，定数倍は焼け石に水にすぎず，無視されていることに注意しましょう．N が大きくなってくると $O(N^2)$ と $O(N^3)$ の違いのほうが本質的になってきます．

以上見てきように，通常のガウス過程回帰の計算量を考えるうえで最重要のボトルネックとなるのは，逆行列計算に必要なメモリ消費量 $O(N^2)$ と演算量 $O(N^3)$ です．本章の 5.2, 5.3, 5.4 節では，これを効率化するための方法を学びます（**表 5.2**）．

まず 5.2 節で学ぶ補助変数法で，M 次元 $(M < N)$ の補助変数を導入することで，ガウス過程法で必要な逆行列計算の対象を $M \times M$ 行列に圧縮する近似を導入します．これによりメモリ消費量のオーダーを $O(NM + M^2)$ に，演算量のオーダーを $O(NM^2 + M^3)$ に減らすことができます．

次に 5.3 節で変分法を導入することで，ガウス過程回帰のハイパーパラメータ最適化（3.5 節）が効率化できます．ハイパーパラメータ最適化は，ハイパーパラメータを逐次的に更新するアルゴリズムの 1 ステップごとに

表 5.2 本章で学ぶガウス過程回帰計算の工夫の効果．N は入力点数，M は補助入力点数を意味します．ミニバッチについては繰り返しアルゴリズムの更新 1 回あたりのコストを示しています．格子型補助入力点配置の場合については，入力次元に大きく依存するため，特に 2 次元の場合のコストを示しています．それ以外の場合の入力次元数 D は無視します．

計算	メモリ消費量オーダー	演算量オーダー
通常のガウス過程回帰	$O(N^2)$	$O(N^3)$
補助変数法（5.2 節）	$O(NM + M^2)$	$O(NM^2 + M^3)$
変分法＋ミニバッチ（5.3 節）	$O(M^2)$	$O(M^3)$
格子型補助入力点配置（5.4 節）	$O(N + M^{1/2})$	$O(N + M^{3/2})$

カーネル行列の更新を必要とします．補助変数法を用いてカーネル行列を $O(NM + N^2)$ のメモリ消費量で圧縮表現し，ステップごとの演算量オーダーを $O(N^2M + M^3)$ まで減らしたとしても，N が大きい場合（具体的には 1000 とか 10000 を超える入力点数を取り扱うとき）には N^2 や N に比例する項を無視できません．変分法を導入することで，データをミニバッチ (mini batch) と呼ばれる 100 個や 500 個の小口サイズに分けて，逐次的に学習する計算方法（ミニバッチ学習）が使えるようになり，メモリ消費量もステップごとの演算量オーダーも N に影響されなくなります．

　最後に 5.4 節では補助入力点が格子状に配置されている特別な場合に，格子状構造を用いて大幅に計算効率アップする方法を学びます．気象などの空間データや画像・音声・動画像などの時系列データを扱う問題で，空間を密に埋めるような入力や出力を扱うときに威力を発揮します．

5.2　補助変数法

　補助変数法 (inducing variable method) はガウス過程回帰法の計算量削減のために有効な近似方法です．6 章以降で紹介するガウス過程を用いたさまざまな発展的モデルの基礎になるアイディアを含んでいるため，じっくり時間をかけてでも理解する価値があります．お付き合いください．

5.2.1　部分データ法

　部分データ法 (subset of data approximation, SoD) は，N が大きすぎて $N \times N$ 行列の逆行列計算を避けたいときに使える簡単なアイディアです．

　普通のガウス過程回帰では，回帰モデル $y = f(\mathbf{x}) + \epsilon$ に従って N 個の入力点 $\mathbf{X} = (\mathbf{x}_1, \ldots, \mathbf{x}_N), \mathbf{x}_n \in \mathbb{R}^D$ における観測値 $Y = \mathbf{y} = (y_1, \ldots, y_N)^T, y_n \in \mathbb{R}$ の裏に，ガウス過程に従う関数 $f(\cdot)$ とその出力値 $\mathbf{f} = (f_1, \ldots, f_N)^T = (f(\mathbf{x}_1), \ldots, f(\mathbf{x}_N))^T \in \mathbb{R}^N$ を想定します．ガウス過程を平均関数 $\mu(\mathbf{x})$ とカーネル関数 $k(\mathbf{x}, \mathbf{x}')$ で定めたとき，ガウス過程回帰モデルは未知数 $\mathbf{f}$ および $\mathbf{y}$ に関して以下のガウス分布を想定したことと等価です．

$$\begin{cases} \mathbf{f} \sim \mathcal{N}\left(\boldsymbol{\mu}_N, \mathbf{K}_{NN}\right) & (5.2) \\ y_n \sim \mathcal{N}\left(f_n, \sigma^2\right) & (5.3) \end{cases}$$

ここで $\boldsymbol{\mu}_N$ は第 n 成分が $\mu(\mathbf{x}_n)$ であるような N 次元縦ベクトル，$\mathbf{K}_{NN}$ は第 (n, n') 成分が $k(\mathbf{x}_n, \mathbf{x}_{n'})$ であるような $N \times N$ 行列です．

さらに，新しい入力点 $\mathbf{x}_*$ における関数出力値 $f_* = f(\mathbf{x}_*)$ と観測値 y_* を考えるとき，$\mathbf{f}$ と f_* の同時確率は以下のガウス分布で表されます．

$$\begin{pmatrix} \mathbf{f} \\ f_* \end{pmatrix} \sim \mathcal{N}\left(\begin{pmatrix} \boldsymbol{\mu}_N \\ \mu_* \end{pmatrix}, \begin{pmatrix} \mathbf{K}_{NN} & \mathbf{k}_{N*} \\ \mathbf{k}_{N*}^T & k_{**} \end{pmatrix} \right) \qquad (5.4)$$

ここで $\mu_* = \mu(\mathbf{x}_*)$ および $k_{**} = k(\mathbf{x}_*, \mathbf{x}_*)$ はそれぞれスカラー，$\mathbf{k}_{N*}$ は第 n 成分が $k(\mathbf{x}_n, \mathbf{x}_*)$ であるような N 次元縦ベクトルです．

観測ノイズの分散が σ^2 であることから，予測分布 $p(f_*|\mathbf{y}) = \mathcal{N}(\bar{f}_*, \bar{\sigma}_*^2)$ の平均と分散が以下のように求まるのでした（3 章の式 (3.79) を参照）．

$$\bar{f}_* = \mathbf{k}_{N*}^T \left(\mathbf{K}_{NN} + \sigma^2 \mathbf{I}_N\right)^{-1} \mathbf{y},$$

$$\bar{\sigma}_*^2 = k_{**} - \mathbf{k}_{N*}^T \left(\mathbf{K}_{NN} + \sigma^2 \mathbf{I}_N\right)^{-1} \mathbf{k}_{N*}$$

部分データ法では，N 個の入力点から M 個の入力点（$M < N$）を全データの分布をよく代表してくれるように選び出して，これだけが入力点であったことにします．こうして $M \times M$ 行列の逆行列計算によってガウス過程回帰の予測分布が得られるわけです．

部分データ法は，選び出された M 個の入力点からなる部分データが全データをよく代表してくれるような状況ならば，$O(N^3)$ よりもはるかに小さい計算コスト $O(M^3)$ で同程度の精度が得られることがあります．

5.2.2 補助入力点と補助変数法の計算

部分データ法に洗練を加えたものが，これから説明する補助変数法です．補助変数法では全データをよく代表してくれるように M 点からなる部分データを作り出して，これを使って試験入力点における関数値を効率的に推定します．部分データ法では $N - M$ 点ぶんのオリジナルデータを単に捨てていましたが，補助変数法では全データを有効に使うことで精度を保ちます．

補助変数法では，関数 $f(\cdot)$ の定義域内に**補助入力点** (inducing point) と呼

ばれる M 個の仮想的な入力点 $\mathbf{Z} = (\mathbf{z}_1, \ldots, \mathbf{z}_M)$ を適切に配置します．部分データ法と違い補助変数法では，補助入力点として入力点に含まれない点を用いることができます．補助入力点の配置方法は性能に大きな影響を与える大事な話題ですが，後ほど 5.2.4 節で詳しく議論します．ここでは，適切な補助入力点配置 $\mathbf{Z}$ がすでに得られているものと仮定して，先の話をします．

　次に，補助入力点 $\mathbf{z}_m$ における出力値 $f(\mathbf{z}_m)$ を**補助変数** (inducing variables) $u_m = f(\mathbf{z}_m)$ と呼び，これを $m = 1, \ldots, M$ に関して縦ベクトルにまとめたものを**補助変数ベクトル** (inducing vector) $\mathbf{u} = (u_1, \ldots, u_M)^T$ と呼ぶことにします．

　これから，ガウス過程に従うことがわかっている未知の関数 $f(x)$ の予測分布を，以下の手順で求めていきます．

1. **事前確率の定義：** 入力点 $\mathbf{X}$ における出力値 $\mathbf{f}$ と，補助入力点 $\mathbf{Z}$ における出力値（補助変数ベクトル）$\mathbf{u}$ と，試験入力点 x_* における出力値 f_* の事前確率 $p(\mathbf{f}, \mathbf{u}, f_*)$ を定義します．
2. **事後確率を導出：** 入力点 $\mathbf{X}$ における観測値 $\mathbf{y}$ にもとづいて，補助変数の事後確率 $p(\mathbf{u}|\mathbf{y})$ を求めます．
3. **予測分布を導出：** 出力値 f_* の予測分布 $p(f_*|\mathbf{y})$ を，補助変数の事後確率 $p(\mathbf{u}|\mathbf{y})$ を用いて近似します．

$$p(f_*|\mathbf{y}) = \int p(f_*|\mathbf{f})p(\mathbf{f}|\mathbf{y})d\mathbf{f} \approx \int p(f_*|\mathbf{u})p(\mathbf{u}|\mathbf{y})d\mathbf{u}$$

　なお，補助変数法にはさまざまな流儀があり，総説論文 [36] において統一的な視点から詳しい比較がなされています．本書の以下の説明では，FITC と呼ばれる方法 [45][*2] を採用します．

補助変数法における事前確率の定義　$f(\cdot)$ が平均関数 $\mu(\mathbf{x})$ と共分散関数 $k(\mathbf{x}, \mathbf{x}')$ で定義されたガウス過程であるとき，出力値 $\mathbf{f}$ と補助変数 $\mathbf{u}$ の同時事前確率は，以下のガウス分布になります．

$$\begin{pmatrix} \mathbf{f} \\ \mathbf{u} \end{pmatrix} \sim \mathcal{N}\left(\begin{pmatrix} \boldsymbol{\mu}_N \\ \boldsymbol{\mu}_M \end{pmatrix}, \mathbf{K} \right)$$

[*2]　[36] において the Fully Independent Training Conditional (FITC) という名で紹介されているもの．

ここで $\boldsymbol{\mu}_M = (\mu(\mathbf{z}_1), \ldots, \mu(\mathbf{z}_M))^T$ は M 次元縦ベクトルであり，補助変数 $\mathbf{u}$ に対応する平均ベクトルです．共分散行列 $\mathbf{K}$ は $(N+M) \times (N+M)$ の実数値正方行列であり，以下のような形で部分行列に分解して書くことができます．

$$\mathbf{K} = \begin{pmatrix} \mathbf{K}_{NN} & \mathbf{K}_{NM} \\ \mathbf{K}_{NM}^T & \mathbf{K}_{MM} \end{pmatrix}$$

ベクトル $\mathbf{f}$ の分散共分散行列 $\mathbf{K}_{NN}$，$\mathbf{u}$ の分散共分散行列 $\mathbf{K}_{MM}$，$\mathbf{f}$ と $\mathbf{u}$ の共分散行列 $\mathbf{K}_{NM}$ が $\mathbf{K}$ に含まれていることに注意しましょう．

補助変数法では，新しい点 $\mathbf{x}_*$ における予測分布を

$$\begin{aligned} p(f_*|\mathbf{y}) &= \int p(f_*|\mathbf{f})p(\mathbf{f}|\mathbf{y})d\mathbf{f} \\ &\approx \int p(f_*|\mathbf{u})p(\mathbf{u}|\mathbf{y})d\mathbf{u} \end{aligned} \tag{5.5}$$

のように近似したいのです．補助点 $\mathbf{Z}$ が適切に配置されていて，新しい点 $\mathbf{x}_*$ が入力点 $\mathbf{x}_1, \ldots, \mathbf{x}_N$ のいずれかの周辺にあるときに式 (5.5) の近似が精度よく成り立つなら，新しい点の代わりに各入力点 $\mathbf{x}_n$ を入れても以下の近似が成り立ちます．

$$p(f_n|\mathbf{y}) \approx \int p(f_n|\mathbf{u})p(\mathbf{u}|\mathbf{y})d\mathbf{u}$$

補助変数法 [45] では以上の考察にもとづいて，関数値 $\mathbf{f}$ の確率的生成モデルとして以下の 3 段階の生成過程を経るものを想定します．

公式 5.1（補助変数法が想定する 3 段階生成過程）

(1)　　　$\mathbf{u} \sim \mathcal{N}(\mathbf{0}_M, \mathbf{K}_{MM})$

(2)　　$f_n | \mathbf{u} \sim \mathcal{N}\left(\mathbf{k}_{Mn}^T \mathbf{K}_{MM}^{-1} \mathbf{u}, k_n - \mathbf{k}_{Mn}^T \mathbf{K}_{MM}^{-1} \mathbf{k}_{Mn}\right), n = 1, \ldots, N$

(3)　　$y_n | f_n \sim \mathcal{N}(f_n, \sigma^2), \ n = 1, \ldots, N$

ここで $k_n = k(\mathbf{x}_n, \mathbf{x}_n)$，$\mathbf{k}_{Mn} = (k(\mathbf{z}_1, \mathbf{x}_n), \ldots, k(\mathbf{z}_M, \mathbf{x}_n))^T$ です．

この 3 段階生成過程のうち最初の 2 段階分，すなわち $p(\mathbf{u})$ と $p(\mathbf{f}|\mathbf{u})$ を 1

つの同時分布の形 $p(\mathbf{f}|\mathbf{u})p(\mathbf{u}) = p(\mathbf{f}, \mathbf{u})$ にまとめると，これは $N + M$ 次元のガウス分布であり，その共分散行列は以下の形になります．

$$
\begin{pmatrix}
k_1 & & O & \vdots & \\
 & \ddots & & \vdots & \mathbf{K}_{NM} \\
O & & k_n & \vdots & \\
\hdashline
 & \mathbf{K}_{NM}^T & & \vdots & \mathbf{K}_{MM}
\end{pmatrix}
\tag{5.6}
$$

式 (5.4) で示したオリジナルのガウス過程において $\mathbf{f}$ の事前分布の共分散行列は $N \times N$ 行列 $\mathbf{K}_{NN}$ でしたが，補助変数法ではその非対角成分すべてを無視してゼロに置き換え，対角成分 $k_n = k(\mathbf{x}_n, \mathbf{x}_n), n = 1, \ldots, N$ だけを残したのです．$N(N-1)$ 個の非対角成分をすべて無視してしまう近似は，N が大きいとき計算量を大幅に削減する「大胆な近似」となります．

一般に，行列にゼロ要素が多いとき，その行列を**疎行列** (sparse matrix) もしくはカタカナ語で**スパース行列**と呼びます．式 (5.6) は，まさしく疎行列です．共分散行列を疎行列とする近似にもとづくことから，補助変数法は別名で**疎ガウス過程法** (sparse Gaussian process) と呼ばれることがあります．

図 5.1 は，補助変数法が導入した 3 段階の確率的生成モデルをグラフィカルモデルで表現したものです．オリジナルの確率的生成モデルのグラフィカルモデル（図 4.8）において，$\mathbf{f}_N$ のすべての成分間に無向リンクが存在していたのと比べて，補助変数法のグラフィカルモデルでは $\mathbf{f}_N$ の成分間で互いに直接のリンクをもたなくなり，その代わりに補助変数 $\mathbf{u}$ を通したつながりができています．また新規入力点 $\mathbf{x}_*$ に対応する出力 f_* も補助変数 $\mathbf{u}$ を通して観測値 $y_1, \ldots, y_N$ とつながっています．

補助変数の事後確率の導出　前節で導入した観測値 $\mathbf{y}$ の 3 段階生成過程モデルにもとづいて，事後確率 $p(\mathbf{u}|\mathbf{y})$ を求めます．

まずベイズの定理から

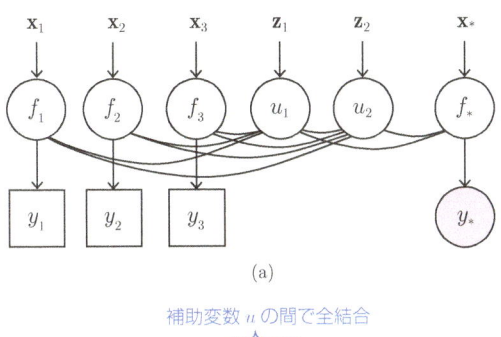

(a)

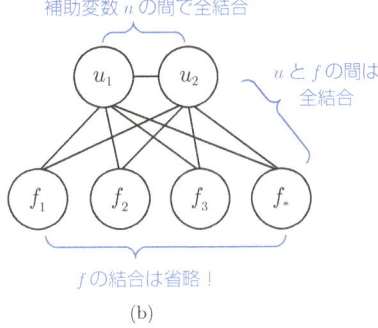

(b)

図 5.1 (a) 補助変数法の確率的生成モデルのグラフィカルモデル表現. (b) (a) から隠れ変数間の結合のみわかりやすく取り出したもの. 入力点数 $N = 3$, 補助入力点数 $M = 2$ である場合を図示しましたが, $N = 100000$, $M = 10$ である場合の結合数を想像してみましょう.

$$p(\mathbf{u}|\mathbf{y}) = \frac{p(\mathbf{y}|\mathbf{u})p(\mathbf{u})}{\displaystyle\int p(\mathbf{y}|\mathbf{u})p(\mathbf{u})d\mathbf{u}}$$

$$= \frac{\displaystyle\int p(\mathbf{y}|\mathbf{f})p(\mathbf{f}|\mathbf{u})p(\mathbf{u})d\mathbf{f}}{\displaystyle\int p(\mathbf{y}|\mathbf{f})p(\mathbf{f}|\mathbf{u})p(\mathbf{u})d\mathbf{f}d\mathbf{u}} \tag{5.7}$$

がわかります.

　$p(\mathbf{u})$ は補助変数 $\mathbf{u}$ の事前確率で, 以下の形になります.

$$p(\mathbf{u}) = \mathcal{N}(\boldsymbol{\mu}_M, \mathbf{K}_{MM}) \tag{5.8}$$

事前確率において $\boldsymbol{\mu}_M = \mathbf{0}$ としておきましょう.

公式 5.1 をベクトル $\mathbf{f}$ を用いて行列形式にまとめることで, 以下が得られます.

$$p(\mathbf{f}|\mathbf{u}) = \mathcal{N}\left(\mathbf{K}_{MN}^T\mathbf{K}_{MM}^{-1}\mathbf{u}, \boldsymbol{\Lambda}\right) \tag{5.9}$$

$$p(\mathbf{y}|\mathbf{f}) = \mathcal{N}(\mathbf{f}, \sigma^2\mathbf{I}_N) \tag{5.10}$$

ここで $\mathbf{I}_N$ は $N \times N$ の単位行列です. $\boldsymbol{\Lambda} = \mathrm{diag}(\lambda_1, \dots, \lambda_N)$ は対角行列であり, これの n 番目の成分は,

$$\lambda_n = k_n - \mathbf{k}_{Mn}^T\mathbf{K}_{MM}^{-1}\mathbf{k}_{Mn} \tag{5.11}$$

です. $\mathrm{diag}(\cdots)$ は対角成分を使って対角行列を表す記号です. $\mathbf{K}_{MN}$ は第 n 列が $\mathbf{k}_{Mn}$ であるような M 行 N 列の行列です.

次に, $\mathbf{u}$ から $\mathbf{f}$ を経て $\mathbf{y}$ を生成する 2 段階分の確率的生成過程から周辺化積分で $\mathbf{f}$ を消去することで, 以下を得ます (3.3.3 節の観測ノイズの取り扱いと同じ).

$$p(\mathbf{y}|\mathbf{u}) = \int p(\mathbf{y}|\mathbf{f})p(\mathbf{f}|\mathbf{u})d\mathbf{f} \quad \equiv \mathcal{N}\left(\mathbf{K}_{NM}\mathbf{K}_{MM}^{-1}\mathbf{u}, \boldsymbol{\Lambda} + \sigma^2\mathbf{I}_N\right) \tag{5.12}$$

最後に, 式 (5.12) の尤度関数と事前確率 $p(\mathbf{u})$ からベイズの定理にもとづく計算によって, 事後確率を以下のとおりに求めることができます.

公式 5.2（補助変数の事後確率）

$$p(\mathbf{u}|\mathbf{y}) = \mathcal{N}(\widehat{\mathbf{u}}, \widehat{\Sigma}_{\mathbf{u}}) \tag{5.13}$$

ここで,

$$\widehat{\mathbf{u}} = \mathbf{K}_{MM}\mathbf{Q}_{MM}^{-1}\mathbf{K}_{NM}^T(\boldsymbol{\Lambda} + \sigma^2\mathbf{I}_N)^{-1}\mathbf{y}_N$$

$$\widehat{\Sigma}_{\mathbf{u}} = \mathbf{K}_{MM}\mathbf{Q}_{MM}^{-1}\mathbf{K}_{MM}$$

$$\mathbf{Q}_{MM} = \mathbf{K}_{MM} + \mathbf{K}_{NM}^T(\boldsymbol{\Lambda} + \sigma^2\mathbf{I}_N)^{-1}\mathbf{K}_{NM}$$

です.

式 (5.13) の補助変数の事後確率を導出する計算の概要を以下に示します.

煩雑になりますが，意欲のある読者は計算を追ってみましょう．初めて読む方は飛ばして次節に進んでも問題ありません．

まずベイズの定理の対数形から

$$\log p(\mathbf{u}|\mathbf{y}) = \log p(\mathbf{u}) + \log p(\mathbf{y}|\mathbf{u}) - \log p(\mathbf{y}) \tag{5.14}$$

$$\begin{aligned}
= &-\frac{1}{2}\mathbf{u}^T\mathbf{K}_{MM}^{-1}\mathbf{u} - \frac{1}{2}\log(2\pi)^M |\mathbf{K}_{MM}| \\
&-\frac{1}{2}(\mathbf{y} - \mathbf{K}_{MN}^T\mathbf{K}_{MM}^{-1}\mathbf{u})^T(\mathbf{\Lambda} + \sigma^2\mathbf{I}_N)^{-1}(\mathbf{y} - \mathbf{K}_{MN}^T\mathbf{K}_{MM}^{-1}\mathbf{u}) \\
&-\frac{1}{2}\log(2\pi)^N |\mathbf{\Lambda} + \sigma^2\mathbf{I}_N| \\
&-\log p(\mathbf{y}) \tag{5.15}
\end{aligned}$$

が得られます．これを $\mathbf{u}$ に関して平方完成します．このために，まず $\mathbf{u}$ で微分して整理していきます．ここで式 (5.15) の第 2 項と後ろから 2 つの項は $\mathbf{u}$ に依存しないため，$\mathbf{u}$ による微分によって消えます．

$$\begin{aligned}
\frac{\partial \log p(\mathbf{u}|\mathbf{y})}{\partial \mathbf{u}} = &-\mathbf{K}_{MM}^{-1}\mathbf{u} + \mathbf{K}_{MM}^{-1}\mathbf{K}_{MN}(\mathbf{\Lambda} + \sigma^2\mathbf{I}_N)^{-1}(\mathbf{y} - \mathbf{K}_{MN}^T\mathbf{K}_{MM}^{-1}\mathbf{u}) \\
= &\mathbf{K}_{MM}^{-1}\mathbf{K}_{MN}(\mathbf{\Lambda} + \sigma^2\mathbf{I}_N)^{-1}\mathbf{y} \\
&-\left(\mathbf{K}_{MM}^{-1} + \mathbf{K}_{MM}^{-1}\mathbf{K}_{MN}(\mathbf{\Lambda} + \sigma^2\mathbf{I}_N)^{-1}\mathbf{K}_{MN}^T\mathbf{K}_{MM}^{-1}\right)\mathbf{u} \\
= &\mathbf{K}_{MM}^{-1}\mathbf{K}_{MN}(\mathbf{\Lambda} + \sigma^2\mathbf{I}_N)^{-1}\mathbf{y} - \mathbf{K}_{MM}^{-1}\mathbf{Q}_M\mathbf{K}_{MM}^{-1}\mathbf{u} \tag{5.16} \\
= &\mathbf{K}_{MM}^{-1}\mathbf{Q}_M\mathbf{K}_{MM}^{-1}\left(\mathbf{K}_{MM}\mathbf{Q}_M^{-1}\mathbf{K}_{MN}(\mathbf{\Lambda} + \sigma^2\mathbf{I}_N)^{-1}\mathbf{y} - \mathbf{u}\right) \\
= &\widehat{\Sigma}_{\mathbf{u}}^{-1}(\widehat{\mathbf{u}} - \mathbf{u}) \tag{5.17}
\end{aligned}$$

ここで式 (5.16) で $\mathbf{Q}_M$ を導入，式 (5.17) で $\widehat{\Sigma}_{\mathbf{u}}$ および $\widehat{\mathbf{u}}$ を導入することで数式を簡素化しています．$\log p(\mathbf{u}|\mathbf{y})$ が $\mathbf{u}$ の 2 次式であることから $p(\mathbf{u}|\mathbf{y})$ は正規分布です．これを前提とすると式 (5.17) から，$p(\mathbf{u}|\mathbf{y}) = \mathcal{N}(\widehat{\mathbf{u}}, \widehat{\Sigma}_{\mathbf{u}})$ がわかります．

以上の計算で，以下の両辺の 4 項のうち 3 項までが求められました．

$$\log p(\mathbf{y}|\mathbf{u}) + \log p(\mathbf{u}) = \log p(\mathbf{u}|\mathbf{y}) + \log p(\mathbf{y}) \tag{5.18}$$

これを用いて整理することにより，補助変数法の 3 段階生成過程モデルのエビデンス $p(\mathbf{y})$ は以下のように求めることができます（計算過程は省略し

ます）.

> **公式 5.3（補助変数法で用いる確率的生成モデルのエビデンス）**
>
> $$p(\mathbf{y}) = \int p(\mathbf{y}|\mathbf{f})p(\mathbf{f}|\mathbf{u})d\mathbf{f}d\mathbf{u} = \mathcal{N}\left(\mathbf{y}|\mathbf{0}, \mathbf{K}_{NM}\mathbf{K}_{MM}^{-1}\mathbf{K}_{NM}^{T} + \boldsymbol{\Lambda} + \sigma^2\mathbf{I}_N\right)$$
>
> $$(5.19)$$

　補助変数法で用いる確率的生成モデルのエビデンスを，オリジナルの確率的生成モデルのエビデンス

$$p_{\text{original}}(\mathbf{y}) = \int p(\mathbf{y}|\mathbf{f})p(\mathbf{f})d\mathbf{f} = \mathcal{N}\left(\mathbf{0}_N, \mathbf{K}_{NN} + \sigma^2\mathbf{I}_N\right) \qquad (5.20)$$

と比較すると，補助変数法ではカーネル行列に対して

$$\mathbf{K}_{NN} \approx \mathbf{K}_{NM}\mathbf{K}_{MM}^{-1}\mathbf{K}_{NM}^{T} + \boldsymbol{\Lambda} \qquad (5.21)$$

の近似を行っていることがわかります.

補助変数法による予測分布の導出　以上で補助変数の事後確率 $p(\mathbf{u}|\mathbf{y})$ が求まりました．これを用いると，新規入力点 $\mathbf{x}_*$ における関数値 $f_* = f(\mathbf{x}_*)$ の予測分布が求まります.

> **公式 5.4（補助変数法の予測分布）**
>
> $$p(f_*|\mathbf{y}) = \int p(f_*|\mathbf{u})p(\mathbf{u}|\mathbf{y})d\mathbf{u} = \mathcal{N}\left(\widehat{f}_*, \widehat{\sigma}_{f_*}^2\right) \qquad (5.22)$$
>
> ここで $\widehat{f}_*$ と $\widehat{\sigma}_{f_*}^2$ はそれぞれ予測分布の平均と分散であり，以下のように表すことができます.
>
> $$\widehat{f}_* = \mathbf{k}_{M*}^{T}\mathbf{K}_{MM}^{-1}\widehat{\mathbf{u}}, \quad \widehat{\sigma}_{f_*}^2 = k_{**} - \mathbf{k}_{M*}^{T}(\mathbf{K}_{MM}^{-1} - \mathbf{Q}_{MM}^{-1})\mathbf{k}_{M*}$$
>
> $$(5.23)$$

　なお観測 y_* に関する予測分布は，f_* の予測分布の分散に観測ノイズ由来の分散 σ^2 が加わったものになります．これ以外に違いはありません.

$$p(y_*|\mathbf{y}) = \mathcal{N}(\widehat{y}_*, \widehat{\sigma}_{y*}^2) \tag{5.24}$$

$$\widehat{y}_* = \widehat{f}_*, \widehat{\sigma}_{y*}^2 = \widehat{\sigma}_{f*}^2 + \sigma^2 \tag{5.25}$$

5.2.3　補助変数法の計算コスト

前節まで導出した補助変数法のアルゴリズムを改めて図 5.2 のようにまとめて見てみましょう．これに必要な計算コストは表 5.3 のようになります．

まず，逆行列計算の対象となる行列のうち $\mathbf{Q}_{MM}$ や $\Sigma_{\mathbf{u}}$ はどちらも $M \times M$ 行列ですから，M を小さく保てばこれらの逆行列の演算コスト $O(M^3)$ を小さくできます．補助変数法による計算効率化においてこれがもっとも重要です．

1: $\mathcal{D} = (\mathbf{X}, \mathbf{y})$, $\mathbf{Z} = (\mathbf{z}_1, \ldots, \mathbf{z}_M)$, $k(\cdot, \cdot)$, $\mathbf{x}_*$ を入力する．
2: $\mathbf{X}$ と $\mathbf{Z}$ に対応するカーネル行列のうち $\mathbf{K}_{MM}, \mathbf{K}_{MN}$ を計算し，N 次の対角行列 Λ を式 (5.11) で計算する．
3: $\mathbf{u}$ の事後確率 $q(\mathbf{u}|\mathbf{y})$ すなわち平均 $\widehat{\mathbf{u}}$ と分散 $\widehat{\Sigma}_{\mathbf{u}}$ を式 (5.13) で計算する．
4: $\mathbf{Z}$ と $\mathbf{x}_*$ に対応するカーネル行列 $\mathbf{k}_{M*}, k_*$ を計算する．
5: 関数値 $f_* = f(\mathbf{x}_*)$ の予測分布の平均 $\widehat{f}_*$ と共分散 $\widehat{\sigma}_{f*}^2$ を式 (5.22) で計算する．
6: $\widehat{f}_*, \widehat{\sigma}_{f*}^2$ を出力する．

図 5.2　補助変数法のアルゴリズム

表 5.3　補助変数法で必要な主な計算のコスト．N は入力点数，M は補助入力点数を意味します．入力空間の次元 D は無視します．

計算	メモリ消費量オーダー	演算量オーダー
$\mathbf{K}_{MM}, \mathbf{K}_{MN}$ を計算	$O(NM + M^2)$	$O(NM + M^2)$
Λ を計算	$O(N)$	$O(N)$
$\mathbf{Q}_{MM}$ の計算	$O(M^2)$	$O(NM^2)$
逆行列 $\mathbf{Q}_u^{-1}$ の計算	$O(M^2)$	$O(M^3)$

　次に $N \times N$ の対角行列 $\boldsymbol{\Lambda}$ や $(\boldsymbol{\Lambda} + \sigma^2 \mathbf{I}_N)^{-1}$ の計算コストが $O(N)$ であること，$\mathbf{Q}_{MM}$ を求める計算の演算コストが $O(NM^2)$ であることに注目しましょう．計算の全工程において $N \times N$ 行列をメモリに格納しなければならない過程が含まれません．観測点数 $N = 10000$ であれば，$N \times N$ 共分散行列は要素ごとに 8 バイトを用いる単精度実数であっても 800 メガバイトのメモリを消費します．補助入力点数 $M = 100$ ならば，$\mathbf{K}_{MN}$ と $\mathbf{K}_{MM}$ を格納するのに 9 メガバイトで十分です．補助変数法は演算量だけでなくメモリにも優しいのです．

5.2.4　補助入力点の配置
　補助変数法の確率的生成モデルはガウス過程回帰の確率的生成モデルの「大胆な近似」でした．これが適切な近似になっているか否かは，補助入力点 $\mathbf{Z} = (\mathbf{z}_1, \ldots, \mathbf{z}_M)$ における，関数値 $f(\mathbf{z}_m)$ が全データをよく代表しているか否かに依存します．

　図 5.3 に，補助入力点の置き方や密度を変えた場合の近似の良し悪しを比較してみます．これを見ると，入力点数の 1/10 程度の補助入力点で，平均関数のみならず影で示した標準偏差（分散の平方根）までピッタリ近似できています．しかしこれは，関数が滑らかであったからです．補助変数法は，補助点の間で補助変数の値を滑らかに補間することで関数を近似しますので，滑らかでない複雑な形をもつ関数を表現するには，補助入力点数を多くしないとよい近似ができません．このことも，この例から想像できると思います．

　補助変数法では補助入力点の総数が少ないほど計算効率が高くなりますが，補助入力点の配置密度が低いと近似精度が悪くなります．そこで補助入力点数の増加を抑えつつ近似精度を高く保つために，補助入力点を適切に配置する工夫が必要になります．補助入力点配置の基本的戦略として，関数 $f(\mathbf{x})$ の定義域の上の領域で，推定結果として得られる関数 $\widehat{f}(\mathbf{x})$ が滑らかである箇所では補助入力点の密度を低めに，滑らかでない箇所の周辺では高めに設定することが望ましいです．とはいえ，実際には真の関数 $f(\mathbf{x})$ も，補助入力点数が十分にある場合の関数推定値 $\widehat{f}(\mathbf{x})$ も事前に知ることはできません．

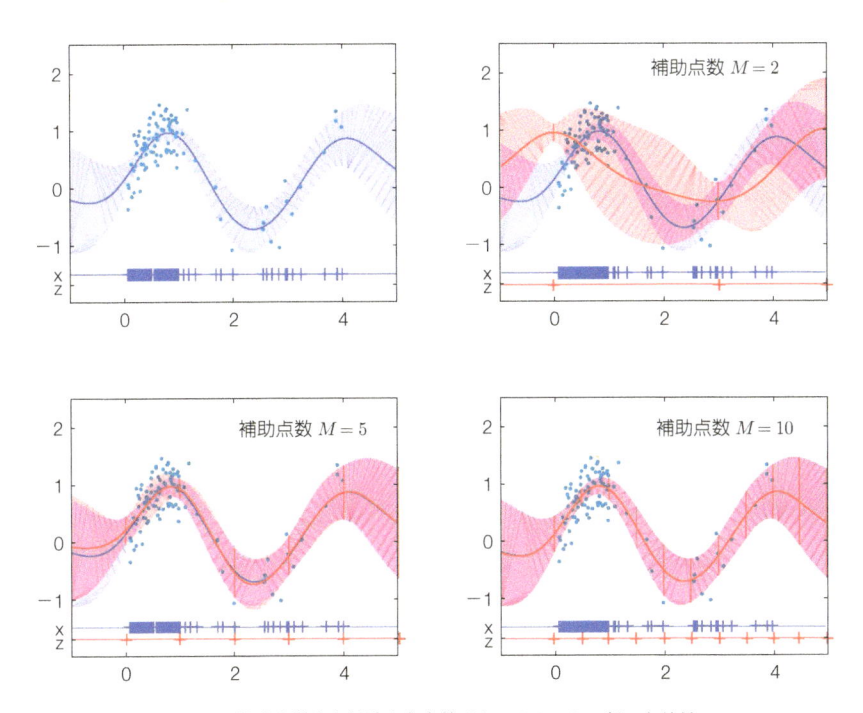

図 5.3 補助変数法を補助入力点数 $M = 2, 5, 10$ で行った結果.

そこで，補助入力点配置の作り方として，実際には以下のような方法が使われます．

- 入力データ点の中から，無作為に一定割合を選び出した「部分データ」を補助入力点とする．
- 入力データ点に関するクラスタリング処理（K 平均法など）で，代表点を求めて補助入力点とする．

以上の方法は実装が簡単であり，学習時の計算効率も高いため，多くの場合に使いやすいでしょう．学習時の計算速度を犠牲にしてでも，メモリ利用効率や適用時の計算効率を高めたい場合には，

- 上記方法で選んだものを初期値として，補助入力点位置が最適になるように自動調整する

という方法もあります [45].

　配置したい補助入力点の個数を格別に大きくせざるを得ない場合には,

- 補助入力点を格子状に並べる

という方法があります. この場合は補助入力点の個数が大きくなってしまいますが, 格子状配置の特殊性を用いることで計算量を大幅に縮減する方法があります. 5.4 節で後ほど紹介します.

　計算量, 実装コスト, 必要となる近似精度を勘案して選びましょう.

5.3　変分ベイズ法と確率的勾配法

　本節では, 変分ベイズ法 (Variational Bayesian methods, VB 法) にもとづいて確率的勾配法 (stochastic gradient method) アルゴリズムを導出します.

　変分ベイズ法は, 未知隠れ変数やパラメータが複雑な階層関係をもつようなモデルのベイズ推定問題を数値最適化問題に帰着させる方法です [47]. 確率的勾配法は, 数値最適化問題をパラメータの逐次的な更新によって解くアルゴリズムであり, 巨大なデータにもとづいてニューラルネットワークなどの複雑なパラメトリックモデルのパラメータ決定を効率化するために必須の方法です. 特にデータ数 N が大きい場合のガウス過程回帰モデルの補助変数法においてハイパーパラメータ θ の最適化を行いたい場合に, 補助変数法の計算効率をさらに改善することができます [17].

5.3.1　変分ベイズ法と独立分解仮定

　変分ベイズ法はベイズ推定の近似計算法です.

　一般に, 観測 Y の確率的生成モデル $p(Y|\mathbf{w},\theta)$ が未知変数 $\mathbf{w}$ とハイパーパラメータ θ を条件とした条件付き確率の形で与えられており, さらに未知変数の事前確率 $p(\mathbf{w})$ が与えられている場合を考えます. これはガウス過程回帰に限らない一般の機械学習モデルを広く含む状況設定です. このときベイズ推定の目的は, 未知変数の事後確率 $p(\mathbf{w}|Y,\theta)$ とハイパーパラメータ θ を求めることです. 以下のように, 事後確率は式 (5.26) のようにハイパーパラメータのもとでベイズの定理を満たすように求め, 同時にハイパーパラ

メータは式 (5.27) のようにエビデンス最大化原理を満たすように求めるのが一般的です.

$$p(\mathbf{w}|Y, \theta) = \frac{p(Y|\mathbf{w}, \theta)p(\mathbf{w}|\theta)}{p(Y|\theta)} \tag{5.26}$$

$$\theta^* = \arg\max_{\theta} p(Y|\theta) \tag{5.27}$$

ここで

$$p(Y|\theta) = \int p(Y|\mathbf{w}, \theta)p(\mathbf{w}|\theta)d\mathbf{w} \tag{5.28}$$

はエビデンス（周辺尤度）です. しかし, 2つの問題は互いに依存しているため, これらを同時に求める計算は面倒です. もっとも簡単にはハイパーパラメータ値の複数候補を適当に決めたうえで, ベイズ推定を行ってエビデンスを求め, エビデンスを最大化するハイパーパラメータを採用する, というエビデンス基準モデル選択を行うやり方がありますが, 候補が多い場合にはそのすべてにおいて計算を行う必要があるため効率はよくありません.

　変分ベイズ法では, 以下のようにします. まず, 事後確率分布 $p(\mathbf{w}|Y, \theta)$ を**変分事後分布** (variational posterior) $q(\mathbf{w})$ によって近似します（図 5.4）. 近似にあたっては, 解析者が変分事後分布 $q(\mathbf{w})$ を既知のパラメトリックな確率分布の形で天下り的に与えます. たとえば $q(\mathbf{w}) = \mathcal{N}(\mathbf{w}|\mathbf{m}, \mathbf{S})$ のようにパラメータ $\theta_{\mathbf{w}} = (\mathbf{m}, \mathbf{S})$ に依存するガウス分布とします. 次に, 変分事後分布を真の事後分布に近づけるべくパラメータの調整を行います.

　変分事後分布 $q(\mathbf{w})$ の意味について, 時と場合に応じてさまざまな解釈ができますので, 混乱を避けるために整理しておきます. まず, 変分ベイズ法アルゴリズムの立場から見るとき, 変分事後分布は仮の事後分布であるといえます. 仮の事後分布は, アルゴリズム開始時に適当に初期化され, ステップごとに真の事後分布に少しずつ近づいていき, 最終的に求めたい分布に収束します. 次に確率的生成モデリングの立場から見るとき, 変分事後分布は事後分布のモデルを意味します. 一般には, 事後分布を表す密度関数の関数形がよく知られたパラメトリックな確率密度関数と一致するとは限りません. 事前分布 $p(\mathbf{w})$ と尤度関数 $p(Y|\mathbf{w}, \theta)$ の関数形がわかりやすい形をしていても, 事後分布が扱いやすい形になるとは限らないのです. そこで, 解析者は扱いやすいパラメトリックな確率密度関数の形を天下り的に設定し, こ

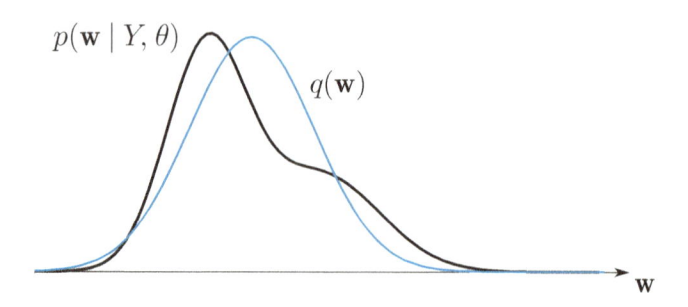

図 5.4　変分ベイズ法の目的は，事後確率分布 $p(\mathbf{w}|Y,\theta)$ の形状を変分事後分布 $q(\mathbf{w})$ で近似することです．図は，変分事後分布がガウス分布であるという制約のもとで，変分ベイズ法を行ったときの近似結果を示しています．

れを変分事後分布とします．いわば真の事後分布を求めたいという動機と，取り扱いやすい事後分布を手にしたいという動機の妥協の産物が変分事後分布なのです．さらに別の言い方をすると，解析者がパラメトリックな変分事後分布を設定するとき，解析者は事後分布に対して任意に制約を与えているのだと解釈することもできます．4.2 節の図 4.9 で学んだように確率的生成モデルは解析者が与えた仮説でしたが，変分事後分布も仮説の一部といえるのです．

　変分ベイズ法の計算目的は，$\mathbf{w}$ に関する 2 つの確率分布 $q(\mathbf{w})$ と $p(\mathbf{w}|Y,\theta)$ の違いを最小化することです．これら 2 つの確率分布の違いを **KL 情報量** (Kulback-Leibler divergence) $\mathrm{KL}[q(\mathbf{w})||p(\mathbf{w}|Y,\theta)]$ を用いて測ることにします．正確な定義は以下のとおりです．

定義 5.5 (KL 情報量)

確率密度関数 $q(\mathbf{w})$ と $p(\mathbf{w})$ で定義された 2 つの確率分布の間の KL 情報量は以下で定義される.

$$\mathrm{KL}[q(\mathbf{w})||p(\mathbf{w})] = \int q(\mathbf{w}) \log \frac{q(\mathbf{w})}{p(\mathbf{w})} d\mathbf{w} \tag{5.29}$$

なお, 任意の確率密度関数 p, q に対して $\mathrm{KL}[q(\mathbf{w})||p(\mathbf{w})] \geq 0$ が成り立ち, すべての $\mathbf{w}$ において $q(\mathbf{w}) = p(\mathbf{w})$ であるときに $\mathrm{KL}[q(\mathbf{w})||p(\mathbf{w})] = 0$ が成り立つ.

なお, 一般に $\mathrm{KL}[q(\mathbf{w})||p(\mathbf{w})] = \mathrm{KL}[p(\mathbf{w})||q(\mathbf{w})]$ は成り立ちませんので, KL 情報量を q と p との間の距離と呼ぶことはできません. 距離の代わりに擬距離と呼ぶことがあります.

変分ベイズ法では $q(\mathbf{w})$ を求めるために, 変分事後分布 $q(\mathbf{w})$ の**汎関数** (functional)[*3] の形で**エビデンス下界** (evidence lower bound, ELBO) もしくは**エビデンスの変分下界** (variational lower bound of evidence) を定義して, これを変分事後分布に関して最大化します.

定義 5.6 (エビデンスの変分下界)

$$\mathcal{F}_\theta\{q(\mathbf{w})\} = \int q(\mathbf{w}) \log \frac{p(Y|\mathbf{w}, \theta)p(\mathbf{w}|\theta)}{q(\mathbf{w})} d\mathbf{w} \tag{5.30}$$

この量がエビデンスの変分下界と呼ばれるのは, エビデンス $p(Y|\theta)$ に関する不等式

$$\mathcal{F}_\theta\{q(\mathbf{w})\} \leq \ln p(Y|\theta) \tag{5.31}$$

が任意の確率密度関数 $q(\mathbf{w})$ について成立し, 式 (5.31) の等号は

[*3] 汎関数とは関数形状 $q(\mathbf{w})$ を入力してスカラー値を出力するもののことを意味します. 汎関数を意味する英単語「 functional 」を覚えておき, 英文論文を読むときには function と functional の違いに気をつけましょう. 知らないと見落としてしまいますよね.

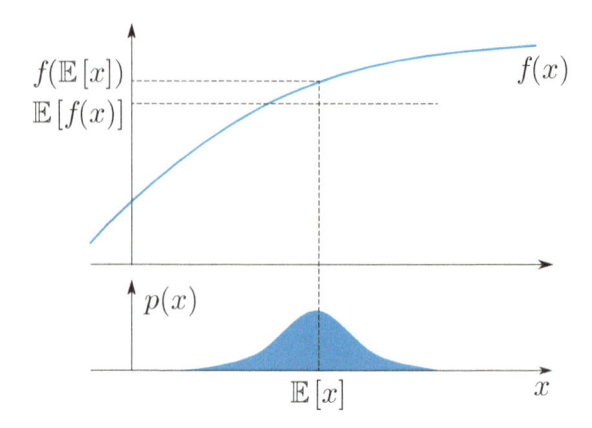

図 5.5 任意の上に凸な関数 $f(x)$ と，任意の確率密度関数 $p(x)$ に対して，イェンセンの不等式 $f(\mathbb{E}[x]) \geq \mathbb{E}[f(x)]$ が成り立つ．

$$q(\mathbf{w}) \equiv p(\mathbf{w}|Y, \theta) \tag{5.32}$$

であるときに成立するからです．

$\mathcal{F}_\theta$ がエビデンスの変分下界であることや KL 情報量がゼロ以上であることの証明には**イェンセンの不等式** (Jensen's inequality) を用います．（図 5.5）

> **公式 5.7（イェンセンの不等式）**
>
> 確率変数 $x \in \mathbb{R}$ と，x の上に凸な関数 $f(x)$ に関して
>
> $$f(\mathbb{E}[x]) \geq \mathbb{E}[f(x)] \tag{5.33}$$
>
> が成り立つ．

イェンセンの不等式の特別な場合として $\log x$ は上に凸な関数であるため，

$$\log \int p(x)f(x)dx \geq \int p(x)\log f(x)dx \tag{5.34}$$

が成り立ちます．

さらに，変分事後分布 $q(\mathbf{w})$ の形状がパラメータ $\theta_{\mathbf{w}}$ の関数で表される場合に，エビデンスの変分下界は変分事後分布のパラメータ $\theta_{\mathbf{w}}$ と，確率的生成モデルのハイパーパラメータ θ の関数として表現できます．

$$\mathcal{F}(\theta_{\mathbf{w}}, \theta) = \mathcal{F}_\theta\{q(\mathbf{w})\} \tag{5.35}$$

ここで式 (5.35) の左辺は $\theta_{\mathbf{w}}, \theta$ の関数，右辺は確率密度関数 $q(\mathbf{w})$ の汎関数であり，なおかつ θ の関数であることに注意しましょう．特にエビデンス下界を，式 (5.35) の左辺のようにハイパーパラメータの関数（変分事後分布の汎関数ではなく）の形で書くとき，これを**エビデンス下界関数**と呼びます．

こうして，変分ベイズ法では，ベイズ推定を構成する互いに絡み合う 2 つの問題，「事後分布 $p(\mathbf{w}|Y, \theta)$ の推定」と「ハイパーパラメータ θ の最適化」をエビデンス下界関数を目的関数とした，たった 1 つの数値最適化問題に帰着させます．

$$[\theta_{\mathbf{w}}^*, \theta^*] = \arg\max_{\theta_{\mathbf{w}}, \theta} \mathcal{F}(\theta_{\mathbf{w}}, \theta) \tag{5.36}$$

つまり，エビデンス下界関数を最大にするような $\theta_{\mathbf{w}}^*, \theta^*$ が求まったとき，これにもとづく変分事後確率 $q^*(\mathbf{w})$ は事後確率 $p(\mathbf{w}|Y, \theta^*)$ のもっともよい近似になっており，同時に θ^* はエビデンスを最大にするハイパーパラメータの近似になっています．また特にパラメトリックな確率分布 $q(\mathbf{w}) = q(\mathbf{w}|\theta_{\mathbf{w}})$ がパラメータ値 $\theta_{\mathbf{w}}$ 次第で真の事後確率を表現可能な場合は，$q^*(\mathbf{w}) = q(\mathbf{w}|\theta_{\mathbf{w}}^*)$ は厳密な事後確率と一致し，同時に θ^* はエビデンスを最大にするハイパーパラメータとなります．

最後に残る問題は，変分ベイズ法における変分事後確率 $q(\mathbf{w})$ の与え方です．これが，解析者が天下り的に与える仮説の一部であることを思い出してください．

独立分解仮定 (factorization model) は，変分ベイズ推定において変分事後確率 $q(\mathbf{w})$ のモデルを作る方法として，頻繁に使われる便利な考え方です．たとえば事後確率 $p(\mathbf{w}|X, \theta)$ において未知パラメータ $\mathbf{w} = (w_1, \ldots, w_5)$ が 5 次元ベクトルであるときに，変分事後確率において $q(\mathbf{w}) = q(w_1, w_2)q(w_3, w_4, w_5)$ を仮定することを独立分解仮定といいます．また，独立分解仮定に含まれる特別な場合として**平均場近似** (mean field approximation) があります．そこでは，$q(\mathbf{w}) = q(w_1)q(w_2)q(w_3)q(w_4)q(w_5)$ のよう

にスカラー変数ごとに独立な変分事後確率分布を考えます．こうした独立分解仮定で，特定（もしくはすべて）の変数ペア間の相関を無視することになります．しかし，適切な独立分解仮定を与えることによって，近似精度をほとんど犠牲にすることなく計算効率を大幅に向上させられる場合があります．

5.3.2　変分ベイズ法を補助変数法に適用する

変分ベイズ法を，ガウス過程回帰の補助変数法に適用します．変分ベイズ法の威力がわかります．

まず補助変数法に出現する変数を以下のカテゴリに分類します．

観測される確率変数　観測値 $\mathbf{y} = (y_1, \ldots, y_N)^T$
既知定数　入力点 $\mathbf{X} = (\mathbf{x}_1, \ldots, \mathbf{x}_N)$
未知定数　補助入力点 $\mathbf{Z} = (\mathbf{z}_1, \ldots, \mathbf{z}_M)$,
　　　　　　共分散関数 $k(\mathbf{x}, \mathbf{x}'; \theta)$ を調整するハイパーパラメータ θ
推定対象となる確率変数
入力点における関数出力値 $\mathbf{f} = (f_1, \ldots, f_N)^T = (f(\mathbf{x}_1), \ldots, f(\mathbf{x}_N))^T$,
補助入力点における関数出力値 $\mathbf{u} = (u_1, \ldots, u_M)^T = (f(\mathbf{z}_1), \ldots, f(\mathbf{z}_M))^T$

これをさきほどの一般的な変分ベイズ法の定式化に当てはめると「推定対象」となる確率変数を全部まとめたものがパラメータ $\mathbf{w} = (\mathbf{f}, \mathbf{u})$ に対応し，未知定数を全部まとめたものがハイパーパラメータ θ に対応し，観測される確率変数がそのまま $\mathbf{y}$ に対応します．既知定数である $\mathbf{X}$ は特に対応するものがありませんが，定数なので無視してかまいません．なお，前節まで補助入力点座標 $\mathbf{Z}$ を $\mathbf{X}$ と同様に所与の定数として扱うことにしていましたが，これをハイパーパラメータに含めて学習対象とすることで，補助点配置問題を変分下界最大化の数値最適化問題の一貫として解くことも可能になります．

次に，ベイズ推定の定式化を確認しておきます．推定対象となる確率変数 $\mathbf{f}$ と $\mathbf{u}$ の確率モデルは，尤度関数 $p(\mathbf{y}|\mathbf{f}, \theta)$，事前確率 $p(\mathbf{f}|\mathbf{u}, \theta)$，$p(\mathbf{u}|\theta)$ によって定義されます．それぞれ補助変数法の前提として 5.2.2 節で定式化したとおりですが，カーネル関数 $k(\mathbf{x}, \mathbf{x}') = k(\mathbf{x}, \mathbf{x}'; \theta)$ およびこれを用いて構成された共分散行列 $\mathbf{K}_{NN}, \mathbf{K}_{NM}, \mathbf{K}_{MM}$ などがそれぞれハイパーパラメータ θ に依存していることに注意しておきましょう．

ベイズ推定で求めたいものは，エビデンス $p(\mathbf{y}|\theta)$ を最大にするような θ^*,

$$\theta_* \equiv \arg\max_{\theta} p(\mathbf{y}|\theta) \tag{5.37}$$

$$p(\mathbf{y}|\theta) = \int p(\mathbf{y}|\mathbf{f},\theta)p(\mathbf{f}|\mathbf{u},\theta)p(\mathbf{u}|\theta)d\mathbf{f}d\mathbf{u} \tag{5.38}$$

と，この θ^* にもとづく事後確率

$$p(\mathbf{f},\mathbf{u}|\mathbf{y},\theta_*) = \frac{p(\mathbf{y}|\mathbf{f},\theta_*)p(\mathbf{f}|\mathbf{u},\theta_*)p(\mathbf{u}|\theta_*)}{p(\mathbf{y}|\theta_*)}$$

です．ここでエビデンスの定義式 (5.38) は，式 (5.7) の分母において省略されていたパラメータ θ への依存性を明記したものです．

これを変分ベイズ法で得るために，エビデンス下界関数を変分事後確率 $q(\mathbf{f},\mathbf{u})$ と θ に関して最大化する数値最適化問題を作ります．

変分事後確率に以下のような独立分解仮定を入れます．

仮定 5.8（変分ベイズ法による補助変数法のための独立分解仮定）

$$q(\mathbf{f},\mathbf{u}) = q(\mathbf{f}|\mathbf{u})q(\mathbf{u}) \tag{5.39}$$

$$q(\mathbf{f}|\mathbf{u}) = \prod_{n=1}^{N} q(f_n|\mathbf{u}) \tag{5.40}$$

$$q(f_n|\mathbf{u}) = \mathcal{N}(f_n|\widehat{f}_n(\mathbf{u}), \widehat{\sigma}_n^2) \tag{5.41}$$

$$q(\mathbf{u}) = \mathcal{N}(\mathbf{u}|\widehat{\mathbf{u}}, \widehat{\Sigma}_{\mathbf{u}}) \tag{5.42}$$

これは天下り的な仮定ですが，ここに巧妙な工夫と歴史的な試行錯誤の結果が反映されています [17] ので，すこし中身を確認しておきましょう．式 (5.39) は，$\mathbf{f}$ と $\mathbf{u}$ の同時確率を条件付き確率分布と周辺化確率分布に分解したものです．これ自体はつねに成り立つ関係であり制約ではありません．式 (5.40) では $q(\mathbf{f}|\mathbf{u})$ において，$\mathbf{u}$ を条件とした $\mathbf{f}$ の各成分 $f_n, n = 1,\ldots,N$ の間の条件付き独立性を仮定しています．これは独立分解仮定の一種であり，補助変数法の中で導入されていた「大胆な仮定」に対応します．式 (5.41) と式 (5.42) はそれぞれの成分の事後確率分布がガウス分布であることを仮定しています．またこれらのガウス分布を定める平均および分散（共分散）パ

ラメータ $\widehat{f}_n, \widehat{\sigma}_n^2, \widehat{\mathbf{u}}, \widehat{\Sigma}_{\mathbf{u}}$ をここで導入しています. 式 (5.41) では $\mathbf{u}$ を条件としているため, $\widehat{f}_n(\mathbf{u})$ が $\mathbf{u}$ の関数の形で表されています.

以上の準備のもとで, 数値最適化の対象となる変分下界関数を以下のように与えることができます.

$$\mathcal{F} = \mathcal{F}\{q(\mathbf{f}, \mathbf{u})\} = \int q(\mathbf{f}, \mathbf{u}) \log \frac{p(Y|X, \mathbf{f})p(\mathbf{f}|\mathbf{u})p(\mathbf{u})}{q(\mathbf{f}, \mathbf{u})} d\mathbf{f} d\mathbf{u}$$
$$\leq \log p(Y|X) \tag{5.43}$$

これは具体的には以下のように観測 y_n に対応する項 $\mathcal{F}_n$ の和と KL 情報量の項を合わせた形になります.

$$\mathcal{F} = \left(\sum_{n=1}^{N} \mathcal{F}_n\right) - \mathrm{KL}\left(q(\mathbf{u})||p(\mathbf{u})\right) \tag{5.44}$$

$$\mathcal{F}_n = \log \mathcal{N}\left(y_n | \mathbf{k}_{Mn}^T \mathbf{K}_{MM}^{-1} \widehat{\mathbf{u}}, \sigma^2\right) - \frac{1}{2\sigma^2} \widetilde{k}_{nn} - \frac{1}{2} \mathrm{tr}(\widehat{\Sigma}_{\mathbf{u}} \mathbf{\Lambda}_n) \tag{5.45}$$

ここで $\mathbf{\Lambda}_n = \sigma^{-2} \mathbf{K}_{MM}^{-1} \mathbf{k}_{Mn} \mathbf{k}_{Mn}^T \mathbf{K}_{MM}^{-1}$, $\widetilde{k}_{nn} = k_{nn} - \mathbf{k}_{Mn}^T \mathbf{K}_{MM}^{-1} \mathbf{k}_{Mn}$, です.

$q(\mathbf{u})$ のパラメータ $\widehat{\mathbf{u}}, \widehat{\Sigma}_{\mathbf{u}}$ に関する勾配は以下のように解析的に書くことができます.

$$\frac{\partial \mathcal{F}}{\partial \widehat{\mathbf{u}}} = \sigma^{-2} \mathbf{K}_{MM}^{-1} \mathbf{K}_{MN} \mathbf{y} - \mathbf{\Lambda} \widehat{\mathbf{u}}, \quad \frac{\partial \mathcal{F}}{\partial \mathbf{S}} = \frac{1}{2} \mathbf{S}^{-1} - \frac{1}{2} \mathbf{\Lambda} \tag{5.46}$$

ここで $\mathbf{S} = \widehat{\Sigma}_{\mathbf{u}}^{-1}$ です. またハイパーパラメータ θ に関する勾配は $\mathcal{F}_n$ が $\mathbf{k}_{Mn}$ と $\mathbf{K}_{MM}$ の関数であり, $\mathbf{k}_{Mn}$ と $\mathbf{K}_{MM}$ が θ の関数であることを用いた合成関数の微分によって

$$\frac{\partial \mathcal{F}_n}{\partial \theta} = \frac{\partial \mathbf{k}_{Mn}}{\partial \theta} \frac{\partial \mathcal{F}_n}{\partial \mathbf{k}_{Mn}} + \frac{\partial \mathbf{K}_{MM}}{\partial \theta} \frac{\partial \mathcal{F}_n}{\partial \mathbf{K}_{MM}} \tag{5.47}$$

の形に分解することができます.

以上のように数値最適化の目的関数 $\mathcal{F}$ が, 観測 $n = 1, \ldots, N$ に対応する項 $\mathcal{F}_n$ の和の形になっていることが, 次に述べるミニバッチ学習を可能にします.

5.3.3 ミニバッチと確率的勾配法

変分ベイズ法と確率的勾配法が威力を発揮するのは，データ点数 N が巨大である場合，具体的には数万個とか数億個のデータ点が存在している場合です．$\mathbf{K}_{MN}\mathbf{y}$ の計算に必要な演算量 $O(NM)$ や $\mathbf{K}_{MN}$ を保持するのに必要なメモリ量 $O(NM)$ は N に対して線形ですが，N が大きいときにこれらの計算を何度も繰り返しつつ，これらすべてをメモリに保持し続けるのは大きなコストです．先に述べた勾配法では，収束するまでのステップごとに勾配を計算するのに $O(NM)$ の演算量がかかります．

確率的勾配法 (stochastic gradient descent) を用いれば，ステップごとの演算量を節約することができます．N 個の入出力ペア $(\mathbf{x}_n, y_n), n = 1, \ldots, N$ を $N' = 100, 500$ 個程度の小口サイズに分けます．このように分けた小単位の 1 つ 1 つをミニバッチといいます．ミニバッチを用いて $\mathbf{K}_{MN'}\mathbf{y}$ を近似計算して勾配方向を求めると，全データを用いて計算したものと比べて少し誤差のある勾配が求まります．具体的には式 (5.44) において $n = 1, \ldots, N$ に関する和の代わりに，小口サイズのミニバッチに関する和を目的関数として勾配を計算するわけです．するとミニバッチごとに誤差の生じる方向は異なりますが，すべてのミニバッチで平均すると誤差の平均（バイアス）は無視できます．

そこで確率的勾配法では，ステップごとに異なるミニバッチによって勾配を求めて，これによってパラメータ更新を進めます．

確率的勾配法の最大の効能は，ステップごとに全データを用いる通常の勾配法と比較して，収束までに必要な計算時間が少なく済むことです．それだけでなく，ミニバッチごとに勾配方向が確率的にゆらぐおかげで，局所解にトラップされにくいとも考えられています．

5.4　格子状補助入力点配置にもとづくガウス過程法計算

本節では，補助入力点を規則正しく格子状に配置することによって，ガウス過程法の計算コストを大幅に削減する巧妙な方法 [54] を紹介します．

ガウス過程回帰の補助変数法において，補助入力点の個数を大きく設定しなければならない場合があります．典型例は図 5.6 (a) のような状況です．3 次元空間内の直方体領域を埋め尽くすように入力点があり，しかもデータ

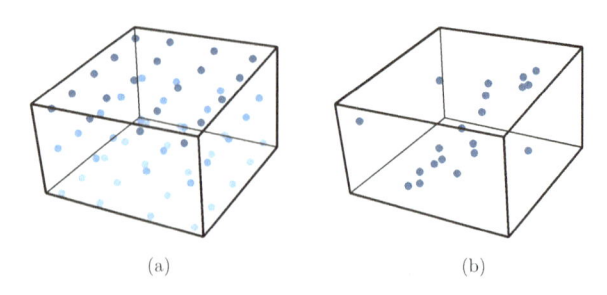

(a)　　　　　　　　　　　　　(b)

図 5.6　(a) ガウス過程回帰の入力点が 3 次元空間内の直方体状の領域内を埋め尽くすようにほぼ均一に分布しているとき，領域内を埋め尽くすように補助入力点を配置しないと精度が得られないことがあります．(b) 入力点の分布が均一でない場合には，入力点が分布している箇所周辺に補助入力点を配置すれば十分です．

から推定される関数 $f(\mathbf{x})$ の形状が複雑であるような場合には，直方体領域内に補助入力点を密に配置しないと近似精度が悪くなってしまいます（5.2.4節で議論した補助入力点配置の方法に関する一般論について再確認しましょう）．しかし領域を埋め尽くすように補助入力点を配置することで補助入力点総数 M を増やしてしまうと，M が小さいことを前提とした補助変数法の計算効率性が失われてしまいます．この問題は 4 次元，5 次元，... と次元が増えてゆくほどに，深刻になります．本節で説明する工夫はこういう場合の救いとなります．

　簡単のため 2 次元の場合の例（図 5.7）を見てみましょう．多数の観測値 $(\mathbf{x}_n, \mathbf{y}_n), n = 1, \ldots, N, N = 15600$ が 2 次元空間の長方形領域を埋め尽くす形で得られています．観測領域の外側を広く含む形でテスト点 $(\mathbf{x}_m^*), m = 1, \ldots, N_\mathrm{T}, N_\mathrm{T} = 11000$ が設定されており，これらの点において関数 $f(\mathbf{x}_m^*)$ の推定値 $\widehat{f}(\mathbf{x}_m^*)$ を求めたいとき，どのように計算するのがよいでしょうか．共分散関数は $k(\mathbf{x}_n, \mathbf{x}_{n'}) = \alpha_0 \exp(-\alpha_1 \|\mathbf{x}_n - \mathbf{x}_{n'}\|^2)$ の形を使うものとし，ハイパーパラメータ $\theta = (\alpha_0, \alpha_1)$ は未知であるものとします．

　こういうときに，格子状補助入力点配置の工夫を適用することで，M が大きくても（$M > N$ であっても）計算を効率化できる場合があります．クロネッカー法（5.4.1 節），テプリッツ法（5.4.2 節），局所的カーネル補間（5.4.3節），という 3 つのアイディアと，これをまとめた KISS-GP 法（5.4.4 節）に

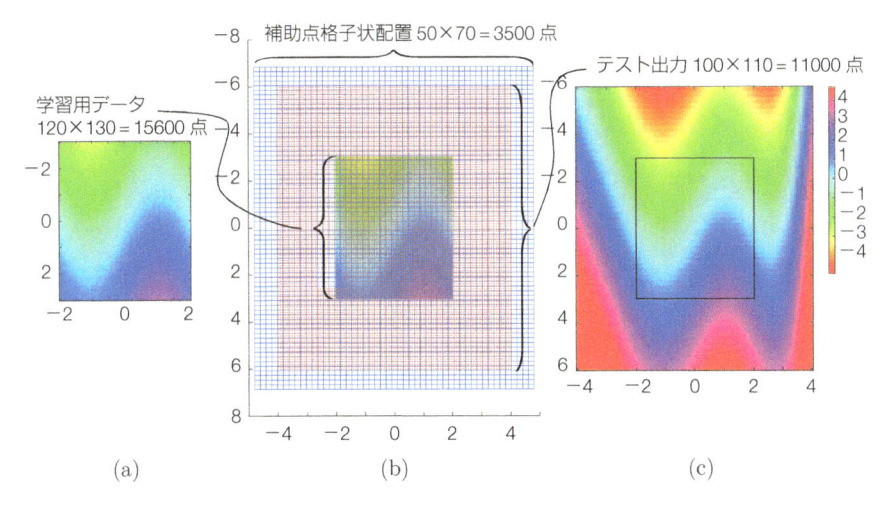

図 5.7 補助入力点の格子点配置を用いたガウス過程回帰の例. (a) のように 2 次元空間上に 15600 点の観測値があるとき, (b) のように格子状に補助入力点を配置することで計算精度を犠牲にすることなく効率のよい計算でハイパーパラメータを求めることができます. また (c) のように多数のテスト点における出力を行う際にも, 1 点あたりの出力に必要な演算量を減らすことができます. (c) のなかほどの四角形の観測領域の内側で観測値に含まれたノイズを除去した滑らかな推定を行いつつ, 外側でも自然な補外推定を行うことができています.

ついて, 以下で紹介します.

先ほどの例に KISS-GP 法を適用すると, 訓練用入力点の分布とテスト用入力点の分布の両方を大きく覆うようにして $M = 50 \times 70 = 3500$ 個の補助入力点を配置 (図 5.7(b)) することで, ハイパーパラメータを 3 秒で計算し, $100 \times 110 = 11000$ 個のテスト点における関数値を 1 秒で計算することができました. これを通常の補助変数法で行うと 3 分以上の計算時間がかかってしまうところです.

5.4.1 クロネッカー法

クロネッカー法 (Kronecker methods) では, 多次元格子が 1 次元格子の直積で表されることと, 行列のクロネッカー積の性質を用いてカーネル行列にかかわる演算量を節約します.

　例として，入力点 $\mathbf{x}$ が，2 次元空間上の格子点 $\mathbf{x} = (x^{(1)}, x^{(2)}) \in \mathcal{X}_1 \times \mathcal{X}_2$ から与えられていることを想定します．$\mathcal{X}_1, \mathcal{X}_2$ はそれぞれ縦・横格子の座標に対応する 50 要素，70 要素の集合です．このとき $\mathbf{x}$ は 50×70 の格子点上に配置されていることになります．

　これに加えて，カーネル関数が格子次元ごとのカーネル関数の積の形になっていることが必要になります．2 次元ならば $k(\mathbf{x}_n, \mathbf{x}_{n'}) = k_{(1)}(x_n^{(1)}, x_{n'}^{(1)}) k_{(2)}(x_n^{(2)}, x_{n'}^{(2)})$ のように書くことができる場合を考えます．たとえば，ガウスカーネルならば自動的にこの性質を満たします．

　このとき，全補助入力点 $\mathbf{x}_m, m = 1, \ldots, M$ に関する共分散行列 $\mathbf{K}_{MM}$（この例では 3500×3500 行列）は，格子次元ごとに構成した共分散行列 $\mathbf{K}_1$（この例では 50×50 行列）と $\mathbf{K}_2$ （この例では 70×70 行列）のクロネッカー積 $\mathbf{K}_{MM} = \mathbf{K}_1 \otimes \mathbf{K}_2$ で表すことができます．

　ここで**クロネッカー積** (Kronecker product) とは，任意形状行列（正方行列に限らない）同士で定義される行列積であり，たとえば 2×3 行列 $\mathbf{A} = (a_{ij})$ と 2×2 行列 $\mathbf{B} = (b_{lm})$ のクロネッカー積は

$$\mathbf{A} \otimes \mathbf{B} = \begin{pmatrix} a_{11}\mathbf{B} & a_{12}\mathbf{B} & a_{13}\mathbf{B} \\ a_{21}\mathbf{B} & a_{22}\mathbf{B} & a_{23}\mathbf{B} \end{pmatrix}$$

で定義される 4×6 行列になります．

　$\mathbf{K}_{MM}$ を要素ごとに保持するのに必要なメモリ量は $O(M^2)$，この例では $3500 \times 3500 = 1225$ 万 程度となりますが，これを $\mathbf{K}_1, \mathbf{K}_2$ に分けて保持することができれば，$50 \times 50 + 70 \times 70 = 7400$ 程度で十分ということになります．これは近似ではなく，厳密な表現になります．

　クロネッカー法の肝は，クロネッカー積に展開されたカーネル行列 $\mathbf{K}$ の固有値分解です．$N \times N$ 行列の固有値分解 $\mathbf{K} = \mathbf{P\Gamma P}^T$ には $O(N^2)$ のメモリ消費，$O(N^3)$ の演算量がかかります．これを用いて逆行列 $\mathbf{K}^{-1} = \mathbf{P\Gamma}^{-1}\mathbf{P}^T$ や行列式 $|\mathbf{K}| = |\mathbf{\Gamma}|$ を求めるには $O(N^2)$ の演算量コストは相対的に無視できるので，固有値分解の計算コスト $O(N^3)$ のみが重要です．

> **公式 5.9（クロネッカー積の固有値）**
>
> $M^{(1)}$ 次正方行列 $\mathbf{K}^{(1)}$ と $M^{(2)}$ 次正方行列 $\mathbf{K}^{(2)}$ の固有値がそれぞれ $\lambda_i^{(1)}, i = 1, \ldots, M^{(1)}$ と $\lambda_j^{(2)}, j = 1, \ldots, M^{(2)}$ であるとき，クロネッカー積 $\mathbf{K}^{(1)} \otimes \mathbf{K}^{(2)}$ の固有値は $\lambda_i^{(1)} \lambda_j^{(2)}, i = 1, \ldots, M^{(1)}, j = 1, \ldots, M^{(2)}$ である．また，これら $M^{(1)} M^{(2)}$ 個の固有値に対応する固有ベクトルは $\mathbf{p}_i^{(1)} \otimes \mathbf{p}_j^{(2)}, i = 1, \ldots, M^{(1)}, j = 1, \ldots, M^{(2)}$ である．ここで $\mathbf{p}_i^{(1)}, \mathbf{p}_j^{(2)}$ はそれぞれ $\mathbf{K}^{(1)}, \mathbf{K}^{(2)}$ の固有値 $\lambda_i^{(1)}, \lambda_j^{(2)}$ に対応する固有ベクトルである．

ガウス過程法は逆行列計算 $(\mathbf{K} + \sigma^2\mathbf{I})^{-1}$ や行列式計算 $|\mathbf{K} + \sigma^2\mathbf{I}|$ を必要としますが，固有値分解 $\mathbf{K} = \mathbf{P}\boldsymbol{\Gamma}\mathbf{P}^T$ のもとで σ^2 を含む計算も以下のように計算できますので，計算コストのオーダーは同様です．

$$(\mathbf{K} + \sigma^2\mathbf{I})^{-1} = \mathbf{P}(\boldsymbol{\Gamma} + \sigma^2\mathbf{I})^{-1}\mathbf{P}^T \tag{5.48}$$

$$|\mathbf{K} + \sigma^2\mathbf{I}| = |\boldsymbol{\Gamma} + \sigma^2\mathbf{I}| \tag{5.49}$$

そこで，M 個の補助入力点が $M^{(1)} \times M^{(2)}$ の 2 次元格子状で配置されているとき，クロネッカー法による計算コストは $O(M^{(1)3} + M^{(2)3})$ となるわけです．たとえば 50×70 の格子によって作られた 3500 個の格子点を考えるとき，演算コストが 3500^3 に比例するのと $50^3 + 70^3$ に比例するのとでは大きな違いです．単純に $M^{(1)} = M^{(2)} = \sqrt{M}$ であれば $O(M^{3/2})$ です．

一般に任意次元の格子点 $x = (x^{(1)}, \ldots, x^{(D)}) \in \mathcal{X}_1 \times \cdots \times \mathcal{X}_D$ を考えたい場合も同様です．クロネッカー積の固有値は，D 次元の格子それぞれの固有値のすべての組み合わせとなります．仮に次元ごとの格子点数が等しいもの $M^{(1)} = \cdots = M^{(D)}$ とすれば，演算コストは $O(M^{3/D})$ となります．

こうして，データとして与えられる入力点の個数 N に対して補助点数 M のほうが大きい場合であっても，格子点状補助点配置とクロネッカー法を用いることで補助変数法の計算コストのほうが下回る場合があるのです．

$$A = \begin{pmatrix} 1 & 2 & 3 & 4 \\ 2 & 1 & 2 & 3 \\ 0 & 2 & 1 & 2 \\ 0 & 0 & 2 & 1 \end{pmatrix} \qquad B = \begin{pmatrix} 1 & 2 & 3 & 4 \\ 4 & 1 & 2 & 3 \\ 3 & 4 & 1 & 2 \\ 2 & 3 & 4 & 1 \end{pmatrix}$$

図 5.8　テプリッツ行列であり，巡回行列でない行列 A（左）と巡回行列 B（右）の例.

5.4.2　テプリッツ法

テプリッツ法 (Toeplitz methods) は 1 次元格子において補助入力点が等間隔に並んでおり，なおかつカーネル関数が 2 つの入力値 x_i と x_j の差分で書ける形，$k(x_i, x_j) = h(x_i - x_j)$ になっている場合に使える方法です．テプリッツ法とクロネッカー法との組み合わせで，多次元の等間隔格子を取り扱うことができますが，ここでは 1 次元格子に限ってテプリッツ法を説明します．

たとえば $x = 0, 0.01, 0.02, \ldots, 10$ のような等間隔格子点とガウスカーネルを使う場合が典型的です．このとき，共分散行列 $\mathbf{K}_{MM}$ はテプリッツ行列になります．

ここで**テプリッツ行列** (Toeplitz matrix) とは，正方行列 $\mathbf{A} = (a_{ij})$ であって，$a_{ij} = a_{i-1,j-1}$ が成り立つような行列です．**対角一定行列** (diagonal-constant matrix) とも呼ばれます．そこでテプリッツ行列はその第 1 行目の行ベクトルと第 1 列目の列ベクトルの成分が決まれば，その他のすべての成分がわかります．この性質を使うと，$M \times M$ 行列のテプリッツ行列を格納するのに必要なメモリ量は $O(M)$ で十分ということになります．

一方で，テプリッツ行列の特別な場合として**巡回行列** (circulant matrix) というものが知られています．$M \times M$ 巡回行列とは，正方行列 $\mathbf{B} = (b_{ij})$ であって $b_{ij} = b_{i-1,j-1}$ および $b_{Mj} = b_{1,j+1}$ が成り立つようなものをいいます．したがって，巡回行列はその第 1 行目の行ベクトル成分だけがわかればその他のすべての成分がわかります．**図 5.8** に，テプリッツ行列と巡回行列の例を示しました．

巡回行列には，たいへん便利な性質があります．巡回行列の 1 行目に対する離散フーリエ変換によって，その行列の固有値が得られるのです．これを

示す計算を付録 A.2 に示したので，興味のある方はご覧ください.

これを用いると，一般の M 次行列の対角化に $O(M^3)$ の演算量が必要であったところを，M 次巡回行列に対しては高速フーリエ変換 (FFT) アルゴリズムによって $O(M \log M)$ の演算量で対角化ができるのです.

さて，話をテプリッツ法に戻します. 共分散行列 $\mathbf{K}$ が M 次のテプリッツ行列である場合には，まずこれを「埋め込んだ」$2M - 2$ 次の巡回行列 $\mathbf{B}_{2M-2}$ を作ります. 具体的には，共分散行列 $\mathbf{K}$ の第 1 行目が $\mathbf{k}_1 = (K_{11}, K_{12}, \ldots, K_{1,M-1}, K_{1,M})$ であるとき，第 1 行目が $\mathbf{b}_1 = (K_{11}, K_{12}, \ldots, K_{1,M-1}, K_{1,M}, K_{1,M-1}, K_{1,M-2}, \ldots, K_{13}, K_{12})$ という $2M - 2$ 次元ベクトルであるような巡回行列 $\mathbf{B}_{2M-2}$ を作ります. 巡回行列ですので 1 行目を決めると，他の要素は自動的に定まって以下のような形になります.

$$\mathbf{B}_{2M-2} = \left(\begin{array}{cc} \mathbf{K} & \mathbf{S} \\ \mathbf{S}^T & \mathbf{T} \end{array} \right)$$

ここで $M \times (M-2)$ 行列 $\mathbf{S}$ と $(M-2) \times (M-2)$ 行列 $\mathbf{T}$ は，自動的に定まった部分行列要素です.

テプリッツ法では，次にこうして作った 1 行目 $\mathbf{b}_1$ にフーリエ変換を適用することで，$\mathbf{B}_{2M-2}$ の固有値・固有ベクトルを求め，これを用いて任意の M 次元ベクトル $\mathbf{x}$ に対して $\mathbf{K}\mathbf{x}$ や $\mathbf{K}^{-1}\mathbf{x}$ などの本来ならば $O(M^2)$ や $O(M^3)$ を必要とする計算を $O(M \log M)$ の演算量で行います. これ以上の詳細に興味をお持ちの方は [53] および，テプリッツ行列の性質を用いた高速な行列計算を行う MATLAB のツールボックス*4 を参照ください.

5.4.3 局所的カーネル補間

局所的カーネル補間 (local kernel interporation) は任意の入力点 $\mathbf{x}$ におけるカーネル関数の値を得るために，図 5.9 のように，$\mathbf{x}$ 近傍の格子点を最小限だけピックアップして格子点上の値に重みづけして補間します. 1 次元格子であれば近傍格子点を 2 点，2 次元なら高々 4 点，3 次元ならば高々 8 点の補間で任意点の値を決めることができます. このために，入力点 $\mathbf{X}$ と

---

*4 "Toeblitz Toolkit for Fast Toeplitz Matrix Operations" という名称であり，本書執筆時には `http://mloss.org/revision/view/1639/` から入手可能です.

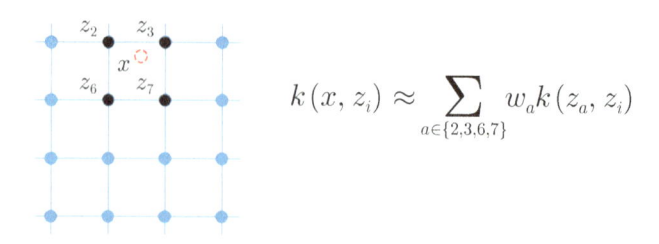

図 5.9　局所的カーネル補間では，補助入力点 $z_1, \dots, z_M$ がグリッド状に配置されているとき，任意の入力点 x に対応するカーネル関数 $k(x, z_i)$ を x の周囲にある少数の補助入力点（2次元の場合は 4 つ）における値の重みづき平均で近似します．

テスト入力点 $\mathbf{x}_*$ がとり得る値の範囲を広くカバーするようにして格子上補助点を配置しておくことが必要になります．幸いにも，こうするために補助点の個数が大きくなっても計算コスト上の増加は無視できます．

　カーネル行列において，N 個の入力点に対応する値を M 個の補助入力点に対応する値の補間で表す計算は以下のように書き表すことができます．

$$\mathbf{K}_{NM} \approx \mathbf{W}\mathbf{K}_{MM} \tag{5.50}$$

ここで $\mathbf{W}$ は $N \times M$ 行列であって，その第 n 横ベクトル $\mathbf{w}_n$ は第 n 入力点 $\mathbf{x}_n$ の近傍にある格子点間の補間重みを表します．補助入力点 $\mathbf{Z}$ が 3 次元空間上の格子点に配置されている場合では，ベクトル $\mathbf{w}_n$ を構成する M 個の成分のうち 8 個だけがゼロでない値をとり，それら以外の成分はゼロとなります．また $\mathbf{w}_n$ の値は $\mathbf{x}_n$ とその 8 近傍の格子点座標のみから簡単な計算で決まるため，あらかじめ計算しておく必要も更新する必要もありません．さらに，$N \times M$ に比例するメモリに格納する必要もありません．入力点 $\mathbf{x}_n$ ごとに，対応する 8 近傍格子点のインデックスとその重みだけをメモリに格納すればよいので，N 個の入力点に対して $\mathbf{W}$ を格納するために必要なメモリ消費量のオーダーは $O(N)$ となり，M に依存しません．

　このとき，N 個の入力点に関する共分散行列も以下の近似が可能です．

$$\mathbf{K}_{NN} \approx \mathbf{W}\mathbf{K}_{MM}\mathbf{W}^T \tag{5.51}$$

これを計算するために必要な演算回数のオーダーは $O(N^2)$ であり，これも M の大きさに依存しないことに注意しておきます．

一般の D 次元入力では近傍格子点の個数が 2^D になる以外に，この手法の性質に大きな影響はありません．

こうして，格子状に配置された補助点であれば補助点の個数 M が計算コストにつながらない効率的な計算が局所的カーネル補間で可能になることがわかりました．

5.4.4　KISS-GP 法とその演算量

ここまでに述べたクロネッカー法（5.4.1 節），テプリッツ法（5.4.2 節），局所的カーネル補間（5.4.3 節）の 3 つのテクニックは互いに補完的な関係にあります．これらを同時に使用する実装が公開されており，**KISS-GP 法**と呼ばれています [54]．ガウス過程法のさまざまなアルゴリズムの MATLAB 実装をまとめた GPML というツールボックスがあり，このなかに KISS-GP 法が含まれています．図 5.7 の例は GPML を用いて作成しました[*5]．同様に，Python 実装として GPyTorch というツールボックスがあり，ここにも KISS-GP 法が含まれています [11,35][*6]．

ガウス過程法では大きな入力点数 N に対応する $N \times N$ 共分散行列 $\mathbf{K}_{NN}$ の取り扱いに演算量 $O(N^3)$ とメモリ消費量 $O(N^2)$ を必要としました．補助変数法では M 個の補助入力点 $Z = (z_1, \ldots, z_M)$ に対応する M 次元の補助変数 $\mathbf{u}$ を用意することで，式 (5.19) の近似を行いました．

$$\mathbf{K}_{NN} + \sigma^2 \mathbf{I}_N \approx \mathbf{K}_{NM} (\mathbf{Q}_{MM})^{-1} \mathbf{K}_{NM}^T \tag{5.52}$$

これにより演算量オーダーを $O(M^3)$ までメモリ消費量オーダーを $O(NM)$ まで減らすことができますが，N が大きいときにはこれでも計算困難ですし，M を小さくしすぎると近似性能が悪くなります．

KISS-GP 法では，たとえば，3 次元入力空間上のデータ点の周辺を覆う 3 次元グリッド状に補助入力点セット Z を用意します．たとえば次元ごとにグリッドを L 点ずつ与えると補助入力点数は $M = L^3$ となります．このとき補助入力点に対応するカーネル行列 $\mathbf{K}_u$ の要素数は $O(M^2) = O(L^6)$ となりますが，クロネッカー法によってカーネル行列 $\mathbf{K}_u$ を $\mathbf{K}_u = \mathbf{K}_u^{(1)} \times \mathbf{K}_u^{(2)} \times \mathbf{K}_u^{(3)}$ のように次元ごとのカーネルのクロネッカー積で表現することでこれを格納

するのに必要なメモリ量を合計で $O(DL^2)$ まで減らすことができます。さらにテプリッツ法を適用することで、各次元に対応するカーネル行列 $\mathbf{K}_u^{(d)}$ を $O(L)$ のメモリで表現することができます。また補助入力点 $\mathbf{Z}$ と入力点 $\mathbf{X}$ をつなぐカーネル行列 $\mathbf{K}_{NM}$ の要素数は $O(NM)$ となりますが、局所的カーネル補間を用いて近接グリッドにおける要素の値の補間で表すことによりメモリ消費量 $O(N)$ で格納可能となります。

　通常のガウス過程回帰で必要とされていた演算量が $O(N^3)$、メモリ消費量が $O(N^2)$ であったのに対し、補助変数法は演算量を $O(NM^2 + M^3)$、メモリ消費量を $O(NM + M^2)$ まで減らしました。近傍格子点の補完重み $\mathbf{W}$ がスパースである場合を想定した局所的カーネル補間ではこれをさらに、演算量 $O(N + M^2)$、メモリ消費量 $O(N + M^2)$ まで減らしました。テプリッツ法によって演算量 $O(N + M\log M)$、メモリ消費量 $O(N + M)$ まで減らします。クロネッカー法で $M = L^D$（D は入力空間の次元、L は次元ごとのグリッド点数）である場合を想定すると演算量は $O(N + DML)$、メモリ消費量は $O(N + DL)$ となります。入力空間の次元 D が高い場合ほど、効率化に拍車がかかる形になっていることがわかりますね。

ガウス過程の適用

本章ではガウス過程の特長を有効に使った実応用例として，空間
統計学，ベイズ最適化といった課題を見ていきます．

6.1 クリギングと空間統計学

20 世紀の半ば，南アフリカの鉱山技術者ダニー・クリーグは，限られた回
数のボーリング検査の結果から採石場全体に含まれる鉱物の総量を推定する
方法を考えました．ボーリングとは特殊なドリルを用いて地下に向けて細い
孔を掘りつつ岩石の標本を得る作業であり，これによってある場所のどのぐ
らいの深さでどんな品質の鉱石が得られるかがわかります（図 6.1）．採石場
全体に眠る鉱物総量を正確に知るためには，採石場を埋め尽くす十分な密度
の格子点を決めてボーリングできれば理想的です．しかし，採石場にボーリ
ング孔を 1 本開けるたびに大きな作業コストがかかるうえに，険しい地形の
鉱山や採石場では，ボーリング作業のための機材をどこにでも自由に設置し
て穴を掘るわけにはいきません．

そこでクリーグは，座標 $\mathbf{x}_1, \ldots, \mathbf{x}_N$ において実際に計測された値
$f_1, \ldots, f_N$ の線形和を用いて，任意の空間座標 $\mathbf{x}$ において計測されるであ
ろう値 $f(\mathbf{x})$ を，

$$\widehat{f}(\mathbf{x}) = \sum_{n=1}^{N} w_n(\mathbf{x}) f_n \tag{6.1}$$

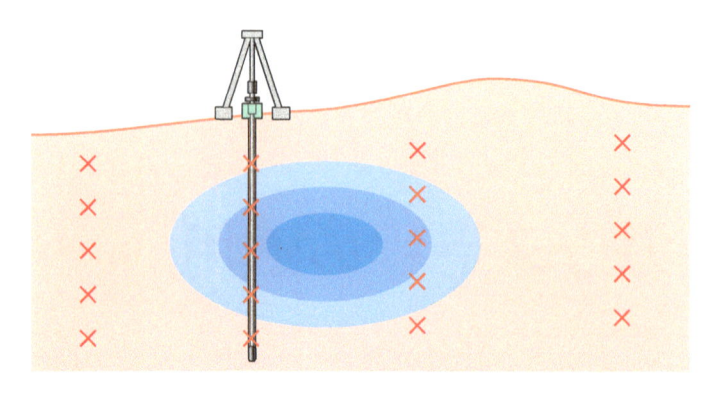

図 6.1　ボーリング検査によって採石場に含まれる鉱物総量を推定したい.

によって推定する方法を開発しました. この方法は, 開発者の名をとって**ク
リギング** (Kriging) と呼ばれており, 現象の生じる位置関係をモデルに含め
て説明能力を増すために, 現代の**地球統計学** (geostatistics) や**空間統計学**
(spatial statistics) など地学, 地理学, 政治経済, 文化的現象などで広く使
われています [58, 64].

　クリギングとガウス過程回帰法とは, 原理的な方法論としての内容はまっ
たく同一といえますが, 歴史的には互いに独立な進化を遂げてきたために,
言葉遣いが異なります. 特に, クリギングでは 2 次元・3 次元空間上のデー
タ解析の立場から, データ取得の現場でデータの可視化を行いながらモデリ
ングを進めていくところに特徴があり, この点で, 一般的な N 次元データを
対象として定式化された機械学習の文脈でガウス過程法を見るのとは異なる
視点があります. クリギングの観点からガウス過程法を導出する過程を学ぶ
ことは, ガウス過程回帰の応用を考えるうえで役立つでしょう.

バリオグラムとセミバリオグラム　クリギングでは共分散関数のモデリング
を行うために, 半分散やセミバリオグラムといった言葉を使う特有の流儀が
あります.

　N 点 $\mathbf{x}_1, \ldots, \mathbf{x}_N$ における計測値 $y_1, \ldots, y_N$ が与えられているとき, 任意
の 2 点 $(\mathbf{x}_n, \mathbf{x}_{n'})$ の組み合わせに対応する**半分散** (semivariation) (もしくは
カタカナ語で**セミバリエーション**) を, 位置 $\mathbf{x}_n, \mathbf{x}_{n'}$ における観測値 $y_n, y_{n'}$

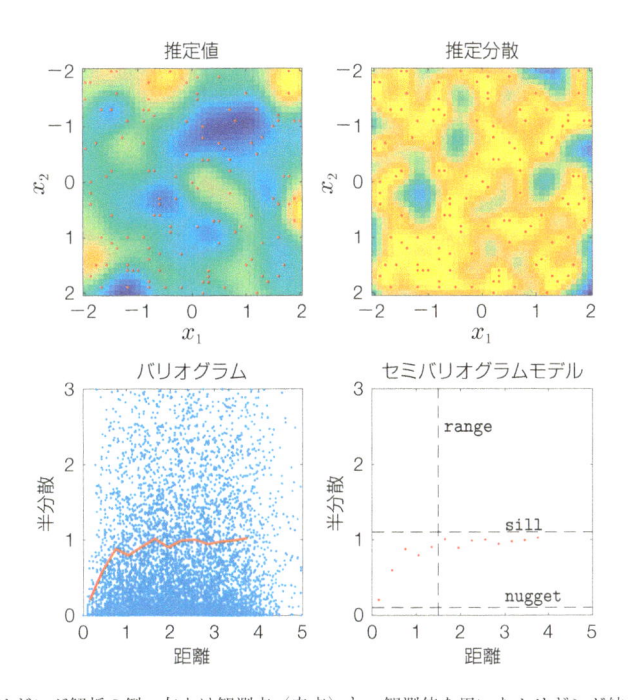

図 6.2　クリギング解析の例．左上は観測点（赤点）と，観測値を用いたクリギング結果として得られた推定値の分布．右上は推定値の推定分散であり，観測点の周辺で分散は小さくなる．左下はバリオグラムと呼ばれる図であり，任意の 2 観測点間の観測値の違いを，観測点間距離と半分散の関係で表す．右下はセミバリオグラムのモデルであり，半分散の期待値を観測点間距離の関数で表す．シル (sill)，ナゲット (nugget) はそれぞれ距離が十分に離れたとき，距離が十分に小さいときのセミバリエーションの値，レンジ (range) は距離がこれ以上離れても相関の大きさが変わらないといえる最小範囲を意味する．

の差異の大きさ

$$s_{nn'} = \frac{1}{2}(y_n - y_{n'})^2 \tag{6.2}$$

で定義します．半分散 $s_{nn'}$ と観測点間の距離 $r_{nn'} = ||\mathbf{x}_n - \mathbf{x}_{n'}||$ の関係を散布図の形で可視化した図を**バリオグラム** (variogram)（**半分散雲**）と呼びます．図 6.2 の左下にバリオグラムの可視化例を示しています．

　セミバリオグラム (semi-variogram) は半分散 $s_{nn'}$ の期待値を距離 $r_{nn'}$ で表した関数 $\gamma(r)$ をさします．セミバリオグラムは先のバリオグラムから

推定することができます．これを**経験セミバリオグラム** (empirical semi-variogram) と呼びます．たとえば図 6.2 の左下の赤線がこれに対応します．これは，たとえば以下のような形で得ることができます．

$$\gamma(r) = \frac{1}{|N_r|} \sum_{N_r} (y - y')^2 \tag{6.3}$$

ここで N_r は 2 点間距離が r に近い（距離の近さは適当な許容範囲のもとで定義する）ような標本の組み合わせ (n, n') の集合，$|N_r|$ は N_r に含まれる組み合わせの個数を意味します．共分散関数 $k(\mathbf{x}, \mathbf{x}')$ が r の関数である場合，$\gamma(r)$ と $k(\mathbf{x}, \mathbf{x}')$ は片方がわかればもう片方もわかるという関係にあり，確率過程モデル（確率場モデル）に関して同じ情報を表現しているといえます．共分散関数という概念のほうがガウス過程回帰を理論的にスッキリと説明しやすいため本書ではこちらを採用しているのですが，セミバリオグラムはデータ可視化法であるバリオグラムや経験セミバリオグラムと直接的に対応づけて可視化しやすい点でデータ解析の道具として優れています．必要に応じて使い分けるのがよいでしょう．

　では具体的に経験セミバリオグラムから何がわかるのでしょうか？　経験セミバリオグラムの関数形状を**ナゲット** (nugget)，**シル** (sill)，**レンジ** (range) といったパラメータで表現することがあります．図 6.2 右下のように，$\gamma(0)$ の値をナゲット，$\gamma(r), r \gg 0$ の値をシルと呼び，$r > \text{Range}$ であれば $\gamma(r) = \text{Sill}$ であるといえるようにレンジの値を定めます．シルという耳慣れない言葉はもともと建物の窓枠の下端にある窓敷居を意味していて，セミバリオグラムの関数形の一部を絵的に表しています．「しきい」と呼ぶと「閾値（threshold）」という別概念と混同してしまう可能性があるので，あえて「シル」とカタカナ語で呼ぶのがよさそうです．ナゲットという言葉はひと固まりのものを意味する単語で，同一箇所の繰り返し計測時の半分散の期待値をさします．ナゲットが小さくてレンジとシルが大きいとき，目的関数は狭い領域の中では均一性が高いが広い範囲でみると変化が大きいことを意味します．広い範囲でボーリング作業を行って高品質鉱床の大きなカタマリを探すことに追加予算をつける価値がありそうです．一方でナゲットが大きいなら，狭い領域の中でのばらつきが大きいことがわかります．狭い範囲で少しずつ位置をずらしながら何度もボーリングすることで高品質の小さなカタ

マリを少しずつ見つけて探すべきです.

　半分散が必ずしも距離 r だけの関数で表されない,より一般的な場合のモデリングのために,**バリオグラム** (variogram) $\gamma(x_n, x_{n'})$ を 2 点の観測位置座標 $x_n, x_{n'}$ の関数の形でモデリングすることもあります.複雑な空間構造を考える場合には必ずしも直観的な可視化を必要としないため,共分散関数を用いた一般論を用いても大きな違いはないでしょう.

6.2 ベイズ最適化

6.2.1 ベイズ最適化とは

　ベイズ最適化 (Bayesian optimization) [6,7,44] は,少数標本と最低限の仮定にもとづいて確率的な予測を行うことができるガウス過程回帰法の特長をフル活用した応用技術です.

　ベイズ最適化の目的は,未知の目的関数 $f(\mathbf{x})$ が最大値をとるような入力 $\mathbf{x}^*$

$$\mathbf{x}^* = \arg \max_{\mathbf{x}} f(\mathbf{x}) \tag{6.4}$$

を求めることです.ユーザーは未知目的関数の形状の手がかりを得るために,入力値 $\mathbf{x} = \mathbf{x}_1, \mathbf{x}_2, \ldots$ を任意に決めて実験することによって,出力値 $y_1 = f(\mathbf{x}_1), y_2 = f(\mathbf{x}_2), \ldots$ を求めることができますが,実験によって入出力値ペアを 1 つ得るごとに無視できない大きさのコストがかかります.そこで実験コストを節約しつつ,最適な $\mathbf{x}^*$ に近づくために,毎回の実験において適切な入力値 $\mathbf{x}_i$ を決める必要があります.このような状況は実際にさまざまな場面で重要になります.例を挙げてみます.

- 畑に 3 種類の肥料 (A, B, C) をそれぞれ適切な分量 $\mathbf{x} = (x_A, x_B, x_C)$ だけまいて麦の収量 $f(\mathbf{x})$ を最大化したい.肥料を撒いてから麦の収量がわかるまでに 4 ヶ月かかる.
- 新型自動車の流線型の鼻先形状パラメータ $\mathbf{x}$ を適切に決めて,空気抵抗 $f(\mathbf{x})$ を最小化したい.模型を 3D プリンタで出力して,風洞実験を行って空気抵抗を求めるのに 1 回あたり 50 万円と 3 日間がかかる.
- 深層ニューラルネットワークの構造パラメータ $\mathbf{x}$ を適切に決めて,学習

の精度 $f(\mathbf{x})$ を最適化したい. パラメータを定めて行う実験 1 回あたり,
3 時間と計算機使用料 60 円がかかる.

　上記のように実験コストが無視できない例では, やみくもに実験回数を増
やすことで有限なリソース (実験費用, 時間) を無駄遣いしたくありません.
入力 $\mathbf{x}$ の空間のなかを効率的に探索して最適値を求めるにはどうすればよい
でしょうか?

　ベイズ最適化以前から**実験計画法** (experimental design) と呼ばれる方法
がありました. 実験計画法は, 検討対象となる要因 $x_1, x_2, \ldots$ がそれぞれ離
散的な値 $x_1 \in \{A, B, C\}, x_2 \in \{$ 大, 中, 小 $\}, \ldots$ をとる場合を想定します.

　ベイズ最適化では, N 回の実験の結果として N 点分の入出力データ
$(\mathbf{x}_1, y_1), \ldots, (\mathbf{x}_N, y_N)$ が得られたとき, ガウス過程法にもとづいて関数 $f(\mathbf{x})$
の推定を事後確率の形で求めます. $N+1$ 回目の実験では, これを用いて
$\mathbf{x}_{N+1}$ をどこに定めればよいかを決めるのです.

　ガウス過程法による関数 $f(\mathbf{x})$ の推定結果は, 事後確率の期待値 $\mu(\mathbf{x})$ と
標準偏差 $\sigma(\mathbf{x})$ の形で得られます. 実験が手薄な場所では自動的に標準偏差
$\sigma(\mathbf{x})$ が大きな値になります. 真の最適解は, 期待値 $\mu(\mathbf{x})$ がもっとも大きな
値をとる暫定最適解のまわりにありそうですが, 実験が手薄な場所のまわり
を探す必要もあります. そこで μ と σ を適当に組み合わせて定義した**獲得
関数** (acquisition funciton) $a(\mathbf{x})$ が最大になるように $\mathbf{x}_{N+1}$ を決めてやりま
す. 獲得関数 $a(\mathbf{x})$ の与え方として, たとえば以下のようなものがあります.

公式 6.1（ベイズ最適化における獲得関数の定義方法）

獲得関数 $a(\mathbf{x})$ はガウス過程で表された関数 $f(\mathbf{x})$ の事後確率の期待値 $\mu = \mu(\mathbf{x})$ と標準偏差 $\sigma = \sigma(\mathbf{x})$ を組み合わせた形で定義される．

信頼性上限関数 (upper confidence bound) は以下で定義される．

$$a_{\mathrm{UCB}}(\mu, \sigma, N) = \mu + \left(\sqrt{\frac{\log N}{N}} \right) \sigma \qquad (6.5)$$

推定の期待値 μ に対して，標準偏差 σ に比例した大きさのマージンを加えた獲得関数を定義することで，データ密度の低い箇所周辺を好んで探索する．

期待改善度 (expected improvement) は以下で定義される．

$$a_{\mathrm{EI}}(\mu, \sigma) = \mathbf{E}[(f - \tau)I(f > \tau)] \qquad (6.6)$$
$$= (\mu - \tau)\Phi(t) + \sigma\phi(t) \qquad (6.7)$$

ここで τ はこれまで N 回の観測 $y_N = f(\mathbf{x}_N)$ のなかで最大の y を表す．$t = (\mu - \tau)/\sigma$ は，各 $\mathbf{x}$ において μ と τ の差を標準偏差で正規化したもの．$I(f > \tau)$ は $f > \tau$ が成り立つときに 1，成り立たないときに 0 の値をとる指標関数．$\Phi(), \phi()$ はそれぞれ標準正規分布の累積分布関数と密度関数である．

図 6.3 は，UCB 基準によるベイズ最適化の計算ステップが進んでいく様子を表しています．獲得関数（緑色）が最大になるような $\mathbf{x}$ における関数値 $f(\mathbf{x})$ を逐次的に実験で求めて推定値を更新しながら，$f(\mathbf{x})$ を最大にする $\mathbf{x}$ に近づいていきます．

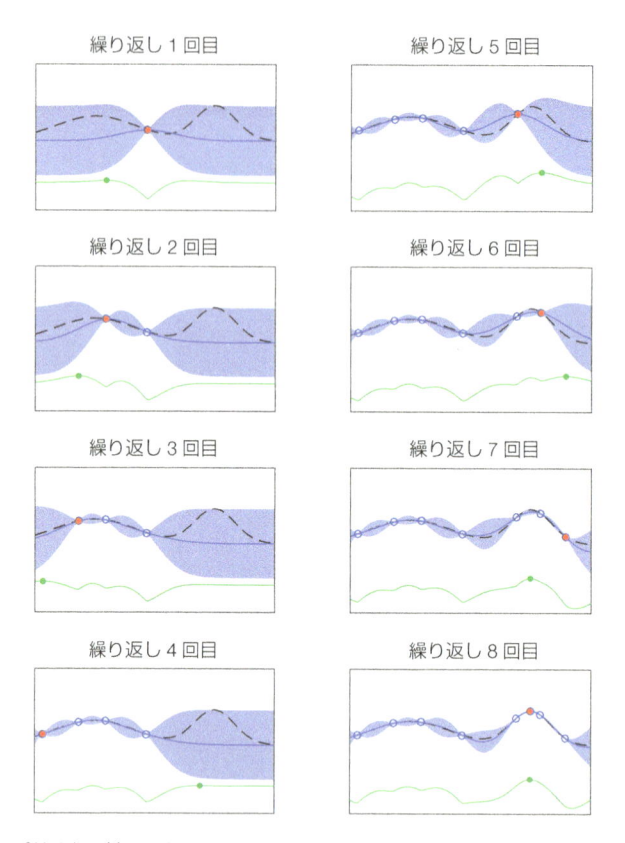

図 6.3　ベイズ最適化の様子.未知の関数値（破線）を最大化する入力（横軸）を求めるために,関数値をガウス過程回帰（平均を青線で青影）で予想する.繰り返しの各ステップでは,予測分布の平均と標準偏差を用いて獲得関数を計算し,獲得関数を最大にする点で未知間数値を調べる.

6.2.2 * 関連度自動決定 (ARD)

　ベイズ最適化では,対象となる関数の性質が未知であることが前提です.

　そこで,特に関数の入力が多次元ベクトルである場合に,**ARD**(Automatic Relevance Determination, 関連度自動決定) という仕組みを用いることが有効です.ARD によれば多次元ベクトルを入力とする回帰において出力に影響をもつベクトル成分を自動的に決定できます.ARD のアイディアは,ハ

イパーパラメータを含むカーネル関数の効果的な応用例となっています.

観測点が $\mathbf{x}_i = (x_{i1}, \ldots, x_{iD})$ のような D 次元ベクトルで表されるような場合に,以下の ARD カーネルを考えます.

$$k(\mathbf{x}_i, \mathbf{x}_j; \boldsymbol{\theta}) = \exp\left(-\sum_{d=1}^{D} \eta_d (x_{id} - x_{jd})^2\right) \tag{6.8}$$

このカーネルの性質を表すハイパーパラメータ $\boldsymbol{\theta} = (\eta_1, \ldots, \eta_D)$ は D 次元ベクトルとなります.このベクトルの第 d 成分 η_d は正の実数値をとり,出力 y の変動と観測点ベクトル $\mathbf{x}$ の第 d 成分の変動との**関連性** (relevance) の度合いを決めます.たとえば η_d の値が 0 であるか,ほかと比べて極端に小さいとき,ガウス過程からサンプリングされた関数 $f(\mathbf{x}_i)$ の変動は入力 $\mathbf{x}_i$ の第 d 成分の変動の影響を受けなくなります.そこでハイパーパラメータ $\eta_d, d = 1, \ldots, D$ を適切に決めることによって,入力ベクトルの各成分が関数の変動に対して与える影響の大小を設定することができます.また,データにもとづいてこれらのハイパーパラメータを推定することによって,入力ベクトルの各成分が与える影響の大小を推定することもできます.

ガウス過程回帰による高次元データ解析において,上記のカーネル関数をさらに拡張した,以下の形が一般に便利でよく使われています.

公式 6.2(ARD カーネル関数)

$$k(\mathbf{x}_i, \mathbf{x}_j; \boldsymbol{\theta}) = \theta_0 \exp\left(-\sum_{d=1}^{D} \eta_d (x_{di} - x_{dj})^2\right) + \theta_1 + \theta_2 \sum_{d=1}^{D} x_{di} x_{dj} \tag{6.9}$$

ここで $\boldsymbol{\theta} = (\theta_0, \theta_1, \theta_2, \eta_1, \ldots, \eta_D)$ はハイパーパラメータであり,θ_0 は関数 $f()$ の変動幅の大きさ,θ_1 は分散の大きさ,θ_2 は線形トレンドの大きさをそれぞれコントロールします.

6.2.3* 行列微分の公式と ARD アルゴリズムの導出

ARD アルゴリズムは,式 (6.9) の標準的な ARD カーネル関数 k を用い

るほかは，3.5 節で紹介したガウス過程回帰モデルのハイパーパラメータ決定法と違いません．

パラメータ $\boldsymbol{\theta}$ に依存するカーネル行列 $\mathbf{K}_{\boldsymbol{\theta}}$ を作るとき，学習データのもとでパラメータ $\boldsymbol{\theta}$ の尤度は式 (3.89) と同様になります．

$$p(\mathbf{y}|\mathbf{X}, \boldsymbol{\theta}) = \mathcal{N}(\mathbf{y}|\mathbf{0}, \mathbf{K}_{\boldsymbol{\theta}}) = \frac{1}{(2\pi)^{N/2}} \frac{1}{|\mathbf{K}_{\boldsymbol{\theta}}|^{1/2}} \exp\left(-\frac{1}{2}\mathbf{y}^T \mathbf{K}_{\boldsymbol{\theta}}^{-1} \mathbf{y}\right)$$

勾配法の目的関数となる対数尤度関数 $\mathcal{L}(\boldsymbol{\theta}) \equiv \log \mathcal{N}(\mathbf{y}|\mathbf{0}, \mathbf{K}_{\boldsymbol{\theta}})$ をハイパーパラメータ $\boldsymbol{\theta}$ の第 i 成分 θ_i で偏微分してみます．

$$\begin{aligned}
\frac{\partial}{\partial \theta_i} \mathcal{L}(\boldsymbol{\theta}) = &-\frac{1}{2}\mathrm{Tr}\left(\mathbf{K}_{\boldsymbol{\theta}}^{-1}\frac{\partial \mathbf{K}_{\boldsymbol{\theta}}}{\partial \theta_i}\right) \\
&+ \frac{1}{2}(\mathbf{y}_N - \boldsymbol{\mu}_N)\mathbf{K}_{\boldsymbol{\theta}}^{-1}\frac{\partial \mathbf{K}_{\boldsymbol{\theta}}}{\partial \theta_i}\mathbf{K}_{\boldsymbol{\theta}}^{-1}(\mathbf{y}_N - \boldsymbol{\mu}_N)^T
\end{aligned} \tag{6.10}$$

これの導出には行列式の微分や逆行列の微分に関する公式を用います．付録 A.3 をご覧ください．

次に，標準的な ARD カーネル関数（式 (6.9)）を用いる場合を想定して，共分散行列 $\mathbf{K}_{\boldsymbol{\theta}}$ をハイパーパラメータ $\boldsymbol{\theta} = (\theta_0, \theta_1, \theta_2, \eta_1, \ldots, \eta_D, \sigma^2)$ に関して微分してみましょう．まず，準備のために以下のような行列をあらかじめ求めておきます．

$$\mathbf{A}^{(d)} = (a_{ij}^{(d)}), a_{ij}^{(d)} = x_{di} - x_{dj},$$

$$\mathbf{B} = (b_{ij}), b_{ij} = \sum_{d=1}^{D} x_{di}x_{dj},$$

$$\mathbf{E} = (e_{ij}), e_{ij} = \exp\left(-\sum_{d=1}^{D} \eta_d (a_{ij}^{(d)})^2\right)$$

以上を用いると以下の微分は，とてもシンプルな形で書くことができます．

$$\frac{\partial \mathbf{K}_{\boldsymbol{\theta}}}{\partial \theta_0} = \mathbf{E}, \qquad \frac{\partial \mathbf{K}_{\boldsymbol{\theta}}}{\partial \theta_1} = \mathbf{1}_{N \times N}, \qquad \frac{\partial \mathbf{K}_{\boldsymbol{\theta}}}{\partial \theta_2} = \mathbf{B},$$

$$\frac{\partial \mathbf{K}_{\boldsymbol{\theta}}}{\partial \eta_d} = -2\theta_0 \mathbf{A}^{(d)}\mathbf{E}, \qquad \frac{\partial \mathbf{K}_{\boldsymbol{\theta}}}{\partial (\sigma^2)} = \mathbf{I}_N$$

ここで $\mathbf{1}_{N \times N}$ はすべての成分が 1 であるような $N \times N$ 行列，$\mathbf{I}_N$ は $N \times N$ の単位行列です．

以上の計算で着目すべき点があります．行列 $\mathbf{A}^{(d)}, d = 1, \dots, D$ や，行列 $\mathbf{B}$ はハイパーパラメータに依存しないため，ハイパーパラメータに関する勾配法の各ステップにおいて再計算する必要がありません．一方で，行列 $\mathbf{E}$ はハイパーパラメータ $\eta_1, \dots, \eta_D$ に依存するので，ステップごとに再計算が必要になります．$\mathbf{A}^{(d)}$ や $\mathbf{B}$ のような行列を用意しておくことは，導出計算の見通しをよくするだけでなく，勾配法のステップごとに同じ計算を繰り返さないことによって数値計算上の効率のためにも役立ちます．

勾配法を適用するとき，パラメータ値の制約を意識しておくことが大事です．これは，ガウス過程法に限らず，あらゆる場合の勾配法計算の安定化のために役立ちます．たとえば，正値をとる必要のあるハイパーパラメータ $\theta_0 > 0, \theta_1 > 0, \dots$ が，勾配法の計算過程で一時的に負の値をとるとき計算が破綻する可能性があります．そこで，$l_{\theta 0} = \log \theta_0, l_{\theta 1} = \log \theta_1, \dots$ のように対数関数を用いたパラメータ変換を行います．これは 3.5 節で使用したアイディアと同じです．変換後パラメータ $l_{\theta 0}, l_{\theta 1}, \dots$ は正・負のすべての実数値をとり得るものになります．勾配法は，変換後パラメータに対して適用します．変換後パラメータに関する微分は以下のようになります．

$$\frac{\partial \mathcal{L}}{\partial l_{\theta 0}} = \theta_0 \frac{\partial \mathcal{L}}{\partial \theta_0}$$

同様に，パラメータ r が $0 < r < 1$ の範囲に入る必要がある場合があります．この場合は**ロジット変換** (logit transformation) によって正・負の実数値をとり得るパラメータ $l_r = \log \frac{r}{1-r}$ に変換するのがよいアイディアです．微分は以下のようになります．

$$\frac{\partial \mathcal{L}}{\partial l_r} = r(1 - r) \frac{\partial \mathcal{L}}{\partial r}$$

ここまで見てきたように，ベイズ最適化問題においてガウス過程回帰の柔軟性が大事な役割を果たしています．ベイズ最適化では，最適化対象となる目的関数が不明であることを前提とせざるを得ないからです．どのような形状であるか不明である関数のモデル（ブラックボックスモデル）をガウス過程回帰の中でつくるうえで，ARD（自動的に次元選択を行ってくれる工夫）と，Matérn カーネル（共分散関数の多様性を用意してくれる工夫）の組み合わせを用いる方法について説明しました．ARD と Matérn カーネルの組

み合わせは，十分な柔軟性をもつブラックボックスモデルを必要とする対象であれば，ベイズ最適化に限らず広く考慮に値するでしょう．

　ベイズ最適化の実応用のため，ソフトウェアライブラリが各種公開されています．Python 上では GPyOpt[*1] や GPFlow[*2] や GPyTorch[*3] が有名です．後者 2 つはそれぞれ TensorFlow や PyTorch という深層学習ライブラリを用いてガウス過程回帰を実現する一般的なライブラリであり，その一部としてベイズ最適化関連の応用を含んでいます．MATLAB では，Statistics and Machine Learning Toolbox (有料) の一部としてベイズ最適化を行う関数 bayesopt が実装されています．

[*1]　本書執筆時点では `https://github.com/SheffieldML/GPyOpt` から入手可能です．
[*2]　本書執筆時点では `https://github.com/GPflow/GPflow` から入手可能です．
[*3]　本書執筆時点では `https://github.com/cornellius-gp/` から入手可能です．

Chapter 7

ガウス過程による
教師なし学習

本章では，ガウス過程を使った教師なし学習について説明します．
ガウス過程を使うことにより，観測値 $\mathbf{Y}$ が潜在変数 $\mathbf{X}$ から生
成されているとする潜在変数モデルにおいて，$\mathbf{X}$ から $\mathbf{Y}$ への写
像を非線形にすることができ，同時に問題を数学的に見通しよく
定義することができます．3 章のコラムから，これはニューラル
ネットワークによる潜在変数モデルを，より数学的に考えている
ことと等価です．あわせて，ガウス過程に従う潜在変数のサンプ
リング方法についても説明します．

7.1 ガウス過程潜在変数モデル (GPLVM)

ここまでは，入力 $\mathbf{x}$ と出力 y がわかっている場合のガウス過程回帰モデ
ル，すなわち 4 章の言葉では**教師あり学習**を考えてきました．しかし，多く
の場合データとしては y だけがあり，対応する $\mathbf{x}$ は未知であることも少なく
ありません．たとえば y を Web ページのクリック履歴とすると，似たユー
ザーは似たページを見ることが多いと考えられますが，ユーザーの特徴を表
す入力 $\mathbf{x}$ が与えられているわけではありません．このような場合，ガウス過
程で**教師なし学習**を行うことは可能でしょうか．

いま，図 7.1 左のように n 番目のデータ y が $\mathbf{y}_n = (y_n^{(1)}, y_n^{(2)}, \ldots, y_n^{(D)})^T$

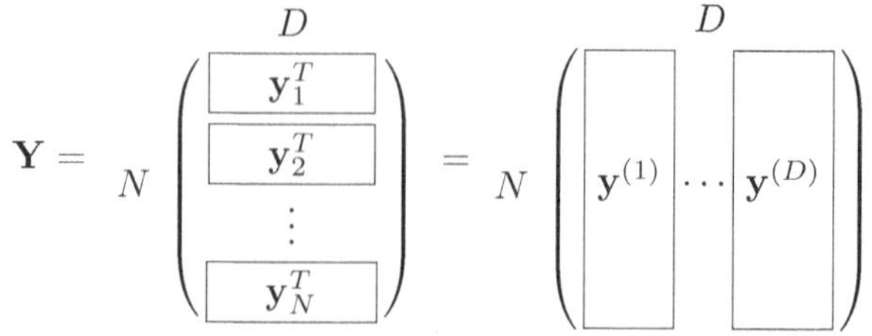

$$\mathbf{Y} = N \left(\begin{array}{c} \boxed{\mathbf{y}_1^T} \\ \boxed{\mathbf{y}_2^T} \\ \vdots \\ \boxed{\mathbf{y}_N^T} \end{array}\right) = N \left(\begin{array}{c} \mathbf{y}^{(1)} \cdots \mathbf{y}^{(D)} \end{array}\right)$$

図 7.1　横ベクトル $\mathbf{y}_n^T$ および縦ベクトル $\mathbf{y}^{(d)}$ で 2 通りに表した観測値の行列 $\mathbf{Y}$.

$\in \mathbb{R}^D$ と D 次元の実ベクトルであるとし，これが $\mathbf{Y} = (\mathbf{y}_1, \mathbf{y}_2, \ldots, \mathbf{y}_N)^T$ と N 個あるとします．すなわち，観測値の全体 $\mathbf{Y}$ は図 7.1 のように $N \times D$ 次元の行列となり，$Y_{nd} = y_n^{(d)}$ は n 番目のデータの d 次元目の値を表しています．

　$\mathbf{Y}$ の各次元 d はそれぞれ別の意味を持ち，d ごとに，近い $\mathbf{y}$ どうしでは近い値になっていると考えられます．そこで図 7.1 右のように，d ごとの N 次元の縦ベクトル

$$\mathbf{y}^{(d)} = \left(y_1^{(d)}, y_2^{(d)}, \ldots, y_N^{(d)}\right)^T \tag{7.1}$$

がそれぞれ，共通の未知の N 個の入力 $\mathbf{X} = \mathbf{x}_1, \mathbf{x}_2, \ldots, \mathbf{x}_N$ からのガウス過程回帰によって生成されていると仮定してみましょう．一般性を失うことなく，$\mathbf{y}^{(d)}$ の平均が $\mathbf{0}$ であるとし[*1]，もっとも単純にガウス分布による誤差を考えれば，各次元 $d = 1, \ldots, D$ について

$$\begin{cases} \mathbf{f}^{(d)} \sim \mathcal{N}(\mathbf{0}, \mathbf{K_X}) \\ y_n^{(d)} = f^{(d)}(\mathbf{x}_n) + \epsilon, \quad \epsilon \sim \mathcal{N}(0, \sigma^2) \quad (n = 1, \ldots, N) \end{cases} \tag{7.2}$$

と表されます．ここで，$\mathbf{K_X}$ は $\mathbf{X}$ の各要素間のカーネル行列で，その (n, n') 要素は $k(\mathbf{x}_n, \mathbf{x}_{n'})$ です．カーネル行列 $\mathbf{K}$ が未知の入力 $\mathbf{X}$ に依存していることを明示するために，$\mathbf{K_X}$ と書きました．

　3.3.3 節の議論から，式 (7.2) はまとめて

$$\mathbf{y}^{(d)} \sim \mathcal{N}(\mathbf{0}, \mathbf{K_X} + \sigma^2 \mathbf{I}) \tag{7.3}$$

と表すことができます．この様子を，図 7.2 に示しました．ある次元 d で

[*1]　そうでない場合は，$\mathbf{y}^{(d)}$ からその平均値を引く前処理によって平均を $\mathbf{0}$ にすることができます．

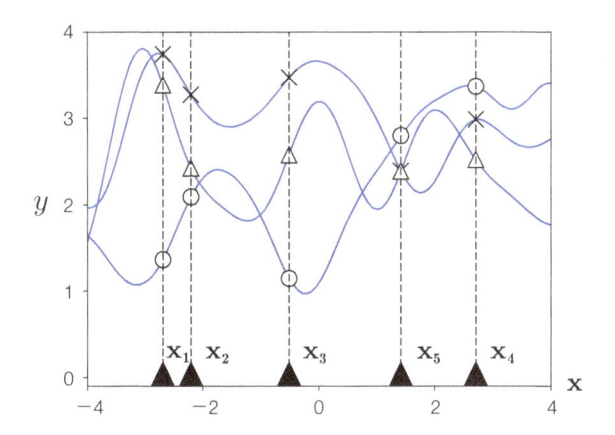

図 7.2　ガウス過程による教師なし学習．観測点 y は×，○，△で表した次元ごとにそれぞれ青の曲線のガウス過程に従っており，その裏に，▲で表した潜在的な入力 $\mathbf{x}$ が存在していると考えます．$\mathbf{x}$ が近ければ，対応するベクトル (×, ○, △) どうしも近くなっていることに注意してください．見やすさのため，ここでは観測誤差は 0 だとしています．

$y_n^{(d)}$ と $y_{n'}^{(d)}$ が近ければ，対応する潜在的な $\mathbf{x}_n$ と $\mathbf{x}_{n'}$ も (使うカーネルの意味で) 近いと考えるわけです．別の次元 d' でも $y_n^{(d')}$ と $y_{n'}^{(d')}$ が近ければ，$\mathbf{x}_n$ と $\mathbf{x}_{n'}$ が近い可能性はより高くなります．

ここでは $\mathbf{X}$ がわかれば出力各次元が独立であると仮定していますので，データ全体 $\mathbf{Y}$ の確率は $\mathbf{y}^{(1)}, \ldots, \mathbf{y}^{(D)}$ の確率の積ですから，式 (7.3) から

$$p(\mathbf{Y}|\mathbf{X}) = \prod_{d=1}^{D} p(\mathbf{y}^{(d)}|\mathbf{X}) = \prod_{d=1}^{D} \mathcal{N}(\mathbf{y}^{(d)}|\mathbf{0}, \mathbf{K_X}+\sigma^2\mathbf{I}) \tag{7.4}$$

となります．

このままでは $\mathbf{X}$ に何の仮定もおいていないため，もっとも単純に各 $\mathbf{x}$ が K 次元の標準ガウス分布に従う，つまり

$$p(\mathbf{X}) = \prod_{n=1}^{N} p(\mathbf{x}_n), \quad p(\mathbf{x}_n) = \mathcal{N}(\mathbf{0}, \mathbf{I}_K) \tag{7.5}$$

としてみましょう．K は $\mathbf{x}$ の存在する潜在的空間の次元数で，D とは無関

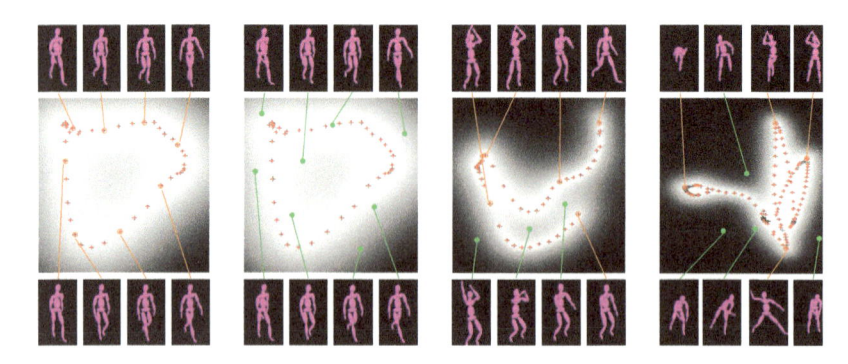

図 7.3　GPLVM による人間のポーズの低次元埋め込み．Style-based Inverse Kinematics [15] より引用．

係に決めることができます*2．すると，$\mathbf{Y}$ と $\mathbf{X}$ の同時確率は

$$p(\mathbf{Y}, \mathbf{X}) = p(\mathbf{Y}|\mathbf{X})p(\mathbf{X}) = \prod_{d=1}^{D} \mathcal{N}(\mathbf{y}^{(d)}|\mathbf{0}, \mathbf{K_X}+\sigma^2\mathbf{I}) \cdot \prod_{n=1}^{N} \mathcal{N}(\mathbf{x}_n|\mathbf{0}, \mathbf{I}_K)$$

(7.6)

となります．これを最大化する潜在的な入力 $\mathbf{X}$ を見つけることが，学習問題の目標となります．これを**ガウス過程潜在変数モデル** (Gaussian Process Latent Variable Model, GPLVM) [22, 23] といいます．図 7.3 に，人間のポーズを GPLVM によって非線形に 2 次元空間に埋め込んだ ($K = 2$) 例を示しました．

$\mathbf{X}$ の事前分布を考えず，式 (7.4) から直接 $\mathbf{X}$ を求めることも可能ですが，データによっては $\mathbf{x}$ が極端な値になることを防ぐことができないため，式 (7.5) のように事前分布をおくほうが望ましいでしょう．$p(\mathbf{X})$ をより複雑な分布とする場合については，7.3 節で説明します．

7.1.1　GPLVM の生成モデル

上の導出から，GPLVM ではデータ $\mathbf{Y}$ は，一般に次のように生成された

---

*2　実は最適化することさえできれば，$\mathbf{x}$ がベクトルである必要はなく，カーネル関数で類似度を測れるものであれば何でもかまいません．したがって，たとえば文字列間のカーネル (3 章) を考えて「潜在的文字列」を (たとえば MCMC 法などで) 最適化すれば，原理的には「文字列から観測値が生成される GPLVM」なども考えることができます．

と考えていることになります.

(1) For $n = 1, \ldots, N$,
　– 潜在的な入力 $\mathbf{x}_n \sim \mathcal{N}(\mathbf{0}, \mathbf{I}_K)$ を生成.
(2) $\mathbf{X} = \mathbf{x}_1, \ldots, \mathbf{x}_N$ から，その間のカーネル行列 $\mathbf{K_X}$ を計算.
(3) For $d = 1, \ldots, D$,
　– 関数値 $\mathbf{f}^{(d)} \sim \mathcal{N}(\mathbf{0}, \mathbf{K_X})$ を生成.
　– 観測モデル $p(\mathbf{y}|\mathbf{f})$ に従って，観測値 $\mathbf{y}^{(d)} \sim p(\mathbf{y}|\mathbf{f}^{(d)})$ を生成.
ガウス分布による誤差を使う場合は，(3) の 2 つのステップをまとめて
(3)' For $d = 1, \ldots, D$,
　– 観測値 $\mathbf{y}^{(d)} \sim \mathcal{N}(\mathbf{0}, \mathbf{K_X} + \sigma^2 \mathbf{I})$ を生成.
と書くことができます.

　通常の確率モデルと異なり，ステップ (3) で N 個の観測値 $\mathbf{y}^{(d)} = (y_1^{(d)}, \ldots, y_N^{(d)})$ を一度に生成していることに注意してください. こうして, GPLVM では N 個の観測値を独立とするのではなく，その間のすべての相関を潜在変数 $\mathbf{X}$ を通して表現することができます.

7.1.2　GPLVM の目的関数

　式 (7.6) からどうやって $\mathbf{x}$ を求めればよいでしょうか. まず $p(\mathbf{Y}|\mathbf{X})$ の項に注目すると，見やすさのため $\sigma^2 \mathbf{I}$ の項をカーネルに含めて，$\mathbf{K_X} + \sigma^2 \mathbf{I}$ を改めて $\mathbf{K_X}$ と書けば，

$$p(\mathbf{Y}|\mathbf{X}) = \prod_{d=1}^{D} \mathcal{N}(\mathbf{y}^{(d)}|\mathbf{0}, \mathbf{K_X}) \tag{7.7}$$

$$= \prod_{d=1}^{D} \frac{1}{(2\pi)^{N/2} |\mathbf{K_X}|^{1/2}} \exp\left(-\frac{1}{2} \mathbf{y}^{(d)T} \mathbf{K_X}^{-1} \mathbf{y}^{(d)}\right) \tag{7.8}$$

$$= \frac{1}{(2\pi)^{ND/2} |\mathbf{K_X}|^{D/2}} \exp\left(-\frac{1}{2} \sum_{d=1}^{D} \mathbf{y}^{(d)T} \mathbf{K_X}^{-1} \mathbf{y}^{(d)}\right) \tag{7.9}$$

となります. ここで計算上 $\mathbf{K_X}^{-1} = \mathbf{\Lambda}$ と略記することにすると，$\mathbf{y}$ について

$$\mathbf{y}^T \mathbf{K}_{\mathbf{X}}^{-1} \mathbf{y} = \mathbf{y}^T \mathbf{\Lambda} \mathbf{y} \tag{7.10}$$

$$= \sum_{n=1}^{N} y_n \sum_{n'=1}^{N} \Lambda_{nn'} y_{n'} = \sum_{n=1}^{N} \sum_{n'=1}^{N} y_n y_{n'} \Lambda_{nn'} \tag{7.11}$$

であることに注意しましょう．すると，式 (7.9) の波線部は

$$\sum_{d=1}^{D} \mathbf{y}^{(d)T} \mathbf{K}_{\mathbf{X}}^{-1} \mathbf{y}^{(d)} = \sum_{d=1}^{D} \sum_{n=1}^{N} \sum_{n'=1}^{N} y_n^{(d)} y_{n'}^{(d)} \Lambda_{nn'}$$

$$= \sum_{d=1}^{D} \sum_{n=1}^{N} \sum_{n'=1}^{N} Y_{nd} Y_{n'd} \Lambda_{nn'} = \sum_{n=1}^{N} \sum_{n'=1}^{N} \Lambda_{nn'} \left(\sum_{d=1}^{D} Y_{n'd} Y_{dn}^{T} \right)$$

$$= \sum_{n=1}^{N} \sum_{n'=1}^{N} \Lambda_{nn'} (\mathbf{Y}\mathbf{Y}^T)_{n'n} = \mathrm{tr}(\mathbf{\Lambda}\mathbf{Y}\mathbf{Y}^T) \tag{7.12}$$

になります．ここで最後の式で，行列 $\mathbf{A}, \mathbf{B}$ について

$$(\mathbf{AB})_{nn} = \sum_{k} A_{nk} B_{kn} \tag{7.13}$$

から，

$$\mathrm{tr}(\mathbf{AB}) = \sum_{n} (\mathbf{AB})_{nn} = \sum_{n} \sum_{k} A_{nk} B_{kn} \tag{7.14}$$

であることを用いました．

以上より，$\mathbf{X}$ から $\mathbf{Y}$ を生成する確率は

$$p(\mathbf{Y}|\mathbf{X}) = \frac{1}{(2\pi)^{ND/2} |\mathbf{K}_{\mathbf{X}}|^{D/2}} \exp\left(-\frac{1}{2} \mathrm{tr}(\mathbf{K}_{\mathbf{X}}^{-1} \mathbf{Y}\mathbf{Y}^T) \right) \tag{7.15}$$

$$= \frac{1}{(2\pi)^{ND/2} |\mathbf{K}_{\mathbf{X}}|^{D/2}} \exp\left(-\frac{1}{2} \mathrm{tr}\left(\boxed{\mathbf{K}_{\mathbf{X}}^{-1}} \ \boxed{\mathbf{Y}\mathbf{Y}^T} \right) \right)$$

と書けることがわかります．式 (7.15) で $\mathbf{X}$ の情報は，$\mathbf{K}_{\mathbf{X}}$ の中に埋め込まれていることに注意してください．

式 (7.14) から，行列 $\mathbf{A}$ と $\mathbf{B}$ について $\mathrm{tr}(\mathbf{A}^T \mathbf{B})$ は行列 $\mathbf{A}$ と $\mathbf{B}$ の「内積」を表しており，2 つの行列が一致するときに大きな値をとりますから，目的関数である式 (7.15) を最大化することは，この内積を最小化することに等しくなります．すなわち，**GPLVM** は観測データの相関行列 $\mathbf{Y}\mathbf{Y}^T$ とグラム

行列 $\mathbf{K_X}$ ができるかぎり近くなる $= \mathbf{YY}^T$ と $\mathbf{K_X^{-1}}$ の内積が小さくなるように, $\mathbf{K_X}$ のもととなる入力 $\mathbf{X} = (\mathbf{x}_1, \mathbf{x}_2, \ldots, \mathbf{x}_N)$ を最適化していると考えることができます.

なお式 (7.15) は, 式 (7.14) から明らかに $\text{tr}(\mathbf{AB}) = \text{tr}(\mathbf{BA})$ なので,

$$p(\mathbf{Y}|\mathbf{X}) = \frac{1}{(2\pi)^{ND/2}|\mathbf{K_X}|^{D/2}} \exp\left(-\frac{1}{2}\text{tr}(\mathbf{Y}^T\mathbf{K_X^{-1}Y})\right) \tag{7.16}$$

と, 多次元ガウス分布の式と同様の形でも書くことができます.

7.1.3 GPLVM の学習

式 (7.15) の対数をとると, 観測データ $\mathbf{Y}$ の対数尤度は

$$L = \log p(\mathbf{Y}|\mathbf{X}) \tag{7.17}$$

$$= -\frac{ND}{2}\log(2\pi) - \frac{D}{2}\log|\mathbf{K_X}| - \frac{1}{2}\text{tr}(\mathbf{K_X^{-1}YY}^T) \tag{7.18}$$

となります. $\mathbf{K_X}$ に含まれる, 式 (7.18) を最大化する $\mathbf{X}$ を求めるには, もっとも基本的には勾配法を用いることができます. 行列の微分公式 [34] から, $\mathbf{K_X}$ が対称行列であることも用いると

$$\frac{\partial}{\partial \mathbf{K_X}}\log|\mathbf{K_X}| = \mathbf{K_X^{-1}} \tag{7.19}$$

$$\frac{\partial}{\partial \mathbf{K_X}}\text{tr}(\mathbf{K_X^{-1}YY}^T) = -\mathbf{K_X^{-1}YY}^T\mathbf{K_X^{-1}} \tag{7.20}$$

です. よって, L を $\mathbf{K_X}$ で微分すると

$$\frac{\partial L}{\partial \mathbf{K_X}} = \frac{1}{2}\left(\mathbf{K_X^{-1}YY}^T\mathbf{K_X^{-1}} - D\mathbf{K_X^{-1}}\right) \tag{7.21}$$

が得られます. これより, 微分の連鎖則から

$$\frac{\partial L}{\partial \mathbf{x}} = \frac{\partial L}{\partial \mathbf{K_X}}\frac{\partial \mathbf{K_X}}{\partial \mathbf{x}} \tag{7.22}$$

によって各データの潜在座標 $\mathbf{x}_n$ $(n = 1, \ldots, N)$ に対する勾配を計算することができます. $\partial\mathbf{K_X}/\partial\mathbf{x}$ は, 用いるカーネル関数によって異なることに注意してください.

式 (7.22) で, $\mathbf{x}_n$ の j 次元目の要素 x_{nj} に対する微分 $\partial L/\partial x_{nj}$ を考えてみましょう. これを $j = 1, \ldots, K$ について並べれば, $\mathbf{x}_n$ に対する勾配

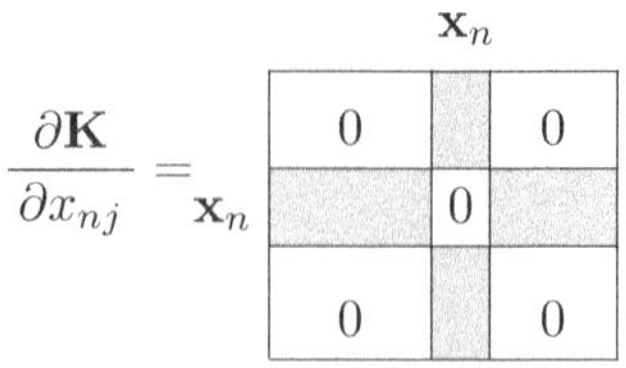

図 7.4 カーネル行列 $\mathbf{K}$ の，潜在座標に対する微分．x_{nj} に関係しない値は 0 になっています．

$\dfrac{\partial L}{\partial \mathbf{x}_n} = \left(\dfrac{\partial L}{\partial x_{n1}}, \ldots, \dfrac{\partial L}{\partial x_{nK}} \right)$ が得られます．標準的なガウスカーネル

$$k(\mathbf{x}_n, \mathbf{x}_{n'}) = \tau \exp \left(-\frac{|\mathbf{x}_n - \mathbf{x}_{n'}|^2}{\sigma} \right) + \eta \, \delta(n, n') \tag{7.23}$$

の場合，x_{nj} に関する微分は図 7.4 のように $k(\mathbf{x}_n, \mathbf{x}_{n'})$ または $k(\mathbf{x}_{n'}, \mathbf{x}_n)$ の項だけに現れ，$\mathbf{K}$ は対称で交点 $k(\mathbf{x}_n, \mathbf{x}_n)$ は $\mathbf{x}_n$ に依存しませんから，$k(\mathbf{x}_n, \mathbf{x}_{n'})$ $(n' = 1, \ldots, N)$ の場合だけを考えて 2 倍すれば十分です．

式 (7.23) の第 1 項は

$$\begin{aligned} &\tau \exp \left(-(\mathbf{x}_n - \mathbf{x}_{n'})^T (\mathbf{x}_n - \mathbf{x}_{n'})/\sigma \right) \\ &= \tau \exp \left(-(\mathbf{x}_n^T \mathbf{x}_n - 2\mathbf{x}_{n'}^T \mathbf{x}_n + \mathbf{x}_{n'}^T \mathbf{x}_{n'})/\sigma \right) \end{aligned} \tag{7.24}$$

ですから，さらに

$$\frac{\partial}{\partial x_{nj}} \mathbf{x}_n^T \mathbf{x}_n = \frac{\partial}{\partial x_{nj}} \sum_{k=1}^{K} x_{nk}^2 = 2x_{nj} \tag{7.25}$$

$$\frac{\partial}{\partial x_{nj}} \mathbf{x}_{n'}^T \mathbf{x}_n = \frac{\partial}{\partial x_{nj}} \sum_{k=1}^{K} x_{n'k} x_{nk} = x_{n'j} \tag{7.26}$$

および微分の連鎖則を使うと，

$$\frac{\partial k(\mathbf{x}_n, \mathbf{x}_{n'})}{\partial x_{nj}} = -2 \, k(\mathbf{x}_n, \mathbf{x}_{n'}) \cdot (x_{nj} - x_{n'j})/\sigma \tag{7.27}$$

となります．これを $n' = 1, \ldots, N$ について並べると，1 章の : 記法を使えば

$$\left(\frac{\partial k(\mathbf{x}_n, \mathbf{x}_1)}{\partial x_{nj}}, \ldots, \frac{\partial k(\mathbf{x}_n, \mathbf{x}_N)}{\partial x_{nj}} \right) = -2 * K(n,:) .* (X(n,j) - X(:,j))^T / \sigma \tag{7.28}$$

と書くことができます. 式 (7.28) で $K(n,:)$ は $\mathbf{K}$ の n 番目の行ベクトル, $X(:,j)$ は $\mathbf{X}$ の j 番目の列ベクトルで, $.*$ はベクトルの要素ごとのかけ算を表します. $X(n,j) - X(:,j)$ は, $X(n,j)$ から $X(:,j)$ の各要素を引いたベクトルとなります. 式 (7.21) の行列を $\mathbf{G}$ とおけば, 求める x_{nj} についての微分は結局, 式 (7.28) が図 7.4 のように行列全体では縦横で 2 回現れますから,

$$\frac{\partial L}{\partial x_{nj}} = \frac{\partial L}{\partial \mathbf{K}} \frac{\partial \mathbf{K}}{\partial x_{nj}} = \sum_{n=1}^{N} \sum_{m=1}^{N} G_{nm} \frac{\partial k(\mathbf{x}_n, \mathbf{x}_{n'})}{\partial x_{nj}} \tag{7.29}$$

$$= -4 \sum_{m=1}^{N} \left(G(n,m) * K(n,m) * (X(n,j) - X(m,j)) / \sigma \right) \tag{7.30}$$

と計算することができます. カーネルのハイパーパラメータ $\boldsymbol{\theta} = (\tau, \sigma, \eta)$ についても, 3.5 節で導いた微分を用いて, 同様に $\frac{\partial L}{\partial \mathbf{K}} \frac{\partial \mathbf{K}}{\partial \theta}$ を計算します.

具体例 GPLVM の筆者の MATLAB 実装で, 有名な送油データ [3][3] の最初の 200 個の潜在座標を計算したものが図 **7.5**(a) です. このデータは各 $\mathbf{y}$ が 12 次元の実数ベクトルであり, このなかで色で表した 3 つの状態がそれぞれ, 2 次元の多様体上にあることがわかっています. ここでは RBF カーネルを用い, 各データが 2 次元の $\mathbf{x}$ から生成されたとして学習しました.

図 7.5(b) に示した線形な主成分分析による 2 次元の射影と比べ, GPLVM による非線形な圧縮では, 本来存在する各クラスがよりよく分離されていることがわかります. ただし, GPLVM の目的関数は凸ではなく多数の局所解があるため, 勾配法による計算は初期値に依存することに注意しましょう[4].

GPLVM の学習は, 提案者による MATLAB の原実装[5] や Python の GPy[6] などのパッケージでも行うことができます.

---

[3] `http://inverseprobability.com/3PhaseData.html` から入手することができます.
[4] 図 7.5(a) の計算では, PCA による解を原点のまわりに 1/10 にしたものを初期値に用いました.
[5] `http://inverseprobability.com/gplvm/`
[6] `http://sheffieldml.github.io/GPy/`

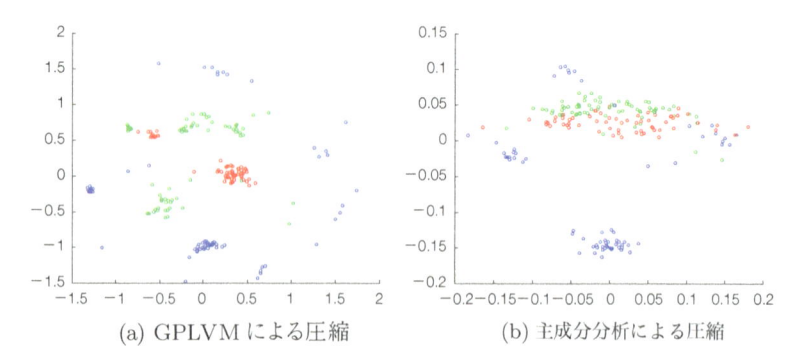

(a) GPLVM による圧縮　　　(b) 主成分分析による圧縮

図 7.5　送油データの 2 次元への次元圧縮.

7.2　ガウス過程潜在変数モデルの性質

カーネル PCA との関係　7.1 節で見たように，GPLVM は，主成分分析を
ガウス過程を用いてカーネル化したものととらえることもできます．これで
は，同じくカーネル法によるカーネル主成分分析 (カーネル PCA) [39] とは
何が違うのでしょうか．

　カーネル PCA では「潜在変数」というものを考えず，代わりに観測データ
$\mathbf{y}$ を射影 $\phi(\mathbf{y})$ によって高次元の特徴空間に飛ばし，そこでの通常の主成分
分析を考えます．結果として，$\mathbf{y}$ と $\mathbf{y}'$ のカーネル値 $k(\mathbf{y}, \mathbf{y}') = \phi(\mathbf{y})^T \phi(\mathbf{y}')$
を要素とする $\mathbf{y}$ のグラム行列 $\mathbf{K}$ の固有ベクトルとして主成分が得られます．
すなわち，

$$\mathbf{K}\boldsymbol{\alpha}_j = \lambda_j \boldsymbol{\alpha}_j$$

となる固有ベクトル $\boldsymbol{\alpha}_j$ を固有値 λ_j の大きい順に並べたとき，行列

$$\mathbf{X} = \left(\lambda_1 \boldsymbol{\alpha}_1, \lambda_2 \boldsymbol{\alpha}_2, \cdots, \lambda_N \boldsymbol{\alpha}_N \right)$$

の各行が $\mathbf{y}$ の主成分となります．この導出については，カーネル法の成
書 [63] などを参照してください．

　これに対して，GPLVM では入出力データセット全体を入力を含めて確率
的生成モデルから生成されたものとしてとらえ，**潜在変数 $\mathbf{x}$ のグラム行列を**

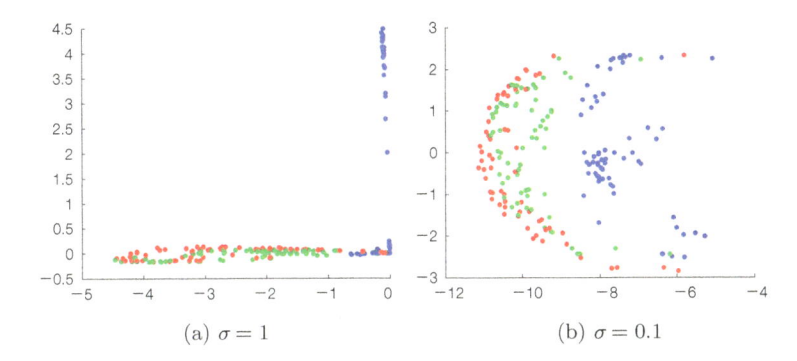

(a) $\sigma = 1$ (b) $\sigma = 0.1$

図 7.6 RBF カーネルのバンド幅 σ を変えたときのカーネル PCA の結果.

考えます. $\mathbf{x}$ 上のガウス過程によって観測値 $\mathbf{y}$ が生成されたとし (これは, 3.2 節の議論から, 高次元の $\phi(\mathbf{x})$ に対して線形モデルを考えていることの一般化です), $\mathbf{x}$ を最適化によって求めます. カーネル PCA では $\mathbf{y}$ 自体ではなく, $\mathbf{y}$ を変換した $\phi(\mathbf{y})$ の分散を最大化しているため, 元の $\mathbf{y}$ が適切に分布する保証はありません. これに対して, GPLVM では圧縮された $\mathbf{x}$ の近さを直接見ているため, $\mathbf{y}$ が異なれば対応する $\mathbf{x}$ も異なり, データが適切にクラスタ化されます.

GPLVM の利点と欠点 GPLVM は確率モデルであるため, データの確率が高くなる, すなわちデータをよりよく説明するパラメータ (カーネルのパラメータなど) を, 観測データの確率を最大化することで選ぶことができるという利点があります. これに対して, 主成分分析やカーネル PCA は確率モデルではないため, パラメータを自動的に選ぶ手段がありません. 図 7.6 に, カーネル PCA で RBF カーネルの標準偏差 σ を変えたときの, 図 7.5 と同じデータでの結果を示しました. $\sigma = 0.1$ のほうが $\sigma = 1$ の場合と比べ, データのばらつきが大きく改善していますが, この σ をカーネル PCA の中で選ぶことはできません. また, $\sigma = 1$ の場合も, GPLVM と比較してクラス間に重なりが発生していることがわかります.

また, GPLVM は次元削減問題を直接解いていることも特徴です. 主成分分析やカーネル PCA ではたとえば 2 次元に圧縮する場合, 3 次元目以降の

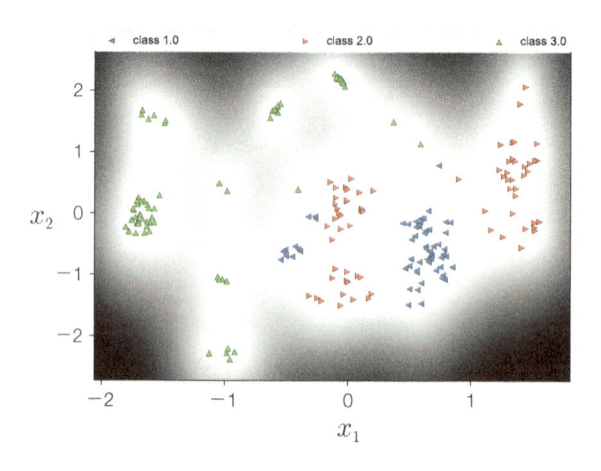

図 7.7　ベイズガウス過程潜在変数モデルによる送油データの学習結果.

成分を単純に切り捨ててしまいますが，GPLVM では圧縮すべき次元 K が先にわかっているため，可能な限り，K 次元で情報が無駄なく表現されることになります．さらにデータに**欠損値** (missing value) があっても，カーネル法と異なり確率モデルであるために，問題なく学習を行えるという利点があります．

　一方で，GPLVM は最適化問題が凸でなく，主成分分析のように大域解が容易には求まらないという欠点があります．$\mathbf{x}$ と y の間に線形モデルのような明示的な関係がなく，「$\mathbf{x}$ が似ていれば y も似ている」というガウス過程によってのみ結ばれているため，データ $\mathbf{Y}$ を表現できる $\mathbf{X}$ には無数の可能性があり，最適化を困難にしているからです．

ベイズガウス過程潜在変数モデル*　これに対して，変分ベイズ法を用いて $\mathbf{X}$ の事後分布とハイパーパラメータを学習する，**ベイズガウス過程潜在変数モデル** (Bayesian GPLVM) [48] が提案されています．図 7.7 に，GPy に含まれる関数 `GPy.models.BayesianGPLVM()` を使って送油データを学習した結果を示しました．ベイズ学習を行うことで，潜在座標がクラスごとにより明確に分離されていることがわかります (学習時にはクラス情報は使っていません)．さらにこの方法では，多数の観測値があっても，5 章で説明す

る補助変数法を学習に用いることで，高速かつ高精度な学習を可能にしています．

　なお，図 7.7 に濃淡で示されているように，GPLVM では一般に，通常の次元圧縮と異なって潜在空間の「確信度」を付与することができます．図では色の明るさが確信度を表しており，データ点の周辺でもっとも明るくなっています．

　この確信度は実は，データ空間 $\mathbf{Y}$ における分散です．GPLVM はガウス過程の性質から，あらゆる入力 $\mathbf{x}$ について連続的に定義されていることに注意しましょう．したがって，$\mathbf{X}$ の空間でデータ点の間にあるどこの点 $\mathbf{x}$ をとっても，対応する仮想的な出力 y の確率分布をガウス過程回帰によって計算することができます．この y の分散は，図 3.16 で見たように観測点近くで最小になり，データのない部分で大きくなります．このように GPLVM では，「可能なデータの分布」を，ガウス過程によって低次元表現することができるといえます．

7.3＊ ガウス過程潜在変数モデルの拡張

　GPLVM では，観測データの潜在座標 $\mathbf{X} = (\mathbf{x}_1, \ldots, \mathbf{x}_N)$ はそれぞれ独立だとし，式 (7.5) のように，$\mathbf{X}$ の事前分布を $p(\mathbf{X}) = \prod_{n=1}^{N} p(\mathbf{x}_n)$ と仮定していました．しかし，実際には $\mathbf{X}$ がクラスタ構造を持っていたり，時系列として関係があることも多いと考えられます．この場合，$p(\mathbf{X})$ に適切な確率モデルを設計すれば，観測値の背後に隠れた潜在的な空間での構造を学習することができます．

7.3.1　無限ワープ混合モデル (iWMM)

　GPLVM では，観測値 $\mathbf{y}$ を生み出した潜在座標 $\mathbf{x}$ に，図 7.7 のようなクラスタ構造が現れることが期待されていました．それでは，$\mathbf{x}$ に明示的にクラスタ構造，つまり混合モデルを仮定することもできるのではないでしょうか．

　この考えにもとづくのが，本シリーズ『トピックモデル』[56] の著者でもある岩田らによる**無限ワープ混合モデル** (infinite Warped Mixture Model, iWMM) [18] です．iWMM では，**図 7.8** 下段のように $\mathbf{x}$ が混合ガウス分布に従うと仮定します．さらに，ディリクレ過程混合モデル (本シリーズ [60]

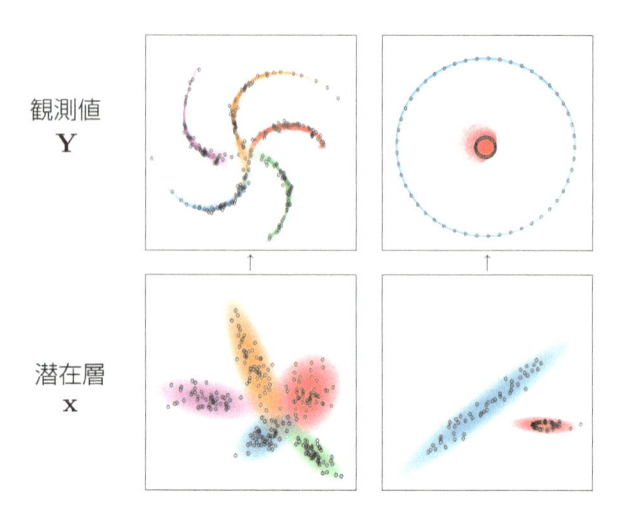

図 7.8　混合ガウス分布とガウス過程によるワープ混合モデル. [18] より引用. 観測値の複雑な形状を, ガウス過程で結ばれた潜在空間においては単純なガウス混合分布で表すことができます.

を参照してください) を考え, 潜在的なクラスタ数も無限個の可能性から自動的に推定します. ただしディリクレ過程混合モデルは本書の範囲を超えるため, ここではクラスタ数 C が固定の場合について説明します. C を推定することは単純な拡張で行えますので, 原論文 [18] を参照してください.

C が固定の場合のワープ混合モデル (WMM) では, 潜在空間の $\mathbf{x}$ の分布として C 個のクラスタをもつ**混合ガウス分布** (Gaussian mixture model, GMM)

$$p(\mathbf{x}) = \sum_{c=1}^{C} \lambda_c \mathcal{N}(\mathbf{x}|\boldsymbol{\mu}_c, \boldsymbol{\Lambda}_c^{-1}) \tag{7.31}$$

を考えます. $\boldsymbol{\lambda} = (\lambda_1, \lambda_2, \ldots, \lambda_C)$ はハイパーパラメータ η をもつディリクレ分布 $\mathrm{Dir}(\eta)$ から生成されたクラスタの混合比で, $\boldsymbol{\mu}_c$ と $\boldsymbol{\Lambda}_c$ はそれぞれ, X の空間での c 番目のクラスタの平均と精度行列 (共分散行列の逆行列) を表しています. このモデルでは, $\mathbf{x}$ は混合比 $\boldsymbol{\lambda}$ に従ってどれか1つのガウス分布から生成され, $\mathbf{x}$ からさらに GPLVM によって観測値 $\mathbf{y}$ が生成されることになります. 図 7.9 に, WMM の生成モデルを示しました. これから,

1: ガウス分布の混合比 $\boldsymbol{\lambda} \sim \mathrm{Dir}(\eta)$ を生成.
2: 各ガウス分布 $c = 1, 2, \ldots, C$ について,
  (a) 精度行列 $\boldsymbol{\Lambda}_c \sim \mathcal{W}(S^{-1}, \nu)$ を生成.
  (b) 平均ベクトル $\boldsymbol{\mu}_c \sim \mathcal{N}(u, (r\boldsymbol{\Lambda}_c)^{-1})$ を生成.
3: 各観測値 $n = 1, \ldots, N$ について,
  (a) クラスタ $z_n \sim \mathrm{Mult}(\boldsymbol{\lambda})$ を選択.
  (b) クラスタ z_n から, 潜在座標 $\mathbf{x}_n \sim \mathcal{N}(\boldsymbol{\mu}_{z_n}, \boldsymbol{\Lambda}_{z_n}^{-1})$ を生成.
4: 各観測次元 $d = 1, \ldots, D$ について, 観測値
  $\mathbf{y}^{(d)} \sim \mathrm{GP}(\mu(\mathbf{x}), k(\mathbf{x}, \mathbf{x}'))$ を生成.

図 7.9 ワープ混合モデル (WMM) の生成モデル. $\mathcal{W}()$ はウィシャート分布を表します. S, Λ, ν, u, r はハイパーパラメータです.

WMM の確率モデルは事前分布のパラメータ全体を Θ とおけば,

$$p(\mathbf{Y}, \mathbf{X}|\Theta) = \frac{1}{(2\pi)^{DN/2} |\mathbf{K}_{\mathbf{X}}|^{D/2}} \exp\left(-\frac{1}{2} \mathrm{tr}(\mathbf{K}_{\mathbf{X}}^{-1} \mathbf{Y}\mathbf{Y}^T)\right) \Bigg\} \; \text{GPLVM}$$

$$\times \prod_{n=1}^{N} \sum_{c=1}^{C} \lambda_c \mathcal{N}(\mathbf{x}_n | \boldsymbol{\mu}_c, \boldsymbol{\Lambda}_c^{-1}) \Bigg\} \; \text{GMM} \tag{7.32}$$

と書くことができます.

$\mathbf{x}_n$ を実際に生成したクラスタの番号を z_n とおき, その全体を $Z = \{z_1, z_2, \ldots, z_N\}$ としましょう. Z がわかれば, 各クラスタに属する $\mathbf{x}$ の集合がわかるので, Gibbs サンプリングによってクラスタの平均 $\boldsymbol{\mu}_c$ と精度行列 $\boldsymbol{\Lambda}_c$ を更新することができます. $\{\boldsymbol{\mu}_c, \boldsymbol{\Lambda}_c\}$ $(c = 1, 2, \ldots, C)$ がわかれば, $\mathbf{x}_n$ の属するクラスタ番号 z_n は, ベイズの定理から

$$p(z_n = c | \mathbf{x}_n, Z_{-n}, \Theta) \propto p(z_n = c | Z_{-n}) \, p(\mathbf{x}_n | z_n = c, \Theta) \tag{7.33}$$

$$\propto (N(c)_{-n} + \eta) \cdot p(\mathbf{x}_n | X_{-n}, \Theta) \quad (c = 1, \ldots, C) \tag{7.34}$$

とサンプリングすることができます. 式 (7.34) で $N(c)_{-n}$ は, $\mathbf{x}_n$ 以外でクラスタ c に割り当てられたデータ数を表しています. これらはすべて潜在座標 $\mathbf{x}$ を求めた後の話なので, 実際には

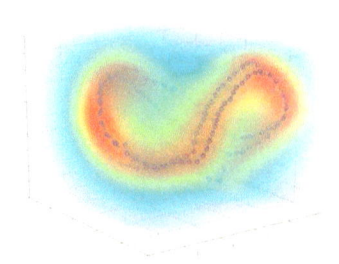
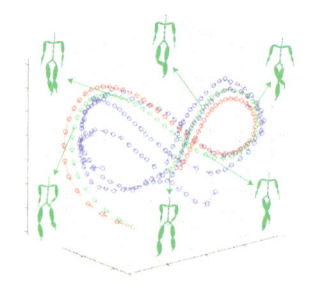

(a) 潜在空間における軌跡と確信度　　　(b) 潜在座標と対応する歩行姿勢

図 7.10　ガウス過程力学モデル (GPDM) による歩行運動のモデル化. [50]より引用.

1. $\mathbf{x}_n \sim p(\mathbf{x}_n | X_{-n}, \Theta)$ $(n = 1, \ldots, N)$ をサンプリングする.
2. z_n $(n = 1, \ldots, N)$ をサンプリングする.
3. $\boldsymbol{\mu}_c, \Lambda_c$ $(c = 1, \ldots, C)$ をサンプリングする.

を交互に行うことを繰り返す MCMC 法により, パラメータをすべて求めることができます. 詳細については, [60] を参照してください. これにより, 図 7.8 のように複雑な形状の観測値を, 低次元の潜在空間においては単純な混合ガウス分布で表すことが可能になります.

7.3.2　ガウス過程力学モデル (GPDM)

$\mathbf{Y} = (\mathbf{y}_1, \mathbf{y}_2, \ldots, \mathbf{y}_N)$ が時間発展している場合, 対応する $\mathbf{X} = (\mathbf{x}_1, \mathbf{x}_2, \ldots, \mathbf{x}_N)$ も時間発展していると考えるのが自然です. **ガウス過程力学モデル** (Gaussian Process Dynamical Model, **GPDM**) [51] は, $\mathbf{x}$ に関しても同様にガウス過程による非線形な時間発展を考えることのできる, 非常に柔軟なモデルです. 図 7.10 に, GPDM によって歩行運動を潜在的な 3 次元空間での $\mathbf{X}$ の軌跡に表した例を示しました.

GPDM では, $\mathbf{x}$ が非線形なマルコフ過程 $p(\mathbf{x}_n | \mathbf{x}_{n-1})$ によって図 7.11 のように時間発展していると考えます. このとき, $\mathbf{X}$ 全体の確率は

$$p(\mathbf{X}) = \prod_{n=2}^{N} p(\mathbf{x}_n | \mathbf{x}_{n-1}) \tag{7.35}$$

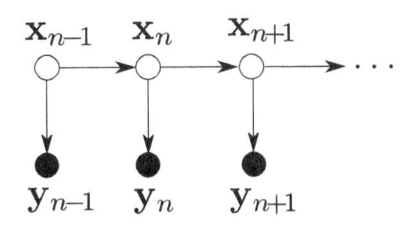

図 7.11　ガウス過程力学モデルのグラフィカルモデル.

になります.

$\mathbf{x}_{n-1}$ から $\mathbf{x}_n$ への時間発展 $p(\mathbf{x}_n|\mathbf{x}_{n-1})$ $(n = 2, \ldots, N)$ が全体として, 各次元 d ごとのガウス過程

$$(x_2^{(d)}, x_3^{(d)}, \ldots, x_N^{(d)}) \sim \mathrm{GP}(\mathbf{0}, \mathbf{K}_{\mathbf{X}^*}) \tag{7.36}$$

$$\mathbf{X}^* = (\mathbf{x}_1, \mathbf{x}_2, \ldots, \mathbf{x}_{N-1}) \tag{7.37}$$

に従っているとすると, これは GPLVM において, 最適化すべき潜在座標 $\mathbf{X}^*$ に対して「観測値」$\mathbf{X}_{2:N} = (\mathbf{x}_2, \mathbf{x}_3, \ldots, \mathbf{x}_N)$ があったと考えることと等価です[*7]. したがって, 式 (7.15) より

$$p(\mathbf{X}|\mathbf{X}^*) = \frac{p(\mathbf{x}_1)}{(2\pi)^{D(N-1)/2}|\mathbf{K}_{\mathbf{X}}|^{D/2}} \exp\left[-\frac{1}{2}\mathrm{tr}(\mathbf{K}_{\mathbf{X}}^{-1}\mathbf{X}_{2:N}\mathbf{X}_{2:N}^T)\right] \tag{7.38}$$

が X の確率になります. ここで, $\mathbf{K}_{\mathbf{X}}$ は $\mathbf{X}^*$ 上のカーネルを用いた, $(N-1)$ $\times(N-1)$ 次元のグラム行列です. $\mathbf{x}$ の遷移を表すこのカーネルは, $\mathbf{Y}$ を出力する際のカーネルとは違ってもよいことに注意しましょう.

なお, 3 章の議論を思い出すと, これは $\mathbf{x}$ を高次元の特徴空間に射影した $\phi(\mathbf{x})$ に対する線形モデル $\mathbf{x}_n = \mathbf{w}^T\phi(\mathbf{x}_{n-1})$ を考え, 重み $\mathbf{w}$ を積分消去したものと考えることもできます.

以上より, GPDM の対数尤度は

$$\log p(\mathbf{Y}, \mathbf{X}) = \underbrace{-\frac{D}{2}\log|\mathbf{K}_{\mathbf{Y}}| - \frac{1}{2}\mathrm{tr}(\mathbf{K}_{\mathbf{Y}}^{-1}\mathbf{Y}\mathbf{Y}^T)}_{p(\mathbf{Y}|\mathbf{X})\ (\mathrm{GPLVM})}$$

[*7]　すなわちここでは, $\mathbf{X}^*$ を一種のハイパーパラメータと見なしています.

$$\underbrace{-\frac{D}{2}\log|\mathbf{K_X}| - \frac{1}{2}\mathrm{tr}(\mathbf{K_X}^{-1}\mathbf{X}_{2:N}\mathbf{X}_{2:N}^{T}) + \log p(\mathbf{x}_1)}_{p(\mathbf{X})\ (\text{GP によるマルコフ過程})} \quad (7.39)$$

と表すことができます．式 (7.39) を最大化するよう，$\mathbf{X}$ を最適化します．学習には勾配法のほかに，変分ベイズ法 [8] や期待値伝播法 [9] などが提案されています．

7.4 * 潜在的ガウス過程のサンプリング

7.4.1　ポアソン点過程と Cox 過程

ここまで，ガウス過程 $\mathbf{f}$ から観測値 y が生成される確率モデルとして $y = f(\mathbf{x}) + \epsilon,\ \epsilon \sim \mathcal{N}(0, \sigma^2)$ すなわち，$p(y|\mathbf{f}) = \mathcal{N}(f(\mathbf{x}), \epsilon)$ のようなガウス分布を主に考えてきました．$\mathbf{f}$ はガウス分布 $\mathcal{N}(\mathbf{0}, \mathbf{K})$ に従うため，N 個の観測データ

$$\mathbf{y} = (y_1, y_2, \ldots, y_N)$$

がわかったもとでの $\mathbf{f}$ の事後分布

$$p(\mathbf{f}|\mathbf{y}) \propto p(\mathbf{f}) \prod_{i=1}^{N} p(y_i|\mathbf{f}) \quad (7.40)$$

は，ガウス分布の積なのでやはりガウス分布となり，具体的には公式 3.6 で簡単に表現できるのでした．

しかし，$\mathbf{f}$ から観測値 y が生成されるモデルはガウス分布に限ったものではありません．たとえば，**図 7.12** のような時間軸上のイベントの生起時間データ $\mathbf{y}$ を考えてみましょう．N 個の観測点

$$\mathbf{y} = (y_1, y_2, \ldots, y_N)$$

は，考えている全区間 $(0, T)$ のなかで各イベントが起こった時刻を表しています．たとえば単位を日として，$T = 365$ の 1 年間を考えたとき，

$$\mathbf{y} = (17.1, 35.6, 42.0, 60.3, 115.5, \cdots, 326.4)$$

は，O さんがインターネットで本を購入した時間を表しています．時間は連

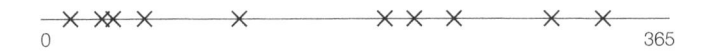

図 7.12　O さんが 1 年で本を購入した日時のデータ $\mathbf{y} = (y_1, y_2, \ldots, y_{10})$.

続ですので, 17.1 とは 1 月 17 日午前 1 時ごろを意味し, O さんは 2 月上旬ごろに多く本を買っていたようです.

　こうしたデータ $\mathbf{y}$ を生み出す確率モデルを, **点過程** (point process) といいます. 点過程は上のような購買データだけでなく,

- 雨粒が落ちた場所
- 地震の起きた時刻, ある Web サイトへのアクセスがあった時刻
- 脳神経の発火スパイク時刻
- 樹木の場所や銀河の分布 (この場合, y は 2 次元または 3 次元です)

など, 無数の現象に共通する基本的な確率モデルです. 以下では説明のため, 1 次元すなわち時間軸とみなせる点過程について扱います.

ポアソン点過程　点過程のモデルとしてもっとも基本的な**ポアソン点過程** (Poisson point process) では, ある区間 [*8] A (たとえば $A = [10, 20]$) 上に発生する点の個数が, 平均的な点の**発生率** (intensity) λ と A の長さ $|A|$ (たとえば $|A| = 10$) だけにもとづいて決まり, ポアソン分布

$$\mathrm{Po}\,(\lambda|A|) \tag{7.41}$$

に従うと考えます. 式 (7.41) は, 任意の区間 A について成り立つことに注意してください.

　上のポアソン点過程は, 点の発生率 λ が既知で一定だとしていました. 図 7.12 のような実際のデータでは, この仮定は明らかに正しくありません. そこで, λ が時刻 t に依存した未知の確率変数 $\lambda(t)$ となっている場合を, 提案者 [*9] の名前をとって **Cox 過程** (Cox process) と呼びます.

　Cox 過程では, 区間 A で発生する点の個数が, 式 (7.41) の代わりに, こ

[*8]　これは区間だけでなく一般の集合 A について定義でき, その場合は $|A|$ は A の測度となります. ここでは簡単のため, 区間についてだけ考えています.

[*9]　Sir David Cox (1924–) は英国の統計学者.

の区間における発生率関数の積分

$$\Lambda(A) = \int_A \lambda(t)dt \tag{7.42}$$

をパラメータとするポアソン分布 $\mathrm{Po}(\Lambda(A))$ に従うと考えます．このとき，$\mathbf{y}$ の確率は

$$p(\mathbf{y}|\lambda) = \prod_{i=1}^{N} \lambda(y_i) \cdot \exp(-\Lambda([0,T])) \tag{7.43}$$

$$= \prod_{i=1}^{N} \lambda(y_i) \cdot \exp\left(-\int_0^T \lambda(t)dt\right) \tag{7.44}$$

と表すことができます．式 (7.44) の導出については本書の範囲を超えるため，ここでは行いませんが[*10]，直感的にはこの式は，観測データ $\mathbf{y}$ の確率は各点 y_i での発生率 $\lambda(y_i)$ の積に比例しますが，λ をいくらでも大きくしてよいわけではなく，考えている全区間での λ の総和 $\int_0^T \lambda(t)dt$ が大きくならない範囲で積を大きくする，という意味になっていることがわかります[*11]．

対数ガウス Cox 過程　観測データ $\mathbf{y}$ から $\lambda(t)$ を求めるために，$\lambda(t)$ がガウス過程

$$\mathbf{f} \sim \mathcal{N}(\mathbf{0}, \mathbf{K}) \tag{7.45}$$

に従って滑らかに変化していると考えてみましょう．ここで，$\mathbf{K}$ は時間軸 t 上のカーネル行列を表します．

　ただし，平均が 0 のこの $\mathbf{f}$ は負になることもあるので，指数の肩に乗せた

$$\lambda(t) = \lambda_0 \cdot e^{f(t)} \quad (\geq 0) \tag{7.46}$$

で $\lambda(t)$ が表されているとします．λ_0 は考えている区間全体の平均的な発生率で，先の O さんの場合は $10/365 = 0.0274$ となります．$\lambda(t)$ は，λ_0 を $e^{f(t)}$ 倍したものです．ガウス過程に従う $\mathbf{f}$ の分散が 1 の場合，$f(t)$ は図 2.1 の標準正規分布に従って $-4 < f(t) < 4$ 程度の値をとりますから，$\lambda(t)$ は λ_0

[*10]　詳しくは，標準的な教科書 [21] または本シリーズの [60] を参照してください．

[*11]　式 (7.44) は $\displaystyle \prod_{i=1}^{N} \lambda(y_i) \bigg/ \exp\left(\int_0^T \lambda(t)dt\right)$ とも書けますから，これは一種の「割り算」です．

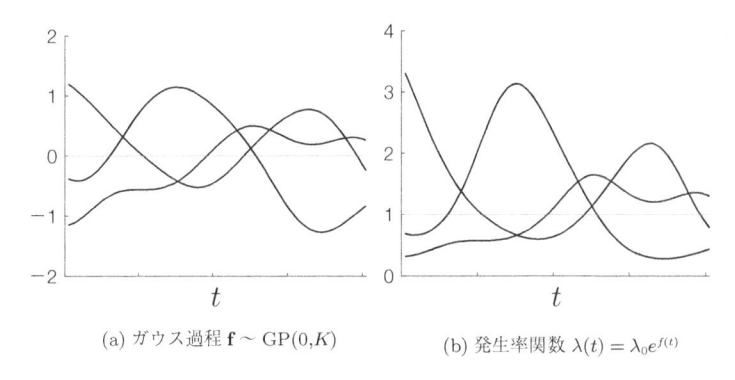

(a) ガウス過程 $\mathbf{f} \sim \mathrm{GP}(0,K)$ 　　　(b) 発生率関数 $\lambda(t) = \lambda_0 e^{f(t)}$

図 7.13　対数ガウス Cox 過程の発生率からのサンプル.

の $e^{-4} = 0.02$ 倍から $e^4 = 54.6$ 倍程度に変わることに注意してください. 図
7.13 に, 式 (7.46) および式 (7.45) で表される発生率からのサンプルの例を
示しました.

　式 (7.46) は対数をとれば, $\log \lambda(t) \propto f(t)$ がガウス過程に従うことを意
味していますので, このモデルは**対数ガウス Cox 過程** (log Gaussian Cox
process) [29] と呼ばれています.

潜在的ガウス過程の学習　観測データ $\mathbf{y}$ が得られたとき, $\mathbf{f}$ はどうやって
推定すればよいでしょうか. ベイズの定理によれば

$$p(\mathbf{f}|\mathbf{y}) \propto p(\mathbf{y}|\mathbf{f})p(\mathbf{f}) \tag{7.47}$$

です. ただし, 式 (7.44) で与えられる $p(\mathbf{y}|\mathbf{f})$ はガウス分布ではないため,
ガウス分布の $p(\mathbf{f})$ と共役ではありませんので, $\mathbf{f}$ の事後分布は単純なガウス
分布にはなりません. 勾配法で $\mathbf{f}$ を点推定 (MAP 推定) することも可能です
が, 勾配が簡単に計算できなかったり, $\mathbf{f}$ がさらに他のパラメータに依存し
ているなど, 学習途中に点推定してしまうと局所解に陥ってしまうため, 式
(7.47) の $\mathbf{f}$ の正しい事後分布からサンプリングしたいことがあります*12.

　こうした場合にもっとも基本的な方法は, MCMC 法の基本アルゴリズム

---

*12　したがって, ここで紹介する楕円スライスサンプリングによる MCMC 法は, ポアソン点過程だけ
　　でなく, ガウス過程の学習一般に適用できる学習法です. 3 章では, コーシー分布を用いた共役とな
　　らないガウス過程回帰の推定にこの方法を用いました.

である **Metropolis-Hastings 法** (MH 法) [13, 55] を使うことです．たとえば，新しい $\mathbf{f}'$ として，$\mathbf{f}$ に $\mathbf{f}$ と同じ分布からのサンプル $\boldsymbol{\nu}$ を ϵ 倍して加えた

$$\mathbf{f}' = \mathbf{f} + \epsilon\boldsymbol{\nu}, \quad \boldsymbol{\nu} \sim \mathcal{N}(0, K) \tag{7.48}$$

を考えてみましょう．この提案分布は左右対称で $p(\mathbf{f}'|\mathbf{f}) = p(\mathbf{f}|\mathbf{f}')$ が成り立ちますので，MH 法によれば，この $\mathbf{f}'$ を確率

$$\min\left(1, \frac{p(\mathbf{y}|\mathbf{f}')p(\mathbf{f}')}{p(\mathbf{y}|\mathbf{f})p(\mathbf{f})}\right) \tag{7.49}$$

に従って受理して次々と更新すれば，正しい事後分布からのサンプル $\mathbf{f}$ を得ることができます．

　ただし，式 (7.48) の単純な MH 法の性能は，探索幅 ϵ の大きさに大きく依存します．ϵ が大きいと新しい $\mathbf{f}'$ を $\mathbf{f}$ から大きく変えることができるものの，式 (7.49) で $\mathbf{f}'$ が受理される確率は大きく下がってしまいます．逆に ϵ が小さいと受理確率は上がるものの，$\mathbf{f}'$ はパラメータ空間を少ししか動けず，よい解が得られるまでに長い時間がかかります[*13]．しかも，最適な ϵ は一定ではなく，学習の段階やデータによっても本来異なるはずです．

7.4.2　楕円スライスサンプリング

　これに対して，スライスサンプリング [33] の考え方を使って確率 1 で候補を受理でき，真の事後分布から効率的にガウス過程をサンプリングできる**楕円スライスサンプリング** (elliptical slice sampling) [31] と呼ばれる方法が提案されています．

　楕円スライスサンプリングでは，最適な「幅」ϵ に相当する値を自動的に探索するために，式 (7.48) に代えて次のような提案分布を考えます．

$$\begin{cases} \mathbf{f}' = \mathbf{f}\cos\theta + \boldsymbol{\nu}\sin\theta \\ \boldsymbol{\nu} \sim \mathcal{N}(\mathbf{0}, \mathbf{K}), \quad \theta \sim \mathrm{Unif}(0, 2\pi) \end{cases} \tag{7.50}$$

ここで，θ は新しく導入した補助変数です．今の状態 $\mathbf{f}$ のもとで，新しい状態 $\mathbf{f}'$ は $\boldsymbol{\nu}$ と θ の関数になっていることに注意してください．式 (7.50) は同じガウス分布 $\mathcal{N}(\mathbf{0}, \mathbf{K})$ に従う確率変数 $\mathbf{f}$ と $\boldsymbol{\nu}$ の和なので，やはりガウス

[*13]　Metropolis-Hastings 法の効率の具体例と一般論については，MacKay の教科書 [26, 29 章] を参照するとよいでしょう．

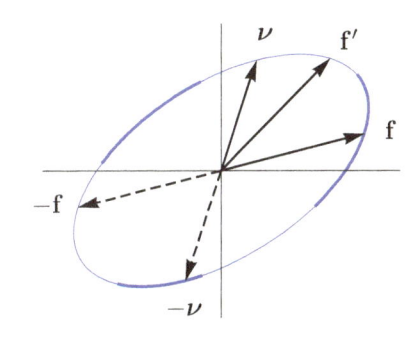

(a) $\mathbf{f}, \boldsymbol{\nu}$ を通る楕円上の候補集合

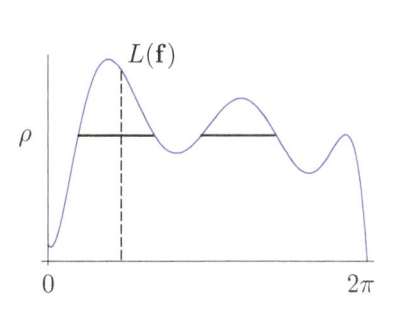

(b) スライスサンプリングとしての図解

図 7.14　楕円スライスサンプリングによる，事後分布からのガウス過程のサンプリング．

分布となり，平均は

$$\mathbb{E}[\mathbf{f}'] = \mathbb{E}_\theta[\mathbb{E}[\mathbf{f}] \cos \theta + \mathbb{E}[\boldsymbol{\nu}] \sin \theta] = 0$$

で，分散は

$$\mathbb{V}[\mathbf{f}'] = \cos^2 \theta \mathbb{V}[\mathbf{f}] + \sin^2 \theta \mathbb{V}[\boldsymbol{\nu}] = (\cos^2 \theta + \sin^2 \theta) \mathbb{V}[\mathbf{f}] = \mathbb{V}[\mathbf{f}]$$

となります．すなわち，$\mathbf{f}'$ は $\mathbf{f}$ と同じ分布をもちます．

　新しい $\mathbf{f}'$ は，右表のように θ の値によって $\mathbf{f}, -\mathbf{f}, \boldsymbol{\nu}, -\boldsymbol{\nu}$ およびその中間の値をとります．すなわち，$\mathbf{f}$ に加える「ノイズ」$\boldsymbol{\nu}$ を固定すれば，$\mathbf{f}'$ は高次元空間上で，図 7.14(a) のような 2 次元の楕円上を動きます[*14]．

θ	$\mathbf{f}' = \mathbf{f} \cos \theta + \boldsymbol{\nu} \sin \theta$
0	$\mathbf{f}$
$\pi/2$	$\boldsymbol{\nu}$
π	$-\mathbf{f}$
$3/2\pi$	$-\boldsymbol{\nu}$

　この θ は，MCMC 法でよく使われる補助変数法の一種と考えることができます．$\boldsymbol{\nu}$ が決まったとき，この楕円は $\mathbf{f}'$ と θ の同時分布 $p(\mathbf{f}', \theta | \mathbf{y})$ の空間を表していることに注意しましょう．同時分布からのサンプル $(\mathbf{f}', \theta)$ が得られたとき，θ を捨てれば[*15]，$\mathbf{f}'$ だけの分

---

*14　高次元のガウス分布では，確率密度は「ぽんたんの皮」のように原点から一定の距離に集中していることが知られていますから [26, p.125] [55, p.30]，実際には $\mathbf{f}, \boldsymbol{\nu}$ は原点からほぼ同じ距離にあり，楕円はほぼ円になっています．

*15　これは，θ を周辺化したことに相当しています．

入力: $\mathcal{N}(0, K)$ に従う現在のガウス過程 $\mathbf{f}$ と尤度関数 $L(\mathbf{f})$
出力: 新しくサンプルされた $\mathbf{f}$

```
1:  function f = elliptical (f, L)
2:    ρ = L(f) · Unif(0, 1) /*スライスを作る*/
3:    ν ~ N(0, K)
4:    θ ~ Unif(0, 2π)
5:    (st, ed) := (θ − 2π, θ)
6:    while true do
7:        f := f cos θ + ν sin θ
8:        if L(f) > ρ then /*スライスより上にあれば受理*/
9:            return f
10:       else /*そうでなければ，区間を変更*/
11:           if θ > 0 then ed := θ else st := θ
12:           θ := Unif(st, ed)
13:       end if
14:   end while
```

図 7.15 ガウス過程の楕円スライスサンプリングのアルゴリズム．Unif(a, b) は a と b の間の一様乱数を表します．

布 $p(\mathbf{f}'|\mathbf{y})$ からのサンプルが得られます．こうした方法を一般に補助変数法といい，ベイズ推定で広く用いられています [2]．

　この楕円上から，どうやって $\mathbf{f}'$ を選べばいいのでしょうか．スライスサンプリングの方法によれば，次のようにするだけです．

1. 現在の尤度 $L = p(\mathbf{y}|\mathbf{f})p(\mathbf{f})$ に対して，$(0, L)$ 上からの一様乱数からサンプルして，閾値 $\rho \sim$ Unif$(0, L)$ を作る．
2. 尤度関数を ρ でスライスした部分から一様に $\mathbf{f}$ をサンプリングする．
3. 必要に応じて手順1〜2を繰り返す．

手順2で ρ でスライスした部分とは，楕円上では図 7.14(a) の太線上の場所に対応しています．太線の領域がどこかは未知ですから，これには

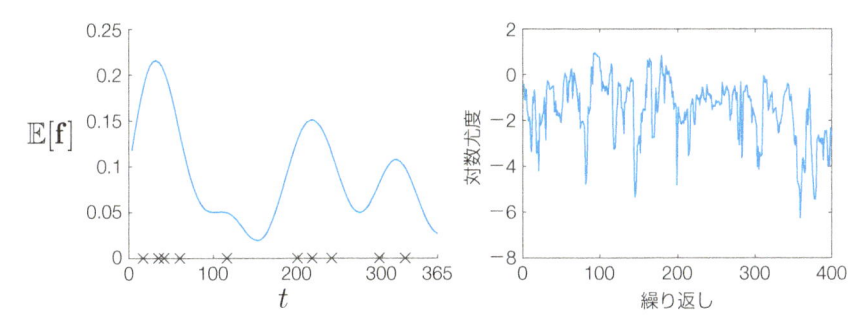

(a) $N=10000$ 回の繰り返し後の潜在ガウス 過程の期待値 $\mathbb{E}[\mathbf{f}] \simeq 1/N \sum_{n=1}^{N} \mathbf{f}^{(n)}|\mathbf{y}$

(b) 対数尤度の変化. ここでは, 最初の 400 回の繰り返しだけを表示しています

図 7.16　楕円スライスサンプリングによる対数ガウス Cox 過程の学習.

$\theta \sim \mathrm{Unif}(0, 2\pi)$ をランダムにサンプルして, $\mathbf{f}' = \mathbf{f}\cos\theta + \boldsymbol{\nu}\sin\theta$ に対 し, $L(\mathbf{f}') > \rho$ であるか調べる

という手続きを繰り返せば得られます. 実際には上記では効率が悪いため, 探索範囲を $[\theta - 2\pi, \theta]$ から始め, サンプルされた θ によって二分探索のよ うに指数的に範囲を縮めていくことができます. この方法による楕円スライ スサンプリングのアルゴリズムを, **図 7.15** に示しました[*16].

楕円スライスサンプリングによる学習　楕円スライスサンプリングを用い て, 図 7.12 のデータに隠れた対数ガウス Cox 過程のガウス過程のサンプル 期待値 $\mathbb{E}[\mathbf{f}]$ を, **図 7.16**(a) に示しました. **図 7.16**(b) は, 楕円スライスサン プリングの繰り返しでの対数尤度の変化を表しています. 観測点 y の数が 少ないため, 可能な $\lambda(t)$ の分散が大きく MCMC では対数尤度がばらつい ていますが, 期待値は点過程に隠れた密度をよく反映していることがわかり ます. 同様にして, 北海道のある森林における樹木の分布[*17] に対する 2 次 元の $\mathbf{f}$ の期待値を図 7.17 にプロットしました. このように, ガウス過程は 点過程のような離散的なデータにも有効な, 応用性の高いモデルです.

[*16] 考案者のページ `http://homepages.inf.ed.ac.uk/imurray2/pub/10ess/` で, MATLAB の コードや参考資料, Python 版についての情報などが公開されています. 本書のサポートページに も, 筆者によるより簡明なコード `elliptical.py` があります.

[*17] このデータは, 島谷健一郎氏（統数研）のご協力によります.

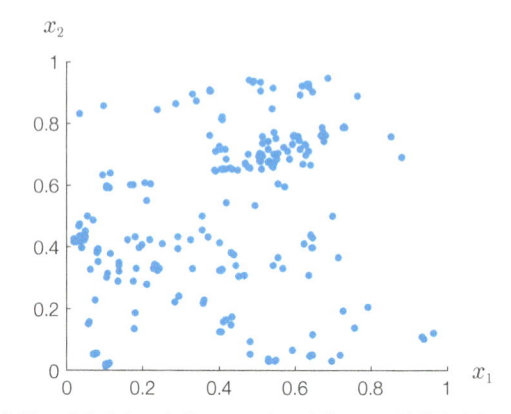

(a) 樹木の位置．それぞれの点が，クスノキの生えている位置を表しています

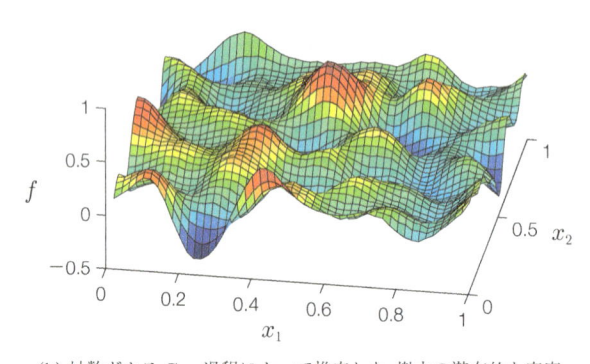

(b) 対数ガウス Cox 過程によって推定した，樹木の潜在的な密度

図 7.17　北海道のある $100\,\mathrm{m} \times 100\,\mathrm{m}$ の区画におけるクスノキの分布．上が樹木の位置を，下が楕円スライスサンプリングによって推定した $\mathbf{f}$ の期待値を表しています．

A p p e n d i x A

付　　　録

A.1　行列の分割と逆行列

ブロックに分けられた行列 $\begin{pmatrix} \mathbf{A} & \mathbf{B} \\ \mathbf{C} & \mathbf{D} \end{pmatrix}$ の逆行列について，$\mathbf{A}^{-1}, \mathbf{D}^{-1}$ が存在するならば，一般に次の関係が成り立ちます [2, 34].
$\mathbf{M} = (\mathbf{A} - \mathbf{B}\mathbf{D}^{-1}\mathbf{C})^{-1}$ のとき，

$$\begin{pmatrix} \mathbf{A} & \mathbf{B} \\ \mathbf{C} & \mathbf{D} \end{pmatrix}^{-1} = \begin{pmatrix} \mathbf{M} & -\mathbf{M}\mathbf{B}\mathbf{D}^{-1} \\ -\mathbf{D}^{-1}\mathbf{C}\mathbf{M} & \mathbf{D}^{-1} + \mathbf{D}^{-1}\mathbf{C}\mathbf{M}\mathbf{B}\mathbf{D}^{-1} \end{pmatrix} \tag{A.1}$$

$\mathbf{M} = (\mathbf{D} - \mathbf{C}\mathbf{A}^{-1}\mathbf{B})^{-1}$ のとき，

$$\begin{pmatrix} \mathbf{A} & \mathbf{B} \\ \mathbf{C} & \mathbf{D} \end{pmatrix}^{-1} = \begin{pmatrix} \mathbf{A}^{-1} + \mathbf{A}^{-1}\mathbf{B}\mathbf{M}\mathbf{C}\mathbf{A}^{-1} & -\mathbf{A}^{-1}\mathbf{B}\mathbf{M} \\ -\mathbf{M}\mathbf{C}\mathbf{A}^{-1} & \mathbf{M} \end{pmatrix} \tag{A.2}$$

証明は，右辺に $\begin{pmatrix} \mathbf{A} & \mathbf{B} \\ \mathbf{C} & \mathbf{D} \end{pmatrix}$ をかければ示せますので，計算してみましょう.

A.2　巡回行列の固有値が離散フーリエ変換で得られること

M 次の巡回行列 $\mathbf{B}$ の第1行目を $\mathbf{b} = (b_1, \ldots, b_M)$ とします. $\mathbf{B}$ の固有値が $\mathbf{b}$ の離散フーリエ変換によって求まることを示します. 一般に長さ M の系列のフーリエ変換は高速なアルゴリズムによって $O(M \log M)$ の演算量で得られるので，これは計算の効率化につながるとても大事な性質です.

$\mathbf{b}$ に対する離散フーリエ変換を以下のように書くことにします.

$$\widetilde{b}_k = \sum_{m=1}^{M} b_m F_{km} \tag{A.3}$$

$$F_{km} = \exp\left(-\frac{2\pi k(m-1)\mathbf{i}}{M}\right) \tag{A.4}$$

ここで $\widetilde{b}_k, k = 1, \ldots, M-1$ は複素数であり $\mathbf{i}$ は虚数単位です. $M \times M$ 行列 $\mathbf{F} = (F_{km})$ をフーリエ変換行列と呼びます. $\mathbf{F}$ の第 k 行目 $\mathbf{f}_k$ を巡回行列 $\mathbf{B}$ に左からかけたものを $\mathbf{b}^* = (b_l^*), l = 1, \ldots, M$ とします

$$\mathbf{b}^* = \mathbf{f}_k \mathbf{B} \tag{A.5}$$

これを成分ごとに表示すると,

$$
\begin{aligned}
b_l^* &= \sum_{m=1}^{M} F_{km} B_{ml} \\
&= \sum_{m=1}^{M} \exp\left(-\frac{2\pi k(m-1)\mathbf{i}}{M}\right) b_{m-l} \\
&= \sum_{m=1}^{M} \exp\left(-\frac{2\pi \{k(m-l)+kl\}\mathbf{i}}{M}\right) b_{m-l} \\
&= \exp\left(-\frac{2\pi kl\mathbf{i}}{M}\right) \sum_{m=1}^{M} \exp\left(-\frac{2\pi k(m-l)\mathbf{i}}{M}\right) b_{m-l} \\
&= F_{kl} \sum_{m=1}^{M} \exp\left(-\frac{2\pi k(m-1)\mathbf{i}}{M}\right) b_m \\
&= \lambda_k F_{kl} \tag{A.6}
\end{aligned}
$$

のように変形できます. ここで $\lambda_k = \sum_{m=1}^{M} F_{km} b_m$ は l に依存せず k に依存する定数です. これをまたベクトル形式に戻すと以下のようになります.

$$\mathbf{b}^* = \mathbf{f}_k \mathbf{B} = \lambda_k \mathbf{f}_k \tag{A.7}$$

これは λ_k が行列 $\mathbf{B}$ の固有値, $\mathbf{f}_k$ が対応する左固有ベクトルであることを意味します.

A.3 行列微分の計算

行列 $\mathbf{C}$ をスカラー x によって微分したものは，行列 $\mathbf{C}$ と同じサイズの行列になります．$\mathbf{C} = (c_{ij})$ の各成分がスカラー x の関数 $c_{ij} = c_{ij}(x)$ であるとき，各成分を偏微分した結果は $\frac{\partial c_{ij}(x)}{\partial x}$ と書けます．これを $\mathbf{C}$ と同じサイズの行列にまとめたものを $\frac{\partial \mathbf{C}}{\partial x}$ と書きます．

またスカラー値関数 $f(\mathbf{C})$ の値が行列 $\mathbf{C}$ によって一意に定まるとき，スカラー値関数を行列各成分 c_{ij} で偏微分した結果 $\frac{\partial f}{\partial c_{ij}}$ を $\mathbf{C}$ と同じサイズの行列にまとめて $\frac{\partial f}{\partial \mathbf{C}}$ と書きます．スカラー値関数を行列によって微分したのです．

正方行列 $\mathbf{C}$ のトレース (trace)（対角和）を $\mathrm{tr}\mathbf{C}$ と書きます．一般に同じ大きさの 2 つの行列（正方行列でなくてもよい）$\mathbf{A} = (a_{ij})$ と $\mathbf{B} = (b_{ij})$ に対して，$\mathbf{A}^T\mathbf{B}$ と $\mathbf{A}\mathbf{B}^T$ はそれぞれ一般に異なる大きさの正方行列になりますが，これらのトレースは等しくなります．

$$\mathrm{tr}(\mathbf{A}^T\mathbf{B}) = \mathrm{tr}(\mathbf{A}\mathbf{B}^T) = \sum_i \sum_j a_{ij}b_{ij}$$

トレースに関する上記の関係式は，ガウス過程法に関連するさまざまな関係式をシンプルに書き表すために便利です．たとえば N 次元列ベクトル $\boldsymbol{\mu}$, $\mathbf{y}$, および $N \times N$ の正方行列 $\mathbf{C}$ に対して以下が成り立ちます．

$$(\boldsymbol{\mu} - \mathbf{y})^T\mathbf{C}^{-1}(\boldsymbol{\mu} - \mathbf{y}) = \mathrm{tr}\left((\boldsymbol{\mu} - \mathbf{y})(\boldsymbol{\mu} - \mathbf{y})^T\mathbf{C}^{-1}\right)$$

左辺はスカラーですが，スカラーを 1×1 行列と解釈すればトレースに関する関係式がそのまま適用可能です．

行列がかかわる微分計算といっても，要するに行列の各成分に関する微分計算を添え字を間違えないように行えばよいのです．ですが，行列でまとめて計算するための公式を知って適用することで，見通しよく便利に計算することもできます．

> **公式 A.1**（行列積の微分）
>
> 　行列積の成立する 2 つの行列（正方行列でなくてもよい）$\mathbf{A} = (a_{ij})$ と $\mathbf{B} = (b_{jk})$ に対して,
>
> $$\frac{\partial \mathbf{AB}}{\partial x} = \frac{\partial \mathbf{A}}{\partial x}\mathbf{B} + \mathbf{A}\frac{\partial \mathbf{B}}{\partial x}$$
>
> 　同じサイズの 2 つの行列（正方行列でなくてもよい）$\mathbf{A} = (a_{ij})$ と $\mathbf{B} = (b_{ij})$ に対して,
>
> $$\frac{\partial}{\partial \mathbf{A}}\mathrm{tr}(\mathbf{A}^T\mathbf{B}) = \mathbf{B}$$

これらは成分に分解することで簡単に確認することができます.

$$\frac{\partial}{\partial x}\sum_j a_{ij}b_{jk} = \sum_j \frac{\partial a_{ij}}{\partial x}b_{jk} + a_{ij}\frac{\partial b_{jk}}{\partial x}$$

$$\frac{\partial}{\partial a_{ij}}\mathrm{tr}(\mathbf{A}^T\mathbf{B}) = \frac{\partial}{\partial a_{ij}}\sum_{i'}\sum_{j'} a_{i'j'}b_{i'j'} = b_{ij}$$

これを用いて以下が成り立つことを証明するのは簡単ですので, 練習してみてください.

> **公式 A.2**（行列積の微分 2）
>
> $$\frac{\partial}{\partial \mathbf{C}}\mathrm{tr}\left(\mathbf{C}^T\mathbf{C}\right) = 2\mathbf{C}$$
> $$\frac{\partial}{\partial \mathbf{S}}(\boldsymbol{\mu} - \mathbf{y})^T\mathbf{S}(\boldsymbol{\mu} - \mathbf{y}) = (\boldsymbol{\mu} - \mathbf{y})(\boldsymbol{\mu} - \mathbf{y})^T$$

なお, 第 2 式の右辺は $\mathbf{S}$ と同じサイズの正方行列であることに注意してください.

　以下の関係式は本書で頻繁に使われます.

公式 A.3 (行列式と逆行列の微分)

正方行列 $\mathbf{C}$ がスカラー x の関数であるとき, 行列式の対数 $\log|\mathbf{C}|$ のスカラー x による微分は,

$$\frac{\partial}{\partial x}\log|\mathbf{C}| = \mathrm{tr}\left(\mathbf{C}^{-1}\frac{\partial\mathbf{C}}{\partial x}\right)$$

逆行列 $\mathbf{C}^{-1}$ のスカラー x による微分は,

$$\frac{\partial}{\partial x}\mathbf{C}^{-1} = -\mathbf{C}^{-1}\frac{\partial\mathbf{C}}{\partial x}\mathbf{C}^{-1}$$

$N \times N$ 行列 $\mathbf{C} = (c_{ij})$ の余因子 Δ_{ij} は行列 $\mathbf{C}$ から第 i 行と第 j 行を取り去った $(N-1) \times (N-1)$ 行列の行列式に符号 $(-1)^{i+j}$ をかけたものです. これを行列の形にまとめたもの $\widetilde{\mathbf{C}} = (\Delta_{ij})$ を余因子行列と呼び, $\mathbf{C}^{-1} = |\mathbf{C}|^{-1}\widetilde{\mathbf{C}}$ が成り立ちます. また, 行列 $\mathbf{C} = (c_{ij})$ の余因子 Δ_{ij} を使って行列式 $|\mathbf{C}|$ が

$$|\mathbf{C}| = \sum_i c_{ij}\Delta_{ij} = \sum_j c_{ij}\Delta_{ij} \tag{A.8}$$

のように展開できます. ここまでは線形代数の基礎ですね. これを思い出して使うと, 行列式の行列成分に関する微分

$$\frac{\partial|\mathbf{C}|}{\partial c_{ij}} = \Delta_{ij} \tag{A.9}$$

が得られます. これを用いて, 以下が得られます.

$$\frac{\partial|\mathbf{C}|}{\partial x} = \sum_{ij}\frac{\partial c_{ij}}{\partial x}\frac{\partial|\mathbf{C}|}{\partial c_{ij}} = |\mathbf{C}|\mathrm{tr}\left(\frac{\partial\mathbf{C}}{\partial x}\mathbf{C}^{-1}\right) \tag{A.10}$$

対数の微分もこれを用いて得られます. 逆行列の微分は, 行列積の微分

$$\frac{\partial\mathbf{AB}}{\partial x} = \frac{\partial\mathbf{A}}{\partial x}\mathbf{B} + \mathbf{A}\frac{\partial\mathbf{B}}{\partial x} \tag{A.11}$$

に対して $\mathbf{A} = \mathbf{C}, \mathbf{B} = \mathbf{C}^{-1}$ を代入して, 左から $\mathbf{C}^{-1}$ を掛けることで示すことができます.

こうした行列微分のさまざまな公式を集めた文書(Matrix Cookbook [34])がインターネット上に公開されていますので, 参考にしてください.

■ 文献案内

教科書 ガウス過程に関するもっとも基本的かつ重要な教科書は，2006 年に出版された "Gaussian Processes for Machine Learning"（GPML）[37] でしょう．GPML には，ガウス過程に関する情報をまとめた専用の Web サイトがあり*1，全文の PDF がフリーで公開されています*2．ただし，この本は中級者向けで説明があまりわかりやすいとは言えず，これだけでガウス過程を学び始めるのは難しいのではないか，と感じたことが，本書の執筆のきっかけとなりました．GPML にはさらに数学的な議論や，カーネル設計についての詳細など重要な情報が多く含まれていますので，本書でガウス過程の基本を学び終えた読者ならば，読み進めることができるでしょう．

　ガウス過程に関しては，PRML とも呼ばれる [2]（邦訳『パターン認識と機械学習』[3]）の 6.4 節でも，カーネル法の一部として説明されています．PRML は，英語版の原書は最近になって全文の PDF がフリーで公開されました*3．また，MacKayの "Information Theory, Inference, and Learning Algorithms" [26] では，45 章がガウス過程の解説に充てられています．[26] での記述は下で紹介するチュートリアル [27] とほぼ同じですので，そちらを読んでもよいでしょう．この本も，著者のページで全文の PDF が公開されています*4．

　本書でも紹介したように，ガウス過程はベイズ統計の立場から見たカーネル法ともいうことができます．カーネル法とガウス過程の関係については，たとえば『カーネル多変量解析』[63] の 2.3 節 (b) および 7.2 節 (c) で正規過程としてふれられています．また，"Learning with Kernels" [40] は SVM を中心としてカーネル法を扱った教科書ですが，16 章にガウス過程の解説が含まれています．最近発表された金川らによるテクニカルレポート [20] には，さらに踏み込んだ理論的な考察がありますので，興味のある読者はぜひ参照されるとよいでしょう．

チュートリアル ガウス過程については，Web 上のものを含めてさまざまなチ

ュートリアルがあります．特に，2013 年から毎年開催されている Gaussian Process Summer Schools の Web サイト*5 では，基礎のチュートリアルから最新の応用に至るまで，行われたさまざまな講義のスライドとビデオが公開されています．また，国際会議 NIPS のチュートリアルスライド*6 が公開されているほか，MacKay による 1998 年の "Introduction to Gaussian Processes" [27] が初期のよくまとまった入門です．本書での線形回帰の拡張としてのガウス過程の導入は，基本的にこの文献にもとづいています．講義のビデオおよびスライド*7 もありますので，参考にされるとよいでしょう．

　また，統計数理研究所で 2015 年に行った公開講座「ガウス過程の基礎と応用」は，本書のもとになったもので，こちらも資料を Web で公開しています*8．

さらに学ぶために　ガウス過程は現在の機械学習において先端的なテーマであり，日進月歩で発展しています．特に計算の高速化については，本書ではカバーしきれなかった多数の話題がありますので，上記の Gaussian Process Summer Schools の資料のほか，論文をチェックされるとよいでしょう．

　本書の 3 章のコラムでふれたように，ガウス過程はニューラルネットワークの理論的モデルとしても重要な位置にあります．中間素子数が無限大の場合のニューラルネットワークがガウス過程に漸近することを示した，1996 年の Neal の "Bayesian Learning for Neural Networks" [32] はこの意味で先駆的な文献で，ガウス過程，ニューラルネットワーク，MCMC のどの側面においても重要です．

　高度なため本書ではふれることができませんでしたが，各入力 $\mathbf{x}$ に対する出力 y が多次元の場合のガウス過程も，実用上重要となります．7 章のガウス過程潜在変数モデルでは，出力の各次元をそれぞれ独立なガウス過程としていました．出力の次元の間に相関がある場合は，さらに相関を適切にモデル化する必要があります．相関を潜在的なガウス過程からの線形モデルによる混合とし，混合行列を同時に推定するのが**セミパラメトリック潜在因子モデル** (Semiparametric latent factor model) [42] です．多出力ガウス過程について詳しくは，Alvarez らによるテクニカルレポート [1] を参照してください．

---

*5　http://gpss.cc

*6　http://media.nips.cc/Conferences/2006/Tutorials/Slides/Rasmussen.pdf

*7　http://videolectures.net/gpip06_mackay_gpb/

*8　https://www.ism.ac.jp/~daichi/lectures/H26-GaussianProcess/

■ ガウス過程のためのソフトウェア

本書の読者であれば，ガウス過程を実装するプログラムを自分で書くことができるはずですが，決まった機能について既存のソフトウェアを利用したり，拡張したり組み合わせて使用する場合には，たとえば以下のようなものがあります．

(a) MATLAB ベース GPML に付属する MATLAB ツールボックス *9 は，もっとも古くからあるガウス過程の実装で，無料の Octave 上でも動きます．現在の最新版は，2018 年 6 月に公開された 4.2 です．ガウス過程の機械学習の研究では MATLAB が使われることが多かったため，たとえば KISS-GP を含む Wilson によるさまざまな実装*10 は GPML をベースにしています．フィンランドの研究者らによる `GPstuff`*11 は，MATLAB のほか R でも使うことができます．

(b) Python ベース Python 上でガウス過程を扱う `GPy`*12 が開発されており，非常に多くの機能をもっています．また，機械学習の汎用フレームワークである scikit-learn*13 にも，ガウス過程回帰とガウス過程識別モデルが含まれています．Python では，下の深層学習フレームワークを使うのもよいでしょう．

(c) 深層学習ベース 深層学習用の Python フレームワークにも，最近になってガウス過程が実装されるようになりました．TensorFlow では `GPFlow` [28]*14 を使うことができますし，PyTorch 上では Wilson により `GPyTorch`*15 が開発され，上の MATLAB 実装の多くを置き換えています．

---

*9 http://www.gaussianprocess.org/gpml/code/matlab/doc/
*10 https://people.orie.cornell.edu/andrew/pattern/
*11 https://research.cs.aalto.fi/pml/software/gpstuff/
*12 https://sheffieldml.github.io/GPy/
*13 https://scikit-learn.org/stable/
*14 https://github.com/GPflow/GPflow
*15 https://gpytorch.ai

■ あとがき

　ガウス過程は，実体としては単なる多変量ガウス分布であるにもかかわらず，本書でみたようにさまざまな興味深い振る舞いをもつ，不思議な対象です．理論としては，数学の分野や信号処理などで古くから知られていたものの，こうして実問題に多くの応用をもつようになったのは，機械学習から始まる最近のことと言っていいでしょう．ガウス過程は，何かが「連続的に変化する様子」をとらえることのできる確率過程です．従来，何かが変化する様子をとらえるためには，MRF（マルコフ確率場）や HMM（隠れマルコフモデル）といったモデルが使われており，これらは変動を計算可能な範囲でモデル化するために，名前の通り，状態が隣りの状態にのみ依存するという強いマルコフ性が仮定されていました．

　これに対し，ガウス過程は「全体の変動を，一度に生成する」ことができることが特徴です．ガウス過程は従来は数学，あるいは機械学習の一部や空間統計学などだけで使われてきましたが，機械学習や多くの分野においてもガウス過程の使用は急速に広がっており，今後は線形回帰モデルや階層ベイズモデルと同様に，統計モデルの重要な道具として広く使われるようになるでしょう．本書が，そのための最初の道標となりましたら幸いです．

　本書の執筆にあたり，多くの方々に大変お世話になりました．査読者の松浦健太郎さん（(株)ホクソエム），松原崇充さん (NAIST) には，原稿がまだ初期の段階から二度にわたり，詳しいコメントをお寄せいただきました．また，お茶の水女子大学の小林一郎先生，金子晃先生および学生の方々にも原稿を詳しく読んでいただき，数学的な面も含めて大変貴重なコメントをいただきました．本書の前半の草稿を Web で公開して以降，何人もの方々から我々の気付かなかったフィードバックをいただき，本書に反映させていただきました．そして最後になりましたが，編集の瀬戸晶子さん・横山真吾さんにはなかなか完成しない原稿を辛抱強く待っていただき，細かく見ていただいて大変お世話になりました．どうもありがとうございました．

　ベイジアンではあるものの，ガウス過程自体の専門家ではない我々も，本

書の執筆を通じて多くを学ぶことができました．サポートページもありますので，ぜひ，忌憚ないご意見をいただけましたら幸いです．

2019 年 3 月

　　　　　　　　　　　　　　　　　　　　持橋大地，大羽成征

B　i　b　l　i　o　g　r　a　p　h　y

参考文献

[1] Mauricio A. Alvarez, Lorenzo Rosasco, and Neil D. Lawrence. Kernels for Vector-Valued Functions: a Review. Technical Report MIT-CSAIL-TR-2011-033, 2011. http://cbcl.mit.edu/publications/ps/MIT-CSAIL-TR-2011-033.pdf.

[2] Christopher M. Bishop. *Pattern Recognition and Machine Learning*. Information Science and Statistics. Springer, 2007.

[3] C. M. Bishop, 元田, 栗田, 樋口, 松本, 村田 (監訳), 赤穂, 神嶌, 杉山, 小野田, 池田, 鹿島, 賀沢, 中島, 竹内, 持橋, 小山, 井手, 篠田, 山川 (訳). パターン認識と機械学習：ベイズ理論による統計的予測」(上)(下) (*Pattern Recognition and Machine Learning*). Springer, 2007, 2008.

[4] G. E. P. Box. Science and Statistics. *Journal of the American Statistical Association*, 71(791799), 1976.

[5] G. E. P. Box and Mervin E. Muller. A Note on the Generation of Random Normal Deviates. *Annals of Mathematical Statististics*, 29(2):610–611, 1958.

[6] E. Brochu, V. M. Cora, and N. De Freitas. A tutorial on Bayesian optimization of expensive cost functions, with application to active user modeling and hierarchical reinforcement learning. 2009.

[7] E. Contal, V. Perchet, and N. Vayatis. Gaussian process optimization with mutual information. In *International Conference on Machine Learning*, pages 253–252, 2013.

[8] Andreas Damianou, Michalis K. Titsias, and Neil D. Lawrence. Variational Gaussian process dynamical systems. In *Advances in Neural Information Processing Systems*, pages 2510–2518, 2011.

[9] Marc Deisenroth and Shakir Mohamed. Expectation propagation in Gaussian process dynamical systems. In *Advances in Neural Information Processing Systems*, pages 2609–2617, 2012.

[10] Luc Devroye. *Non-Uniform Random Variate Generation.* Springer-Verlag, 1986. http://www.nrbook.com/devroye/.

[11] Jacob R. Gardner, Geoff Pleiss, Ruihan Wu, Kilian Q. Weinberger, and Andrew Gordon Wilson. Product kernel interpolation for scalable Gaussian processes. In *AISTATS*, 2018.

[12] Andrew Gelman, John B. Carlin, Hal S. Stern, and Donald B. Rubin. *Bayesian Data Analysis, 2nd Edition.* Chapman & Hall/CRC, 2003.

[13] W. R. Gilks, S. Richardson, and D. J. Spiegelhalter. *Markov Chain Monte Carlo in Practice.* Chapman & Hall / CRC, 1996.

[14] A. Gretton, O. Bousquet, A. Smola, and B. Schölkopf. Measuring statistical dependence with Hilbert-Schmidt norms. In *International conference on Algorithmic Learning Theory*, pages 63–77, 2005.

[15] K. Grochow, S. L. Martin, A. Hertzmann, and Z. Popović. Style-based inverse kinematics. *ACM transactions on Graphics*, 23(3):522–531, 2004.

[16] David C. Haley. Estimation of the dosage mortality relationship when the dose is subject to error. Technical Report No.15, Applied Mathematics and Statistics Laboratory, Stanford University, 1952.

[17] J. Hensman, N. Fusi, and N. D. Lawrence. Gaussian processes for big data. In *Uncertainty in Artificial Intelligence*, pages 282–290, 2013.

[18] Tomoharu Iwata, David Duvenaud, and Zoubin Ghahramani. Warped Mixtures for Nonparametric Cluster Shapes. In *UAI 2013*, 2013. https://arxiv.org/abs/1206.1846.

[19] Tommi S. Jaakkola and David Haussler. Exploiting generative models in discriminative classifiers. In *NIPS 1998*, pages 487–493, 1999.

[20] Motonobu Kanagawa, Philipp Hennig, Dino Sejdinovic, and

Bharath K. Sriperumbudur. Gaussian Processes and Kernel Methods: A Review on Connections and Equivalences. 2018. arXiv:1807.02582 [stats.ML].

[21] J. F. C. Kingman. *Poisson Processes*. Oxford Studies in Probability. Oxford University Press, 1992.

[22] Neil Lawrence. Gaussian process latent variable models for visualisation of high dimensional data. In *Advances in Neural Information Processing Systems*, pages 329–336, 2004.

[23] Neil Lawrence. Probabilistic Non-linear Principal Component Analysis with Gaussian Process Latent Variable Models. *Journal of Machine Learning Research*, 6:1783–1816, 2005.

[24] Jaehoon Lee, Yasaman Bahri, Roman Novak, Samuel S. Schoenholz, Jeffrey Pennington, and Jascha Sohl-Dickstein. Deep Neural Networks as Gaussian Processes. 2017. https://arxiv.org/abs/1711.00165.

[25] H. Lodhi, C. Saunders, J. Shawe-Taylor, N. Cristianini, and C. Watkins. Text Classification using String Kernels. *Journal of Machine Learning Research*, 2:419–444, 2002.

[26] David J. C. MacKay. *Information Theory, Inference, and Learning Algorithms*. Cambridge University Press, 2003.

[27] David J. C. MacKay. Introduction to Gaussian processes. *NATO ASI Series F Computer and Systems Sciences*, pages 133–166, 1998. http://www.inference.org.uk/mackay/gpB.pdf.

[28] Alexander G. de G. Matthews, Mark van der Wilk, Tom Nickson, Keisuke Fujii, Alexis Boukouvalas, Pablo León-Villagrá, Zoubin Ghahramani, and James Hensman. GPflow: A Gaussian process library using TensorFlow. *Journal of Machine Learning Research*, 18(40):1–6, 2017.

[29] J. Møller, A. R Syversveen, and R. P. Waagepetersen. Log Gaussian Cox Processes. *Scandinavian Journal of Statistics*, 25:451–482,

1998.

[30] Martin Fodslette Møller. A Scaled Conjugate Gradient Algorithm for Fast Supervised Learning. *Neural networks*, 6(4):525–533, 1993.

[31] Iain Murray, Ryan Prescott Adams, and David J.C. MacKay. Elliptical slice sampling. In *AISTATS 2010*, volume 9, pages 541–548, 2010.

[32] Radford M. Neal. *Bayesian Learning for Neural Networks*. Number 118 in Lecture Notes in Statistics. Springer-Verlag, 1996.

[33] Radford M. Neal. Slice sampling. *Annals of Statistics*, pages 705–741, 2003.

[34] Kaare Brandt Petersen and Michael Syskind Pedersen. The Matrix Cookbook, 2008. Technical University of Denmark.

[35] Geoff Pleiss, Jacob R. Gardner, Kilian Q. Weinberger, and Andrew Gordon Wilson. Constant-time predictive distributions for Gaussian processes. In *ICML*, 2018.

[36] Joaquin Quinonero-Candela and Carl Edward Rasmussen. *Journal of Machine Learning Research*, (6):1939–1959, 2005.

[37] Carl Edward Rasmussen and Christopher K. Williams. *Gaussian Processes for Machine Learning*. MIT Press, 2006.

[38] Oliver Schabenberger and Carol A. Gotway. *Statistical Methods for Spatial Data Analysis*. Texts in Statistical Science. Chapman and Hall/CRC, 2004.

[39] Bernhard Schlköpf, Alexander Smola, and Klaus-Robert Müller. Nonlinear component analysis as a kernel eigenvalue problem. *Neural computation*, 10(5):1299–1319, 1998.

[40] Bernhard Schölkopf and Alexander J. Smola. *Learning with Kernels*. Adaptive Computation and Machine Learning. MIT Press, 2001.

[41] James R. Schott. *Matrix Analysis for Statistics, 3rd edition*. Wiley

Series in Probability and Statistics. Wiley, 2016.

[42] M. Seeger, Y.W. Teh, and M.I. Jordan. Semiparametric Latent Factor Models. Technical report, Computer Science, UC Berkeley, 2005. https://www.stats.ox.ac.uk/~teh/research/npbayes/slfm2005.pdf.

[43] Amar Shah, Andrew Wilson, and Zoubin Ghahramani. Student-t processes as alternatives to Gaussian processes. In *AISTATS 2014*, pages 877–885, 2014.

[44] B. Shahriari, K. Swersky, Z. Wang, R. P. Adams, and N. de Freitas. Taking the human out of the loop: A review of bayesian optimization. In *Proceedings of the IEEE*, number 1, pages 148–175, 2016.

[45] E. Snelson and Z. Ghahramani. Sparse Gaussian processes using pseudo-inputs. In *Proceedings of Advanced Neural Information Processsing Systems*, pages 1257–1264, 2005.

[46] Michael E. Tipping. Sparse Bayesian Learning and the Relevance Vector Machine. *Journal of Machine Learning Research*, 1:211–244, 2001.

[47] M. Titsias. Variational learning of inducing variables in sparse Gaussian processes. In *AISTATS 2009*, pages 567–574, 2009.

[48] Michalis K. Titsias and Neil D. Lawrence. Bayesian Gaussian Process Latent Variable Model. In *AISTATS 2010*, volume 9, pages 844–851, 2010.

[49] Koji Tsuda, Taishin Kin, and Kiyoshi Asai. Marginalized Kernels for Biological Sequences. *Bioinformatics*, 18 suppl_1:S268–S275, 2002.

[50] Jack M. Wang, David J. Fleet, and Aaron Hertzmann. Gaussian Process Dynamical Models. In *Advances in Neural Information Processing Systems*, pages 1441–1448, 2006.

[51] Jack M. Wang, David J. Fleet, and Aaron Hertzmann. Gaussian Process Dynamical Models for Human Motion. *IEEE Transactions*

on Pattern Recognition and Machine Intelligence, pages 283–298, 2008.

[52] Christopher K. I. Williams. Computing with infinite networks. In *Advances in Neural Information Processing Systems 9*, pages 295–301, 1997.

[53] A. Wilson. Covariance kernels for fast automatic pattern discovery and extrapolation with Gaussian processes. In *PhD. thesis, University of Cambridge*, 2014.

[54] A. Wilson and H. Nickisch. Kernel interpolation for scalable structured Gaussian processes (KISS-GP). In *International Conference on Machine Learning*, pages 1775–1784, 2015.

[55] 伊庭幸人, 種村正美, 大森裕浩, 和合肇, 佐藤整尚, 高橋明彦. **計算統計 II マルコフ連鎖モンテカルロ法とその周辺**. 統計科学のフロンティア 12. 岩波書店, 2005.

[56] 岩田具治. **トピックモデル**. 機械学習プロフェッショナルシリーズ. 講談社, 2015.

[57] 久保拓弥. **データ解析のための統計モデリング入門**. 確率と情報の科学. 岩波書店, 2012.

[58] Hans Wackernagel, 地球統計学研究委員会 (訳編), 青木謙治 (監訳). **地球統計学**. 森北出版, 2003.

[59] 佐藤一誠. **トピックモデルによる統計的潜在意味解析**. 自然言語処理シリーズ 8. コロナ社, 2015.

[60] 佐藤一誠. **ノンパラメトリックベイズ──点過程と統計的機械学習の数理**. 機械学習プロフェッショナルシリーズ. 講談社, 2016.

[61] 小倉久直. **物理・工学のための確率過程論**. コロナ社, 1978.

[62] 杉山将. **機械学習のための確率と統計**. 機械学習プロフェッショナルシリーズ. 講談社, 2015.

[63] 赤穂昭太郎. **カーネル多変量解析──非線形データ解析の新しい展開**. 確率と情報の科学. 岩波書店, 2008.

[64] 堤盛人, 瀬谷創. 応用空間統計学の二つの潮流: 空間統計学と空間計量経済学. **統計数理第 60 巻第 1 号**, 2012.

[65] 東京大学教養学部統計学教室 (編). **統計学入門**. 基礎統計学 I. 東京大学出版会, 1991.

[66] 冨岡亮太. **スパース性に基づく機械学習**. 機械学習プロフェッショナルシリーズ. 講談社, 2015.

■ 索 引

著者紹介

持橋大地 博士（理学）
2005 年　奈良先端科学技術大学院大学情報科学研究科博士後期課程修了
現　在　統計数理研究所 数理・推論研究系 准教授
著　書　（共訳）『パターン認識と機械学習』丸善出版
　　　　（共訳）『統計的学習の基礎』共立出版

大羽成征 博士（工学）
2002 年　奈良先端科学技術大学院大学情報科学研究科博士後期課程修了
2003 年　奈良先端科学技術大学院大学 情報科学研究科 助教
2008 年　京都大学大学院 情報学研究科 講師
現　在　ミイダス（株）HR サイエンス研究所 シニアリサーチャー

NDC007　243p　21cm

機械学習 プロフェッショナルシリーズ

ガウス過程と機械学習

2019 年 3 月　7 日　　第 1 刷発行
2020 年 9 月 15 日　　第 6 刷発行

著　者　持橋大地・大羽成征
発行者　渡瀬昌彦
発行所　株式会社　講談社
　　　　〒 112-8001　東京都文京区音羽 2-12-21
　　　　　販売　（03)5395-4415
　　　　　業務　（03)5395-3615
編　集　株式会社　講談社サイエンティフィク
　　　　代表　堀越俊一
　　　　〒 162-0825　東京都新宿区神楽坂 2-14　ノービィビル
　　　　　編集　（03)3235-3701
本文データ制作　藤原印刷株式会社
カバー・表紙印刷　豊国印刷株式会社
本文印刷・製本　株式会社　講談社